Paulo Winterle

# VETORES E GEOMETRIA ANALÍTICA

2ª edição

Paulo Winterle

# VETORES E GEOMETRIA ANALÍTICA

2ª edição

Pearson

| | |
|---|---|
| Diretor editorial e de conteúdo | Roger Trimer |
| Gerente editorial | Kelly Tavares |
| Supervisora de produção editorial | Silvana Afonso |
| Coordenadora de desenvolvimento editorial | Danielle Sales |
| Coordenadora de produção gráfica | Tatiane Romano |
| Editor de aquisições | Vinícius Souza |
| Editores de desenvolvimento | Rodrigo Manoel e Gisele Gonçalves |
| Primeira revisão | Maria Dolores D. Sierra Mata |
| Segunda revisão | Deborah Quintal |
| Capa | Pedro Gentile e Alberto Vonach Corrêa |
| Projeto gráfico e diagramação | ERJ Composição Editorial |

**Dados Internacionais de Catalogação na Publicação (CIP)**
**(Câmara Brasileira do Livro, SP, Brasil)**

Winterle, Paulo
Vetores e geometria analítica / Paulo Winterle. -- 2. ed. -- São Paulo : Pearson Education do Brasil, 2014.

ISBN 978-85-430-0239-2

1. Cálculo vetorial 2. Geometria analítica
3. Matemática I. Título.

CDD-512.5
14-02270 -516.3

**Índices para catálogo sistemático:**
**1. Cálculo vetorial : Matemática 512.5**
**2. Geometria analítica : Matemática 516.3**

Printed in Brazil by Reproset RPSA 230127

Direitos exclusivos cedidos à
Pearson Education do Brasil Ltda.,
uma empresa do grupo Pearson Education
Av. Francisco Matarazzo, 1400,
7º andar, Edifício Milano
CEP 05033-070 - São Paulo - SP - Brasil
Fone: 19 3743-2155
pearsonuniversidades@pearson.com

Distribuição
Grupo A Educação
www.grupoa.com.br
Fone: 0800 703 3444

FSC
www.fsc.org
MISTO
Papel | Apoiando o manejo florestal responsável
FSC® C103535

# AGRADECIMENTOS

A Deus pelo dom da eterna vida e pela vocação na apaixonante carreira docente.

À Lia, minha esposa, pelo amor, paciência e muito apoio nas centenas de horas durante os meses de preparação deste livro.

À Pearson pela valorização do texto concretizada na iniciativa desta edição.

Aos milhares de ex-alunos, com os quais muito aprendi.

Aos colegas pelo incentivo.

Ao colega e grande amigo Nivaldo Almeida Fonseca pela força e valiosas sugestões.

Ao colega Valmir Balbinot, com quem aprendi muito a fazer figuras e que tem sua contribuição neste trabalho.

Ao colega Airton Cabral de Andrade pelas inserções de aplicações na Física.

E, por fim, dois agradecimentos muito especiais. Em primeiro lugar, à colega e querida amiga Vera Regina da Rocha Bauer pelo grande e cuidadoso trabalho de revisão do conteúdo e por suas valiosas contribuições na melhoria deste texto. Um muito obrigado é pouco, Vera. E à colega Rita Maria Silvia Carnevale pela minuciosa revisão do texto e por ótimas sugestões na apresentação deste trabalho. Um abraço bem forte, Rita.

# PARA INÍCIO DE CONVERSA...

A experiência adquirida em mais de vinte anos de docência da disciplina me motivou a apresentar este trabalho, cuja ênfase é o aspecto didático. Procurei organizar um texto que permita ao estudante "prosseguir sozinho", se assim o desejar, sem naturalmente prescindir da orientação do professor.

E, para tanto, como este livro foi pensado? O texto está estruturado sobre os dois grandes assuntos, intimamente relacionados, de seu título. Os "personagens" dos quatro primeiros capítulos são os *vetores,* cujo papel é de fundamental importância, não apenas no ensino da Matemática, também na aplicação em outras áreas. No final dos capítulos 2 e 3 encontram-se duas aplicações na Física. No Capítulo 1, a noção de vetor é apresentada de forma intuitiva, e seu estudo é realizado por meio dos *Tratamentos geométrico e algébrico.* Este capítulo mereceu uma atenção muito "carinhosa" e por isso mais delongada, porquanto seu conteúdo facilitará sobremaneira a compreensão do que está pela frente. Os últimos cinco capítulos são dedicados à geometria analítica. O estudo da reta, do plano e das distâncias (capítulos 5, 6 e 7), estruturado sobre vetores, pretende conduzir o estudante a interpretações geométricas de fatos algébricos. No Capítulo 8, curiosidades em torno das cônicas emolduram o assunto, e, finalmente, no Capítulo 9 pretende-se fazer entender a origem das equações das superfícies quádricas, a partir das correspondentes superfícies de revolução.

A par de uma sequência lógica dos assuntos, são apresentados 111 problemas resolvidos, que no texto estão identificados como **Exemplos.** Sua criteriosa seleção objetivou, na maioria das vezes, não só complementar a parte teórica, como preparar para o passo seguinte.

Como estes apaixonantes segmentos da Matemática, *vetores e geometria analítica,* permitem a visualização dos conceitos, são apresentadas 214 **Figuras**, que podem auxiliar em muito sua compreensão.

Além de tudo, um número expressivo e variado de **Problemas propostos** no final de cada capítulo, ao todo 460, proporcionará uma aprendizagem mais consistente.

A elaboração de um livro-texto com a explícita função didática voltada ao desenvolvimento de um trabalho acadêmico propõe-se a atingir dois alvos: o aluno e o professor, tanto dentro quanto fora da sala de aula.

Ao aluno, razão primordial do processo de ensino-aprendizagem, gostaria de me dirigir de um modo todo especial. Às vezes é bom lembrar: *Vetores e geometria analítica* são assuntos de vital importância na compreensão de disciplinas tais como cálculo, álgebra linear, equações diferenciais, e outras, uma vez que, além de relacionarem as representações algébricas com entes geométricos, visam desenvolver habilidades como raciocínio geométrico e visão espacial. Sua aprendizagem, entretanto, será tanto mais segura e consistente quanto maior for o tempo dedicado a atividades extraclasse, principalmente na solução de problemas. Ao tentar resolvê-los, sugere-se não fazê-lo de forma "corrida", e sim saltando de dois em dois, ou de três em três, até o final. Assim se terá passado por todo o conteúdo e experimentado os diversos níveis de dificuldade. E, no caso de ainda sobrar tempo, recomenda-se retornar e resolver aqueles que ficaram de fora, para reforçar o conhecimento do conteúdo. Esses problemas são apresentados na ordem de desenvolvimento do texto, e os últimos oferecem maiores desafios. Finalmente, para permitir a autoavaliação do trabalho, **Respostas** são apresentadas logo a seguir.

Ao professor e colega desejo manifestar a satisfação deste lançamento, colocando em suas mãos um texto, assim espero, facilitador de sua tarefa docente. É claro que este tem a "cara" do autor, e meus ex-alunos certamente nele me identificariam. Da mesma forma, cada professor tem suas peculiaridades (ainda bem!), razão por que não é possível fazer um livro do agrado de todos.

O texto foi planejado para ser desenvolvido em um semestre letivo de quatro aulas semanais. Entretanto, variáveis tais como bagagem do aluno, proposta do curso e objetivos da disciplina podem requerer adaptações. Por esta razão, foi apresentado um número elevado de exercícios, para tornar possível ao professor um maior ou menor aprofundamento da matéria, assim como atendimento diferenciado aos alunos frente a seus interesses e potencialidades. Além disso, os tipos variados de exercícios permitem ao professor sugerir aqueles que melhor se adaptem ao seu gosto, estilo e objetivos.

Finalizando, ciente de que o sucesso de toda iniciativa de construção e difusão de conhecimentos muito depende das contribuições daqueles a quem se destina, dirijo este apelo a todo leitor deste texto — seja aluno ou professor: se gostou, diga, por gentileza; e, da mesma forma, se não gostou dele. Opiniões, críticas e sugestões serão bem-vindas, pois, com toda a certeza, contribuirão para o aperfeiçoamento de futuras edições.

Para suas apreciações, dirija-se diretamente para ***winterlepl@gmail.com***, ou escreva para a Editora, que me repassará as manifestações que receber.

Paulo Winterle

# SUMÁRIO



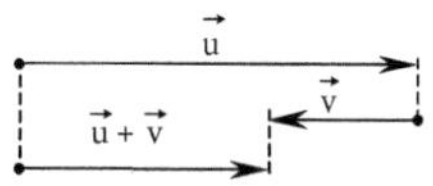


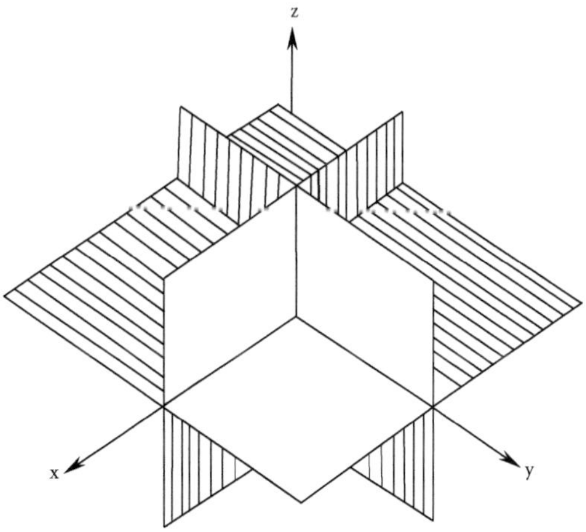

## 2 PRODUTO ESCALAR .......... 47



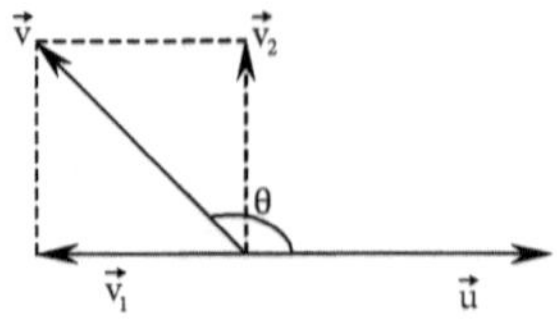


## 3 PRODUTO VETORIAL .......... 73



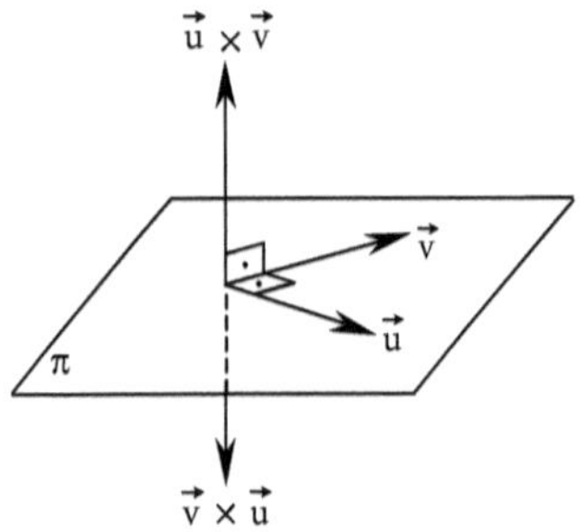


## 4 PRODUTO MISTO .......... 93



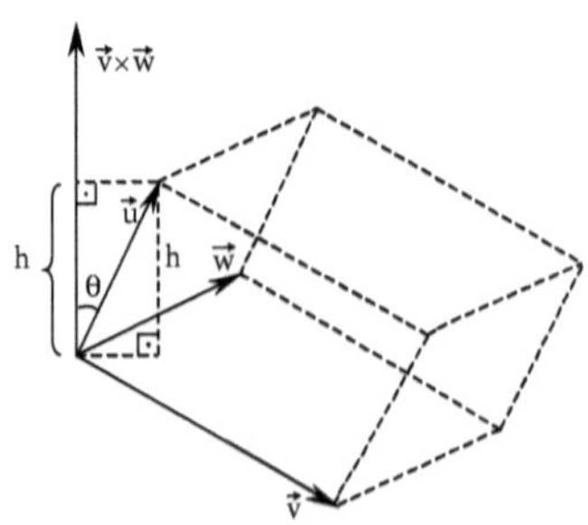

## 5 A RETA



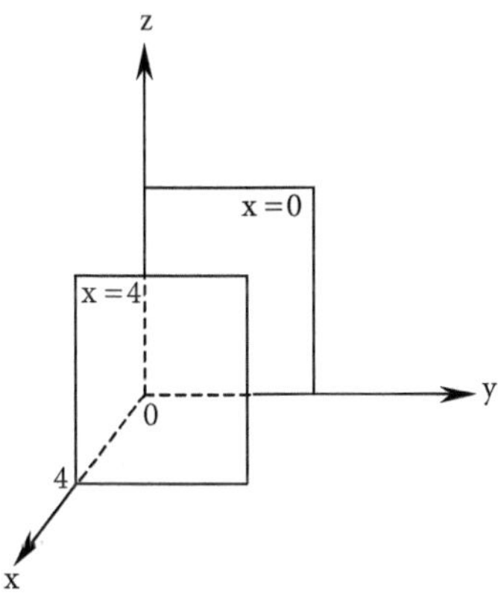


## 7 DISTÂNCIAS



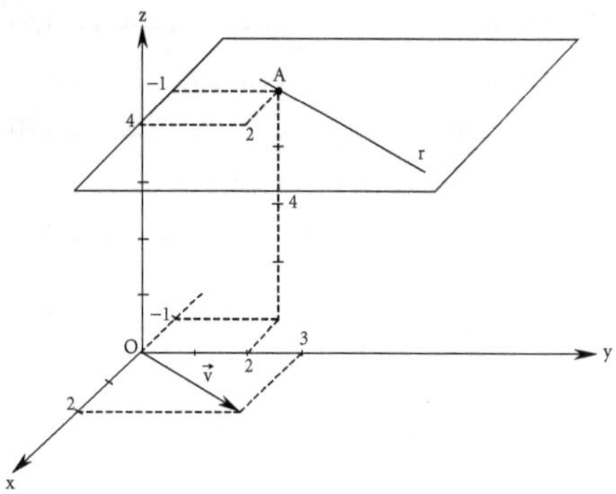


## 6 O PLANO



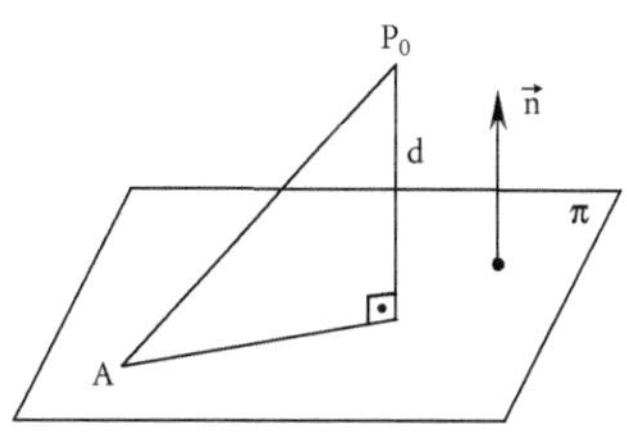

## 8 CÔNICAS .......................167



## 9 SUPERFÍCIES QUÁDRICAS 223

# VETORES 1

Com o propósito de garantir maior clareza para o leitor, a abordagem do estudo de *vetores* é feita por meio de dois tratamentos que se completam: o *geométrico* e o *algébrico*. A grande vantagem da abordagem geométrica é possibilitar, predominantemente, a visualização dos conceitos que são apresentados para estudo, o que favorece seu entendimento. Posteriormente, os mesmos assuntos e ainda outros são abordados sob o ponto de vista algébrico, mais formal e abstrato.

## O TRATAMENTO GEOMÉTRICO

### Noção intuitiva

Existem dois tipos de grandezas: as escalares e as vetoriais. As *escalares* são aquelas que ficam completamente definidas por apenas um número real (acompanhado de uma unidade adequada). Comprimento, área, volume, massa, temperatura, densidade, são exemplos de grandezas escalares. Assim, quando dizemos que uma mesa tem 3 m de comprimento, que o volume de uma caixa é de 10 $dm^3$ ou que a temperatura ambiente é de 30 °C, determinamos perfeitamente essas grandezas.

Existem, no entanto, grandezas que não são completamente definidas apenas por seu módulo, ou seja, pelo número com sua unidade correspondente. Falamos das grandezas *vetoriais*, que, para serem perfeitamente caracterizadas, necessitamos conhecer seu *módulo* (ou comprimento ou intensidade), sua *direção* e seu *sentido*. Força, velocidade, aceleração, são exemplos de grandezas vetoriais.

Antes de apresentar um exemplo mais palpável de grandeza vetorial, precisamos ter bem presente as ideias de *direção* e de *sentido*. A Figura 1.1(a) apresenta três retas. A reta $r_1$ determina, ou define, *uma direção*. A reta $r_2$ determina outra direção, diferente da direção de $r_1$. Já a reta $r_3$, por ser paralela a $r_1$, possui a mesma direção de $r_1$. Assim, a noção de direção é dada por uma reta e por todas as que lhe são paralelas. Quer dizer, *retas paralelas têm a mesma direção.*

Na Figura 1.1(b) a direção é definida pela reta que passa pelos pontos A e B. O deslocamento de uma pessoa nessa mesma direção pode ser feito de duas maneiras: no sentido de A para B ou no sentido contrário, de B para A. Portanto, a cada direção podemos associar dois sentidos. Fica claro, então, que só podemos falar em "sentidos iguais" ou em "sentidos contrários" caso estejamos diante da mesma direção.

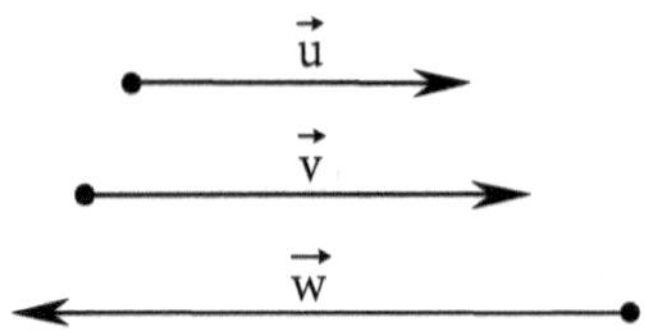


Figura 1.6

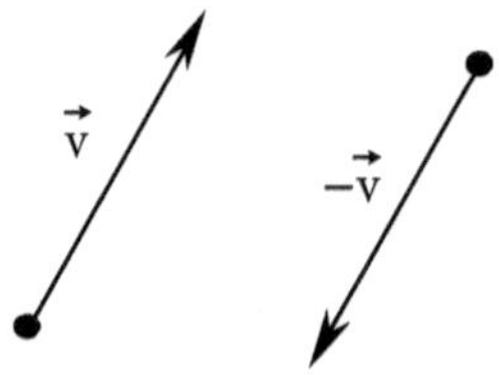


Figura 1.7

e) Um vetor $\vec{u}$ é unitário se $|\vec{u}| = 1$.

A cada vetor $\vec{v}$, $\vec{v} \neq \vec{0}$, é possível associar dois vetores unitários de mesma direção de $\vec{v}$: $\vec{u}$ e $-\vec{u}$ (Figura 1.8). Nesta figura, tem-se $|\vec{v}| = 3$ e $|\vec{u}| = |-\vec{u}| = 1$. O vetor $\vec{u}$ que tem o mesmo sentido de $\vec{v}$ é chamado *versor* de $\vec{v}$. Na verdade o vetor $\vec{u}$ não é versor só de $\vec{v}$, mas sim de todos os vetores paralelos e de mesmo sentido de $\vec{v}$ e medidos com a mesma unidade.

f) Dois vetores $\vec{u}$ e $\vec{v}$ (Figura 1.9(a)) são *ortogonais*, e indica-se por $\vec{u} \perp \vec{v}$, se algum representante de $\vec{u}$ formar ângulo reto com algum representante de $\vec{v}$.

A Figura 1.9(b) apresenta dois representantes de $\vec{u}$ e $\vec{v}$, com origem no ponto A, formando ângulo reto.

Considera-se o vetor zero ortogonal a qualquer vetor.

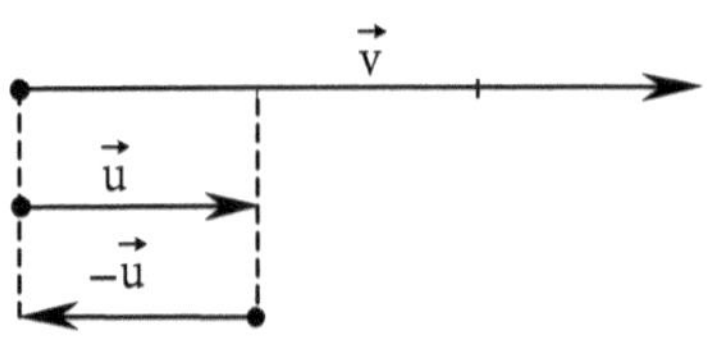


Figura 1.8

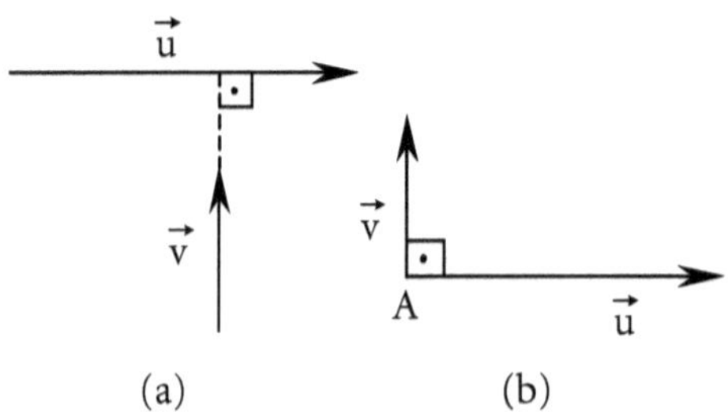


Figura 1.9

g) Dois ou mais vetores são *coplanares* se existir algum plano no qual esses vetores estão representados. É importante observar que *dois vetores* $\vec{u}$ e $\vec{v}$ *quaisquer são sempre coplanares*, pois basta considerar um ponto P no espaço e, com origem nele, traçar os dois representantes de $\vec{u}$ e $\vec{v}$ pertencendo ao plano $\pi$ (Figura 1.10) que passa por aquele ponto.

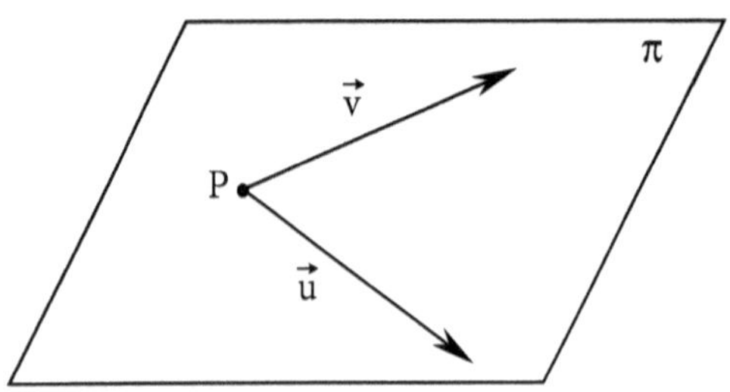


Figura 1.10

No caso de $\vec{u}$ e $\vec{v}$ serem não paralelos, como nessa figura, esses vetores determinam a "direção" do plano $\pi$, que é a mesma de todos os planos que lhe são paralelos.

Três vetores podem ser coplanares (Figura 1.11(a)) ou não (Figura 1.11(b)).

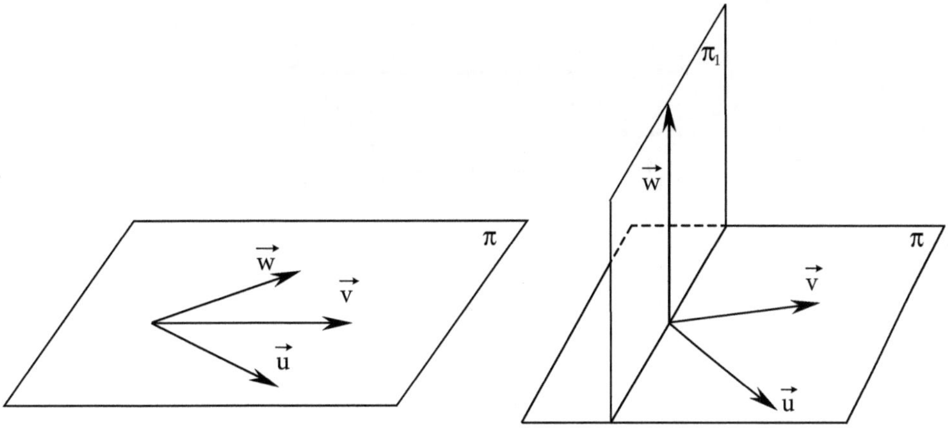


(a) (b)

Figura 1.11

## Exemplos

1. A Figura 1.12 é constituída de nove quadrados congruentes (de mesmo tamanho). Decidir se é verdadeira ou falsa cada uma das seguintes afirmações:

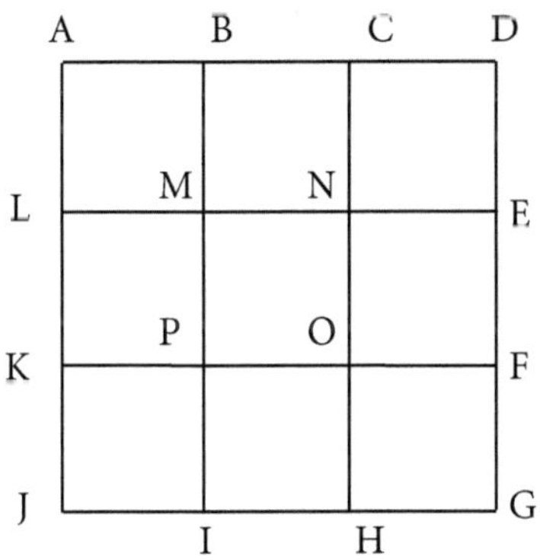


Figura 1.12

a) $\overrightarrow{AB} = \overrightarrow{OF}$

b) $\overrightarrow{AM} = \overrightarrow{PH}$

c) $\overrightarrow{BC} = \overrightarrow{OP}$

d) $\overrightarrow{BL} = -\overrightarrow{MC}$

e) $\overrightarrow{DE} = -\overrightarrow{ED}$

f) $\overrightarrow{AO} = \overrightarrow{MG}$

g) $\overrightarrow{KN} = \overrightarrow{FI}$

h) $\overrightarrow{AC} \,//\, \overrightarrow{HI}$

i) $\overrightarrow{JO} \,//\, \overrightarrow{LD}$

j) $\overrightarrow{AJ} \,//\, \overrightarrow{FG}$

k) $\overrightarrow{AB} \perp \overrightarrow{EG}$

l) $\overrightarrow{AM} \perp \overrightarrow{BL}$

m) $\overrightarrow{PE} \perp \overrightarrow{EC}$

n) $\overrightarrow{PN} \perp \overrightarrow{NB}$

o) $\overrightarrow{PN} \perp \overrightarrow{AM}$

p) $|\overrightarrow{AC}| = |\overrightarrow{FP}|$

q) $|\overrightarrow{IF}| = |\overrightarrow{MF}|$

r) $|\overrightarrow{AJ}| = |\overrightarrow{AC}|$

s) $|\overrightarrow{AO}| = 2\,|\overrightarrow{NP}|$

t) $|\overrightarrow{AM}| = |\overrightarrow{BL}|$

### Respostas

| | | | | | | |
|---|---|---|---|---|---|---|
| a) V | d) V | g) F | j) V | m) F | p) V | s) V |
| b) V | e) V | h) V | k) V | n) V | q) V | t) V |
| c) F | f) V | i) F | l) V | o) V | r) F | |

2. A Figura 1.13 representa um paralelepípedo retângulo. Decidir se é verdadeira ou falsa cada uma das afirmações:

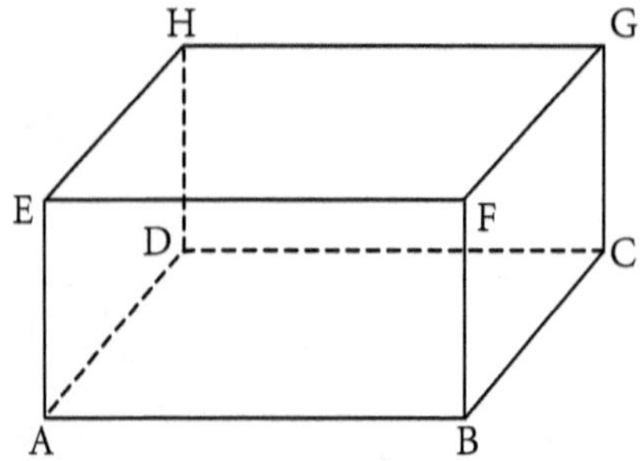


Figura 1.13

a) $\overrightarrow{DH} = \overrightarrow{BF}$

b) $\overrightarrow{AB} = -\overrightarrow{HG}$

c) $\overrightarrow{AB} \perp \overrightarrow{CG}$

d) $\overrightarrow{AF} \perp \overrightarrow{BC}$

e) $|\overrightarrow{AC}| = |\overrightarrow{HF}|$

f) $|\overrightarrow{AG}| = |\overrightarrow{DF}|$

g) $\overrightarrow{BG} \,//\, \overrightarrow{ED}$

h) $\overrightarrow{AB}$, $\overrightarrow{BC}$ e $\overrightarrow{CG}$ são coplanares

i) $\overrightarrow{AB}$, $\overrightarrow{FG}$ e $\overrightarrow{EG}$ são coplanares

j) $\overrightarrow{EG}$, $\overrightarrow{CB}$ e $\overrightarrow{HF}$ são coplanares

k) $\overrightarrow{AC}$, $\overrightarrow{DB}$ e $\overrightarrow{FG}$ são coplanares

l) $\overrightarrow{AB}$, $\overrightarrow{BG}$ e $\overrightarrow{CF}$ são coplanares

m) $\overrightarrow{AB}$, $\overrightarrow{DC}$ e $\overrightarrow{CF}$ são coplanares

n) $\overrightarrow{AE}$ é ortogonal ao plano ABC

o) $\overrightarrow{AB}$ é ortogonal ao plano BCG

p) $\overrightarrow{DC}$ é paralelo ao plano HEF

***Respostas***

a) V d) V g) F j) V m) V p) V

b) F e) V h) F k) V n) V

c) V f) V i) V l) F o) V

# OPERAÇÕES COM VETORES

## Adição de vetores

Consideremos os vetores $\vec{u}$ e $\vec{v}$, cuja soma $\vec{u} + \vec{v}$ pretendemos encontrar. Tomemos um ponto A qualquer (Figura 1.14) e, com origem nele, tracemos um segmento orientado AB representante do vetor $\vec{u}$. Utilizemos a extremidade B para traçar o segmento orientado BC representante de $\vec{v}$. O vetor representado pelo segmento orientado de origem A e extremidade C é, por definição, o vetor *soma* de $\vec{u}$ e $\vec{v}$, ou seja,

$$\vec{u} + \vec{v} = \overrightarrow{AC} \quad \text{ou} \quad \overrightarrow{AB} + \overrightarrow{BC} = \overrightarrow{AC}$$

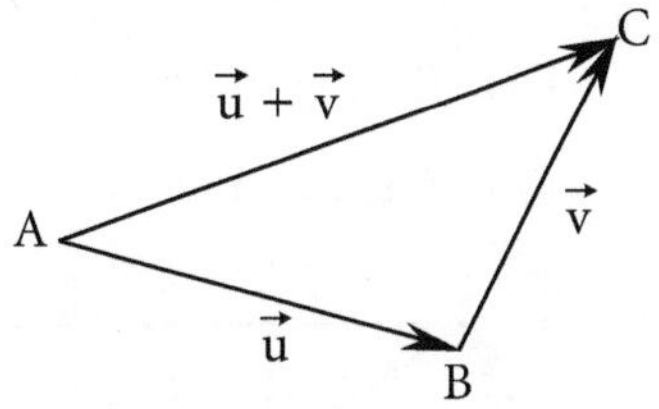


Figura 1.14

Sendo $\vec{u} \,//\, \vec{v}$, a maneira de obter o vetor $\vec{u} + \vec{v}$ é a mesma e está ilustrada na Figura 1.15(a) ($\vec{u}$ e $\vec{v}$ de mesmo sentido) e na Figura 1.15(b) ($\vec{u}$ e $\vec{v}$ de sentidos contrários).

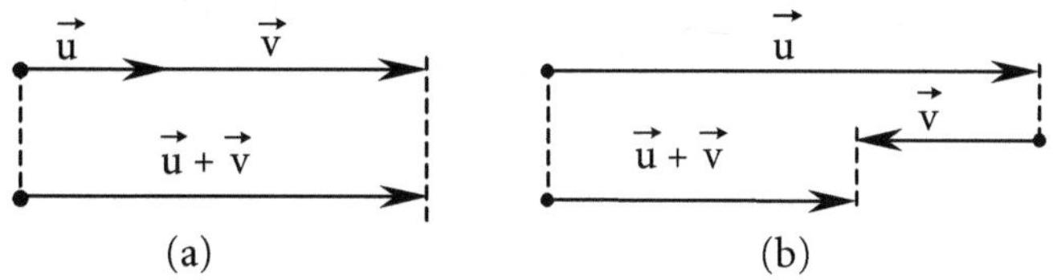


Figura 1.15

No caso de os vetores $\vec{u}$ e $\vec{v}$ não serem paralelos, há outra maneira de encontrar o vetor soma $\vec{u} + \vec{v}$. Representam-se $\vec{u} = \overrightarrow{AB}$ e $\vec{v} = \overrightarrow{AD}$ por segmentos orientados de mesma origem A. Completa-se o paralelogramo ABCD (Figura 1.16), e o segmento orientado de origem A, que corresponde à diagonal do paralelogramo, é o vetor $\vec{u} + \vec{v}$, ou seja,

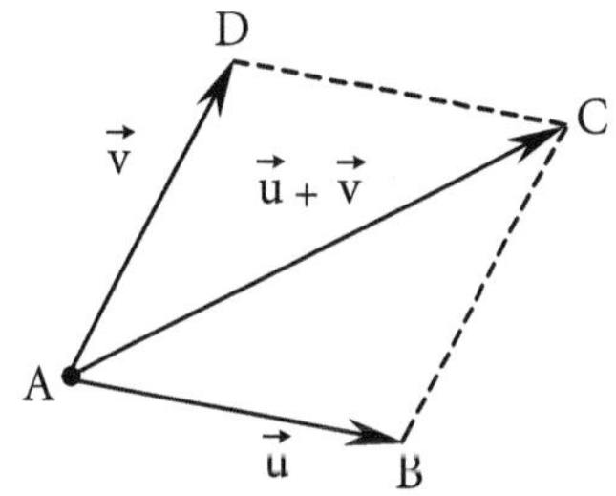


Figura 1.16

$$\vec{u} + \vec{v} = \overrightarrow{AC} \quad \text{ou} \quad \overrightarrow{AB} + \overrightarrow{AD} = \overrightarrow{AC}$$

Para o caso de determinar a soma de três vetores ou mais, o procedimento é análogo (Figura 1.17(a)) e, em particular, se a extremidade do representante do último vetor coincidir com a origem do representante do primeiro (Figura 1.17(b)), a soma será o vetor zero ($\vec{u} + \vec{v} + \vec{w} + \vec{t} = \vec{0}$).

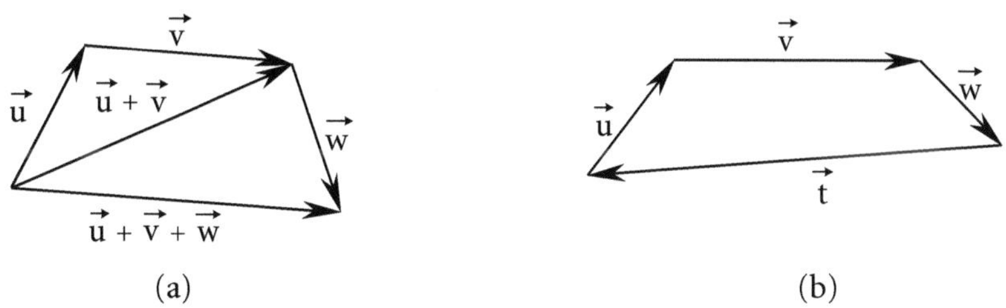


Figura 1.17

Sendo $\vec{u}$, $\vec{v}$ e $\vec{w}$ vetores quaisquer, a adição admite as seguintes propriedades:

I) Comutativa: $\vec{u} + \vec{v} = \vec{v} + \vec{u}$

II) Associativa: $(\vec{u} + \vec{v}) + \vec{w} = \vec{u} + (\vec{v} + \vec{w})$

III) Elemento neutro: $\vec{u} + \vec{0} = \vec{u}$

IV) Elemento oposto: $\vec{u} + (-\vec{u}) = \vec{0}$

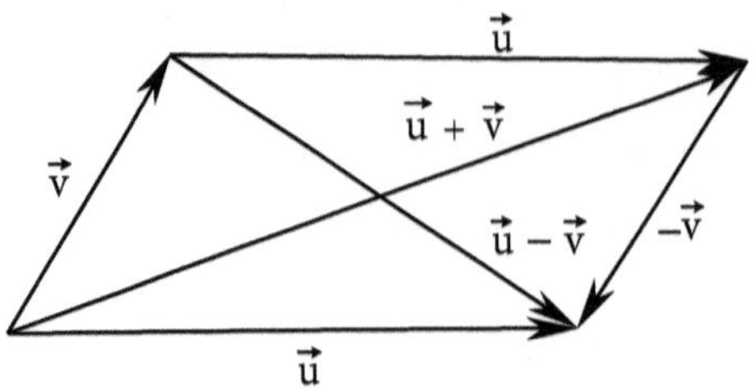


Figura 1.18

O vetor $\vec{u} + (-\vec{v})$, escreve-se $\vec{u} - \vec{v}$, é chamado de *diferença* entre $\vec{u}$ e $\vec{v}$.

Observemos que no paralelogramo determinado pelos vetores $\vec{u}$ e $\vec{v}$ (Figura 1.18), verifica-se que a soma $\vec{u} + \vec{v}$ é representada por uma das diagonais, enquanto a diferença $\vec{u} - \vec{v}$ pela outra diagonal.

## Exemplos

1. Com base na Figura 1.12, determinar os vetores a seguir, expressando-os com origem no ponto A:

**a)** $\overrightarrow{AC} + \overrightarrow{CN}$
**b)** $\overrightarrow{AB} + \overrightarrow{BD}$
**c)** $\overrightarrow{AC} + \overrightarrow{DC}$
**d)** $\overrightarrow{AC} + \overrightarrow{AK}$
**e)** $\overrightarrow{AC} + \overrightarrow{EO}$
**f)** $\overrightarrow{AM} + \overrightarrow{BL}$
**g)** $\overrightarrow{AK} + \overrightarrow{AN}$
**h)** $\overrightarrow{AO} - \overrightarrow{OE}$
**i)** $\overrightarrow{MO} - \overrightarrow{NP}$
**j)** $\overrightarrow{BC} - \overrightarrow{CB}$
**k)** $\overrightarrow{LP} + \overrightarrow{PN} + \overrightarrow{NF}$
**l)** $\overrightarrow{BL} + \overrightarrow{BN} + \overrightarrow{PB}$

**Solução**

**a)** $\overrightarrow{AN}$ **b)** $\overrightarrow{AD}$ **c)** $\overrightarrow{AB}$ **d)** $\overrightarrow{AO}$ **e)** $\overrightarrow{AM}$ **f)** $\overrightarrow{AK}$ **g)** $\overrightarrow{AH}$ **h)** $\overrightarrow{AI}$ **i)** $\overrightarrow{AC}$ **j)** $\overrightarrow{AC}$ **k)** $\overrightarrow{AE}$ **l)** $\overrightarrow{AA} = \vec{0}$

2. Com base na Figura 1.13, determinar os vetores a seguir, expressando-os com origem no ponto A:

**a)** $\overrightarrow{AB} + \overrightarrow{CG}$
**b)** $\overrightarrow{BC} + \overrightarrow{DE}$
**c)** $\overrightarrow{BF} + \overrightarrow{EH}$
**d)** $\overrightarrow{EG} - \overrightarrow{BC}$
**e)** $\overrightarrow{CG} + \overrightarrow{EH}$
**f)** $\overrightarrow{EF} - \overrightarrow{FB}$
**g)** $\overrightarrow{AB} + \overrightarrow{AD} + \overrightarrow{AE}$
**h)** $\overrightarrow{EG} + \overrightarrow{DA} + \overrightarrow{FH}$

**Solução**

**a)** $\overrightarrow{AF}$ **b)** $\overrightarrow{AE}$ **c)** $\overrightarrow{AH}$ **d)** $\overrightarrow{AB}$ **e)** $\overrightarrow{AH}$ **f)** $\overrightarrow{AF}$ **g)** $\overrightarrow{AG}$ **h)** $\overrightarrow{AD}$

3. Dados dois vetores $\vec{u}$ e $\vec{v}$ não paralelos, construir no mesmo gráfico os vetores $\vec{u}+\vec{v}$, $\vec{u}-\vec{v}$, $\vec{v}-\vec{u}$ e $-\vec{u}-\vec{v}$, todos com origem em um mesmo ponto.

**Solução**

Para os vetores $\vec{u}$ e $\vec{v}$ da figura, tem-se:

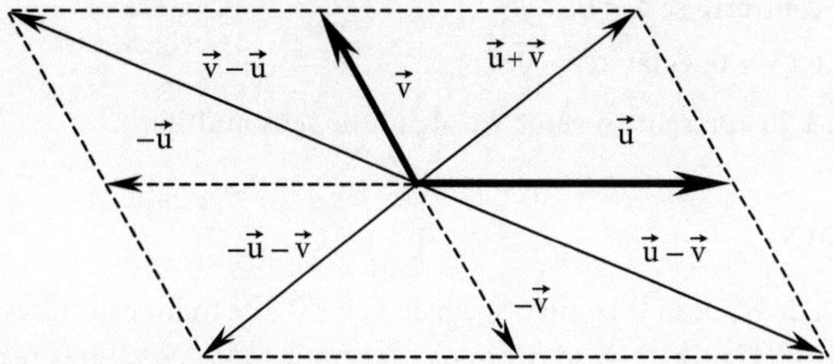


4. Provar que as diagonais de um paralelogramo têm o mesmo ponto médio.

**Solução**

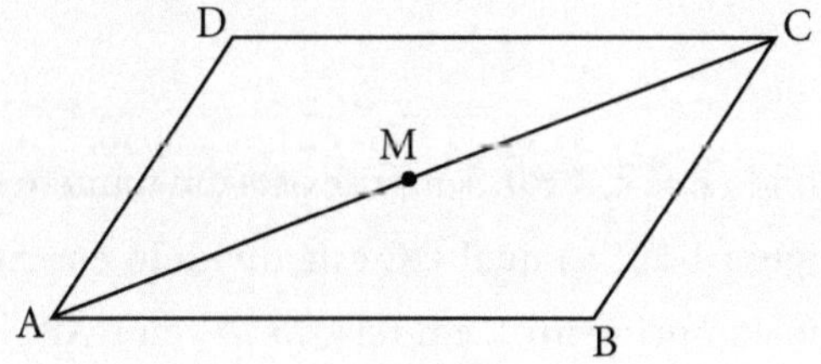


Figura 1.19

Consideremos o paralelogramo ABCD de diagonais AC e BD e seja M o ponto médio de AC (Figura 1.19), equivale dizer que $\overrightarrow{AM} = \overrightarrow{MC}$. Vamos provar que M é também ponto médio de BD. Pela figura, tem-se

$\overrightarrow{BM} = \overrightarrow{BC} + \overrightarrow{CM}$ (definição de soma)

$= \overrightarrow{AD} + \overrightarrow{MA}$ (igualdade de vetores)

$= \overrightarrow{MA} + \overrightarrow{AD}$ (propriedade comutativa)

$= \overrightarrow{MD}$ (definição de soma)

Como $\overrightarrow{BM} = \overrightarrow{MD}$, conclui-se que M é ponto médio de $\overrightarrow{BD}$.

## Multiplicação de número real por vetor

Dado um vetor $\vec{v} \neq \vec{0}$ e um número real $\alpha \neq 0$, chama-se *produto do número real* $\alpha$ *pelo vetor* $\vec{v}$, o vetor $\alpha\vec{v}$ tal que:

a) módulo: $|\alpha\vec{v}| = |\alpha||\vec{v}|$, ou seja, o comprimento $\alpha\vec{v}$ é igual ao comprimento de $\vec{v}$ multiplicado por $|\alpha|$;

b) direção: $\alpha\vec{v}$ é paralelo a $\vec{v}$;

c) sentido: $\alpha\vec{v}$ e $\vec{v}$ têm o mesmo sentido se $\alpha > 0$ e contrário se $\alpha < 0$.

Se $\alpha = 0$ ou $\vec{v} = \vec{0}$, então $\alpha\vec{v} = \vec{0}$.

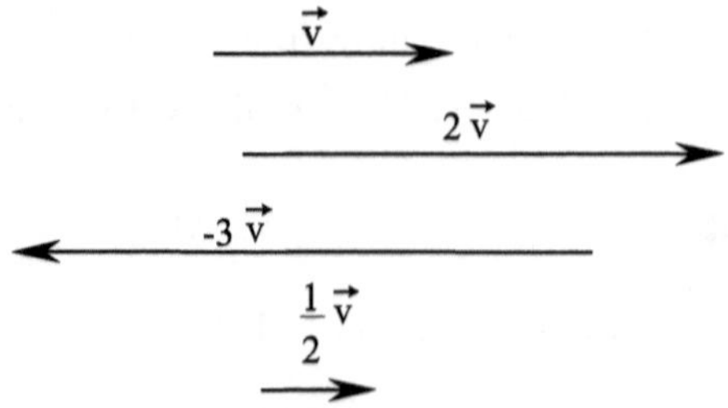

Figura 1.20

A Figura 1.20 apresenta o vetor $\vec{v}$ e alguns de seus múltiplos.

## Observações

a) Considerando o ponto O como origem de $\vec{v}$, $\vec{v} \neq \vec{0}$ e de todos os vetores $\alpha\vec{v}$ que lhe são paralelos (Figura1.21), se fizermos $\alpha$ assumir todos os valores reais, teremos representados em uma só reta todos os vetores paralelos a $\vec{v}$.

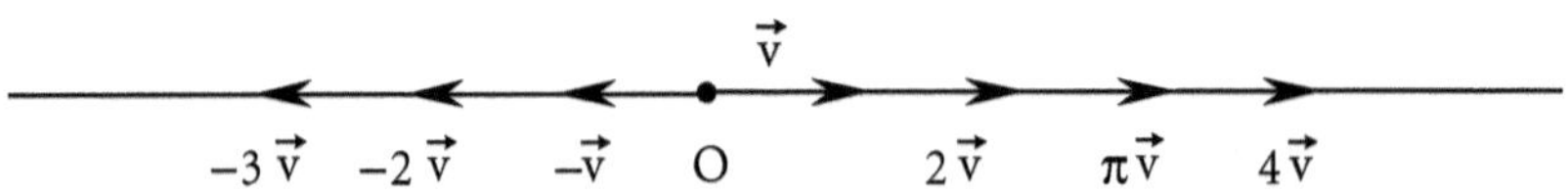

Figura 1.21

Por outro lado, supondo $\vec{u} \,//\, \vec{v}$, $\vec{v} \neq \vec{0}$, sempre existe um número real $\alpha$ tal que $\vec{u} = \alpha\vec{v}$. Por exemplo, na Figura 1.22, na qual DC está dividido em cinco segmentos congruentes (de mesmo comprimento), em relação ao vetor $\overrightarrow{AB}$ ($|\overrightarrow{AB}| = 2$), tem-se

$$\overrightarrow{AC} = \frac{3}{2}\overrightarrow{AB}$$

$$\overrightarrow{BD} = -2\overrightarrow{AB}$$

$$\overrightarrow{CD} = -\frac{5}{2}\overrightarrow{AB}$$

Figura 1.22

b) Vimos em *Casos Particulares de Vetores*, Figura 1.8, que a cada vetor $\vec{v}$, $\vec{v} \neq \vec{0}$, é possível associar dois vetores unitários paralelos a $\vec{v}$. O vetor unitário $\frac{1}{|\vec{v}|}\vec{v}$ ou $\frac{\vec{v}}{|\vec{v}|}$ de mesmo sentido de $\vec{v}$ é o *versor* de $\vec{v}$.

Por exemplo,

se $|\vec{v}| = 5$, o versor de $\vec{v}$ é $\frac{\vec{v}}{5}$;

se $|\vec{v}| = \frac{1}{3}$, o versor de $\vec{v}$ é $3\vec{v}$;

se $|\vec{v}| = 10$, o versor de $-\vec{v}$ é $-\frac{\vec{v}}{10}$.

## Exemplo

Seja o vetor $\vec{v} \neq \vec{0}$. Determinar o vetor paralelo a $\vec{v}$ tal que:

a) tenha o mesmo sentido de $\vec{v}$ e módulo 5;

b) tenha sentido contrário ao de $\vec{v}$ e módulo 10.

### *Solução*

A partir de um vetor arbitrário $\vec{v} \neq \vec{0}$ (Figura 1.23), é sempre possível associar os dois vetores paralelos e unitários: $\frac{\vec{v}}{|\vec{v}|}$ (mesmo sentido de $\vec{v}$) e $-\frac{\vec{v}}{|\vec{v}|}$ (sentido contrário ao de $\vec{v}$). Logo, tem-se as soluções:

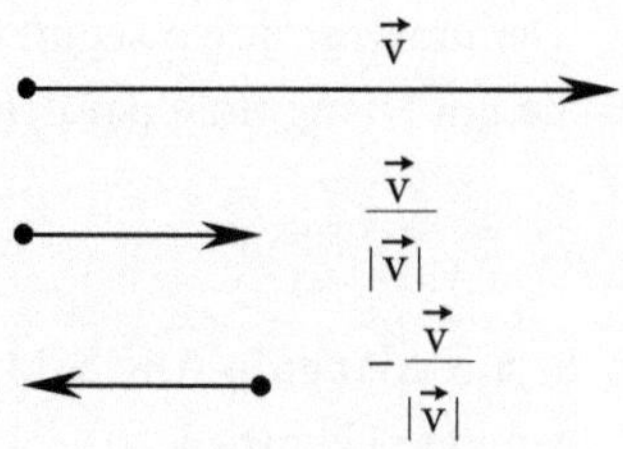


Figura 1.23

a) $\frac{5\vec{v}}{|\vec{v}|}$ e b) $-\frac{10\vec{v}}{|\vec{v}|}$

Se $\vec{u}$ e $\vec{v}$ são vetores quaisquer e $\alpha$ e $\beta$ números reais, a multiplicação de número real por vetor admite as propriedades:

I) $(\alpha\beta)\vec{v} = \alpha(\beta\vec{v})$

II) $(\alpha + \beta)\vec{v} = \alpha\vec{v} + \beta\vec{v}$

III) $\alpha(\vec{u} + \vec{v}) = \alpha\vec{u} + \alpha\vec{v}$

IV) $1\vec{v} = \vec{v}$

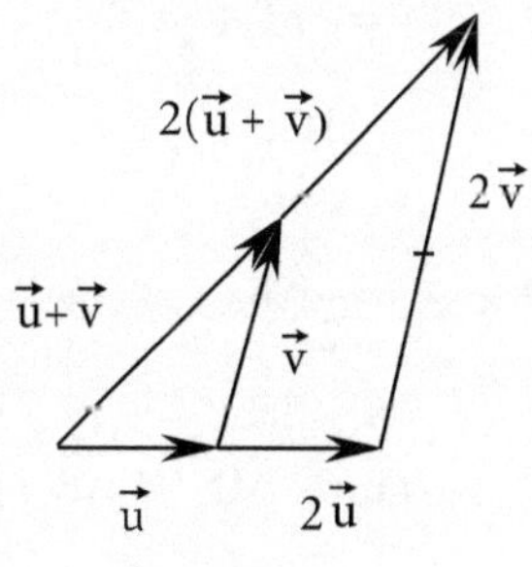


Figura 1.24

A Figura 1.24 ilustra a propriedade III para $\alpha = 2$, ou seja, $2(\vec{u} + \vec{v}) = 2\vec{u} + 2\vec{v}$.

## Exemplos

1. Representados os vetores $\vec{u}$, $\vec{v}$ e $\vec{w}$ como na Figura 1.25(a), obter graficamente o vetor $\vec{x}$ tal que $\vec{x} = 2\vec{u} - 3\vec{v} + \frac{1}{2}\vec{w}$.

**Solução**

Figura 1.25(b)

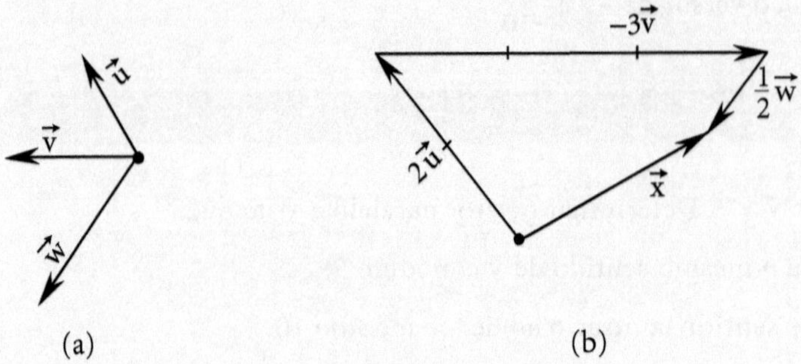


Figura 1.25

2. Demonstrar que o segmento cujos extremos são os pontos médios de dois lados de um triângulo é paralelo ao terceiro lado e igual à sua metade.

**Solução**

Seja o triângulo ABC e M e N os pontos médios dos lados CA e CB, respectivamente (Figura 1.26).

Pela figura, tem-se

$$\begin{aligned}\overrightarrow{MN} &= \overrightarrow{MC}+\overrightarrow{CN}\\ &= \frac{1}{2}\overrightarrow{AC}+\frac{1}{2}\overrightarrow{CB}\\ &= \frac{1}{2}(\overrightarrow{AC}+\overrightarrow{CB})\\ &= \frac{1}{2}\overrightarrow{AB}\end{aligned}$$

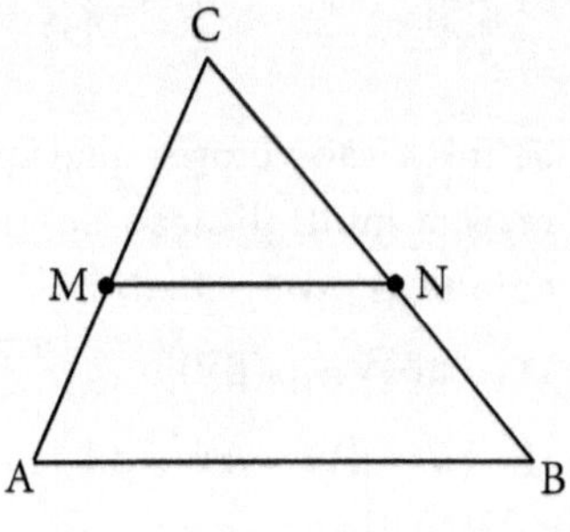


Figura 1.26

Portanto, $\overrightarrow{MN} \,//\, \overrightarrow{AB}$ e $|\overrightarrow{MN}| = \frac{1}{2}|\overrightarrow{AB}|$.

## Ângulo de dois vetores

O *ângulo entre os vetores não nulos* $\vec{u}$ e $\vec{v}$ é o ângulo θ formado por duas semirretas OA e OB de mesma origem O (Figura 1.27), na qual $\vec{u} = \overrightarrow{OA}$, $\vec{v} = \overrightarrow{OB}$ e $0 \le \theta \le \pi$ (θ em radianos) ou $0° \le \theta \le 180°$.

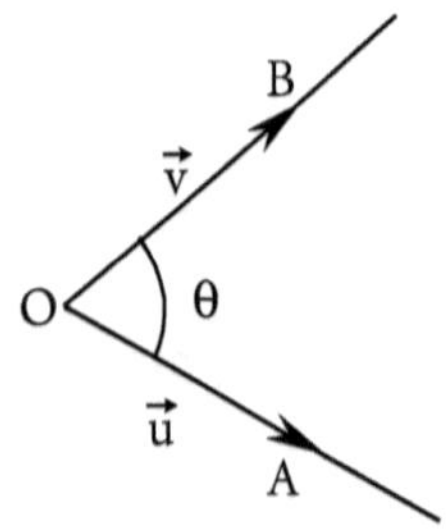


Figura 1.27

Se $\vec{u}//\vec{v}$ e $\vec{u}$ e $\vec{v}$ têm o mesmo sentido, então θ = 0. É o que ocorre, por exemplo, com os vetores $\vec{u}$ e $2\vec{u}$ que têm o mesmo sentido (Figura 1.28(a)).

Se $\vec{u}//\vec{v}$ e $\vec{u}$ e $\vec{v}$ têm sentidos contrários, então $\theta = \pi$. É o caso de $\vec{u}$ e $-3\vec{u}$ (Figura 1.28(b)).

(a) (b)

Figura 1.28

## Problemas propostos

1. A Figura 1.29 apresenta o losango EFGH inscrito no retângulo ABCD, sendo O o ponto de interseção das diagonais desse losango. Decidir se é verdadeira ou falsa cada uma das seguintes afirmações:

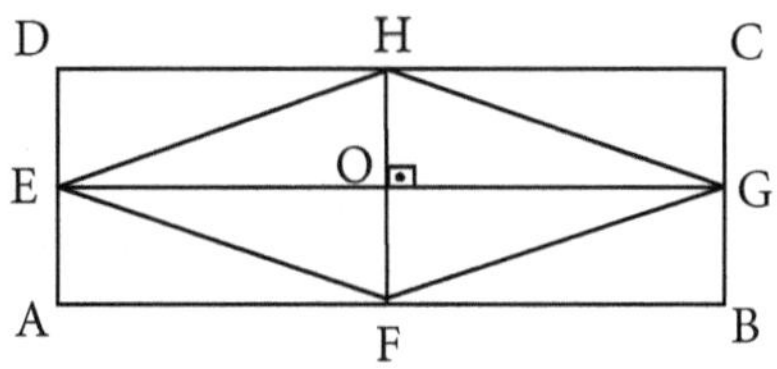


Figura 1.29

a) $\overrightarrow{EO} = \overrightarrow{OG}$

b) $\overrightarrow{AF} = \overrightarrow{CH}$

c) $\overrightarrow{DO} = \overrightarrow{HG}$

d) $|C - O| = |O - B|$

e) $|H - O| = |H - D|$

f) $H - E = O - C$

g) $|\overrightarrow{AC}| = |\overrightarrow{BD}|$

h) $|\overrightarrow{OA}| = \frac{1}{2}|\overrightarrow{DB}|$

i) $\overrightarrow{AF} \,//\, \overrightarrow{CD}$

j) $\overrightarrow{GF} \,//\, \overrightarrow{HG}$

k) $\overrightarrow{AO} \,//\, \overrightarrow{OC}$

l) $\overrightarrow{AB} \perp \overrightarrow{OH}$

m) $\overrightarrow{EO} \perp \overrightarrow{CB}$

n) $\overrightarrow{AO} \perp \overrightarrow{HF}$

o) $\overrightarrow{OB} = -\overrightarrow{FE}$

2. Decidir se é verdadeira ou falsa cada uma das afirmações:

a) Se $\vec{u} = \vec{v}$, então $|\vec{u}| = |\vec{v}|$.

b) Se $|\vec{u}| = |\vec{v}|$, então $\vec{u} = \vec{v}$.

c) Se $\vec{u} \,//\, \vec{v}$, então $\vec{u} = \vec{v}$.

d) Se $\vec{u} = \vec{v}$, então $\vec{u} \,//\, \vec{v}$.

e) Se $\vec{w} = \vec{u} + \vec{v}$, então $|\vec{w}| = |\vec{u}| + |\vec{v}|$.

f) $|\vec{w}| = |\vec{u}| + |\vec{v}|$, então $\vec{u}$, $\vec{v}$ e $\vec{w}$ são paralelos.

g) Se $\overrightarrow{AB} = \overrightarrow{DC}$, então ABCD (vértices nesta ordem) é paralelogramo.

h) $|5\vec{v}| = |-5\vec{v}| = 5|\vec{v}|$.

i) Os vetores $3\vec{v}$ e $-4\vec{v}$ são paralelos e de mesmo sentido.

j) Se $\vec{u} \,//\, \vec{v}$, $|\vec{u}| = 2$ e $|\vec{v}| = 4$, então $\vec{v} = 2\vec{u}$ ou $\vec{v} = -2\vec{u}$.

k) Se $|\vec{v}| = 3$, o versor de $-10\vec{v}$ é $-\frac{\vec{v}}{3}$.

3. Com base na Figura 1.29, determinar os vetores a seguir, expressando-os com origem no ponto A:

a) $\overrightarrow{OC} + \overrightarrow{CH}$
b) $\overrightarrow{EH} + \overrightarrow{FG}$
c) $2\overrightarrow{AE} + 2\overrightarrow{AF}$
d) $\overrightarrow{EH} + \overrightarrow{EF}$
e) $\overrightarrow{EO} + \overrightarrow{BG}$
f) $2\overrightarrow{OE} + 2\overrightarrow{OC}$
g) $\frac{1}{2}\overrightarrow{BC} + \overrightarrow{EH}$
h) $\overrightarrow{FE} + \overrightarrow{FG}$
i) $\overrightarrow{OG} - \overrightarrow{HO}$
j) $\overrightarrow{AF} + \overrightarrow{FO} + \overrightarrow{AO}$

4. O paralelogramo ABCD (Figura 1.30) é determinado pelos vetores $\overrightarrow{AB}$ e $\overrightarrow{AD}$, sendo M e N pontos médios dos lados DC e AB, respectivamente. Determinar:

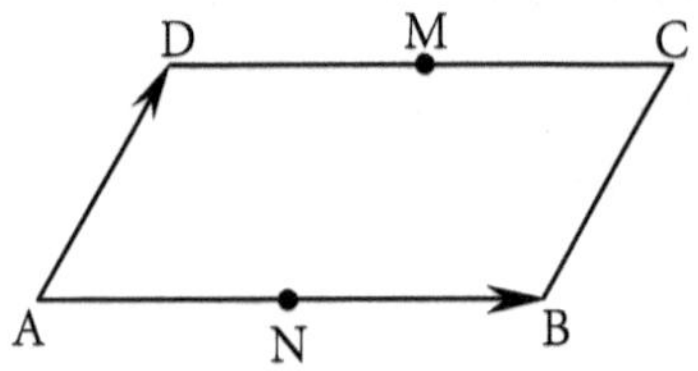

Figura 1.30

a) $\overrightarrow{AD} + \overrightarrow{AB}$
b) $\overrightarrow{BA} + \overrightarrow{DA}$
c) $\overrightarrow{AC} - \overrightarrow{BC}$
d) $\overrightarrow{AN} + \overrightarrow{BC}$
e) $\overrightarrow{MD} + \overrightarrow{MB}$
f) $\overrightarrow{BM} - \frac{1}{2}\overrightarrow{DC}$

5. Apresentar, graficamente, um representante do vetor $\vec{u} - \vec{v}$ nos casos:

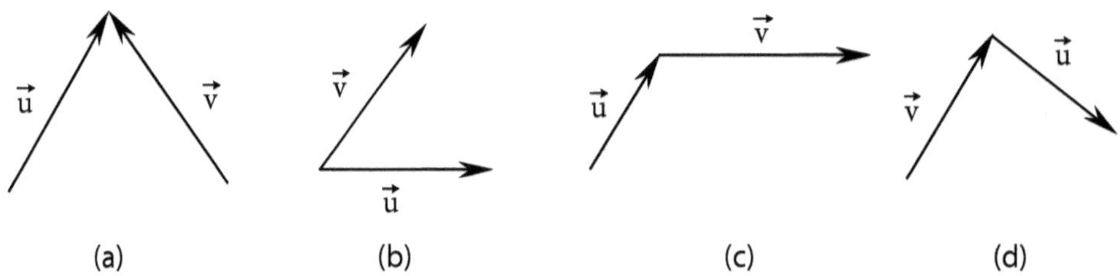


6. Determinar o vetor $\vec{x}$ nas figuras:

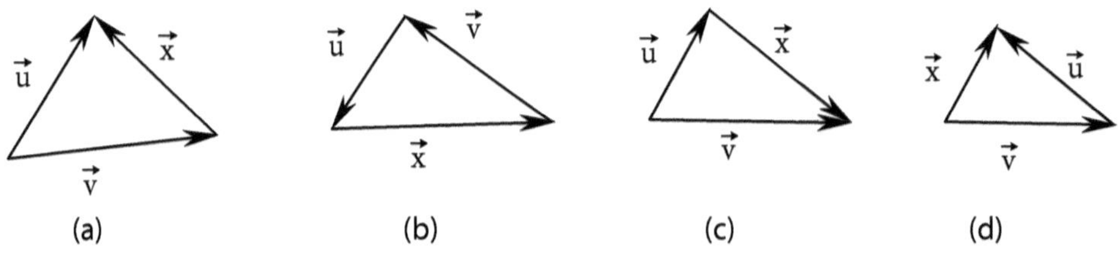


7. Dados três pontos A, B e C não colineares, como na Figura 1.31, representar o vetor $\vec{x}$ nos casos:

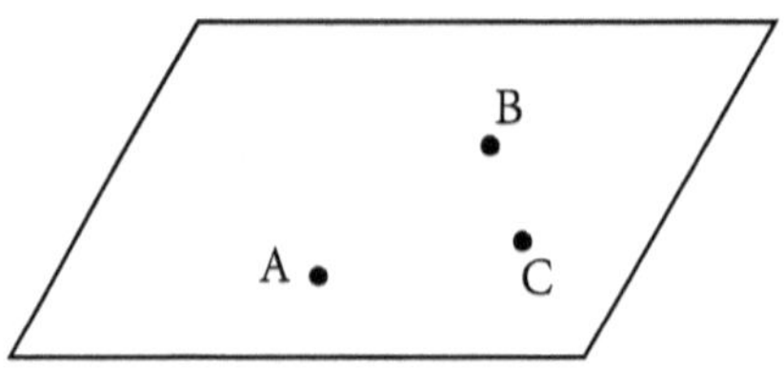

Figura 1.31

a) $\vec{x} = \overrightarrow{BA} + 2\overrightarrow{BC}$

b) $\vec{x} = 2\overrightarrow{CA} + 2\overrightarrow{BA}$

c) $\vec{x} = 3\overrightarrow{AB} - 2\overrightarrow{BC}$

d) $\vec{x} = \frac{1}{2}\overrightarrow{AB} - 2\overrightarrow{CB}$

**8.** Dados os vetores $\vec{u}$ e $\vec{v}$ da Figura 1.32, mostrar, em um gráfico, um representante do vetor

a) $\vec{u} - \vec{v}$

b) $\vec{v} - \vec{u}$

c) $-\vec{v} - 2\vec{u}$

d) $2\vec{u} - 3\vec{v}$

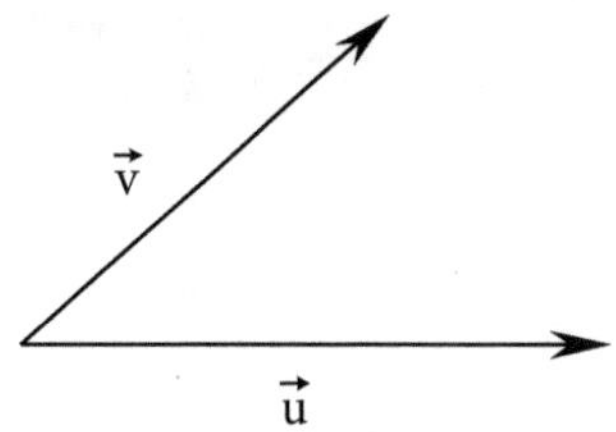


Figura 1.32

**9.** No triângulo ABC (Figura 1.33), seja $\overrightarrow{AB} = \vec{a}$ e $\overrightarrow{AC} = \vec{b}$. Construir um representante de cada um dos vetores

a) $\frac{\vec{a}+\vec{b}}{2}$

b) $\frac{\vec{a}-\vec{b}}{2}$

c) $\frac{\vec{b}-\vec{a}}{2}$

d) $\vec{a} + \frac{1}{2}\vec{b}$

e) $2\vec{a} - \frac{1}{2}\vec{b}$

f) $\frac{1}{3}\vec{a} - 2\vec{b}$

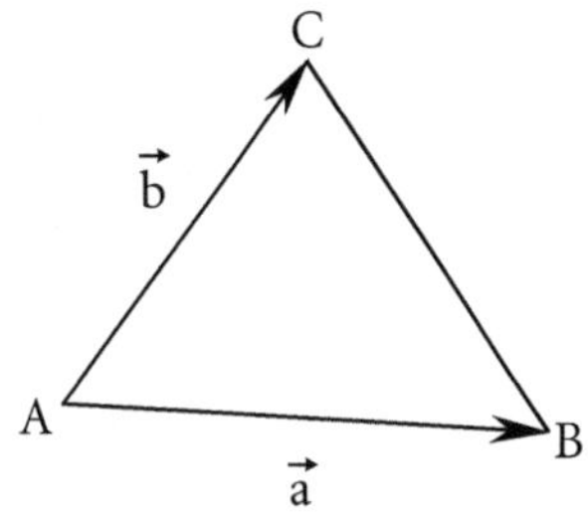


Figura 1.33

**10.** Dados os vetores $\vec{a}$, $\vec{b}$ e $\vec{c}$ (Figura 1.34), apresentar graficamente um representante do vetor $\vec{x}$ tal que

a) $\vec{x} = 4\vec{a} - 2\vec{b} - \vec{c}$

b) $(\vec{a} + \vec{b} + \vec{c}) + \vec{x} = \vec{0}$

c) $\vec{a} + \vec{c} + \vec{x} = 2\vec{b}$

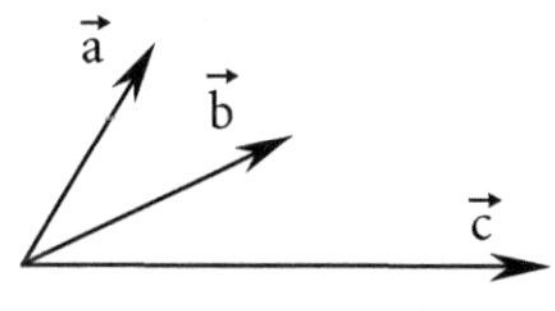


Figura 1.34

**11.** Na Figura 1.35 estão representados os vetores coplanares $\vec{u}$, $\vec{v}$ e $\vec{w}$. Indicar, na própria figura, os vetores

a) $a\vec{v}$ e $b\vec{w}$ tal que $\vec{u} = a\vec{v} + b\vec{w}$

b) $\alpha\vec{u}$ e $\beta\vec{w}$ tal que $\vec{v} = \alpha\vec{u} + \beta\vec{w}$

Seria possível realizar este exercício no caso de os vetores $\vec{u}$, $\vec{v}$ e $\vec{w}$ serem *não* coplanares?

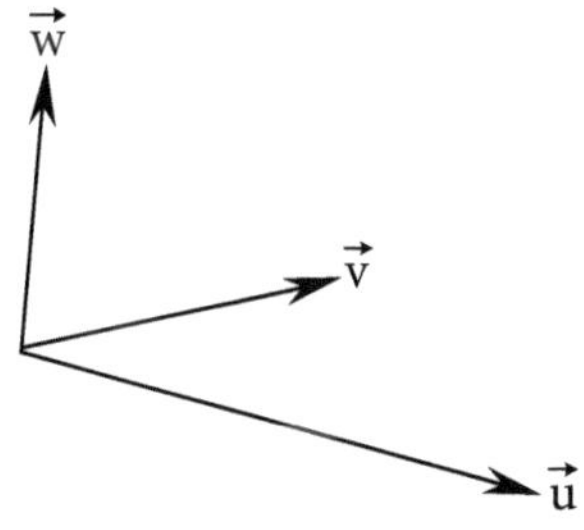


Figura 1.35

**12.** Sabendo que o ângulo entre os vetores $\vec{u}$ e $\vec{v}$ é de 60°, determinar o ângulo formado pelos vetores

**a)** $\vec{u}$ e $-\vec{v}$ **b)** $-\vec{u}$ e $2\vec{v}$ **c)** $-\vec{u}$ e $-\vec{v}$ **d)** $3\vec{u}$ e $5\vec{v}$

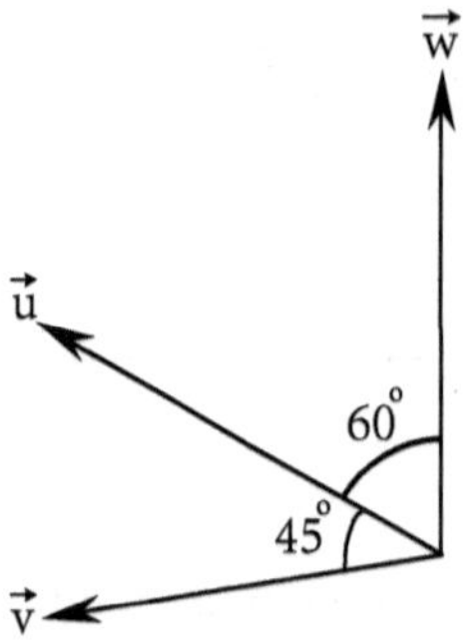

Figura 1.36

**13.** Dados os vetores coplanares $\vec{u}$, $\vec{v}$ e $\vec{w}$ representados na Figura 1.36, determinar

**a)** um representante do vetor $\vec{x} + \vec{y}$, sendo $\vec{x} = \vec{u} + 2\vec{v}$ e $\vec{y} = \vec{v} - 2\vec{u}$;

**b)** o ângulo entre os vetores $-3\vec{v}$ e $\vec{w}$;

**c)** o ângulo entre os vetores $-2\vec{u}$ e $-\vec{w}$.

**14.** Demonstrar que os pontos médios dos lados de um quadrilátero qualquer são vértices de um paralelogramo.

**15.** Demonstrar que o segmento de extremos nos pontos médios dos lados não paralelos de um trapézio é paralelo às bases e igual à sua semissoma.

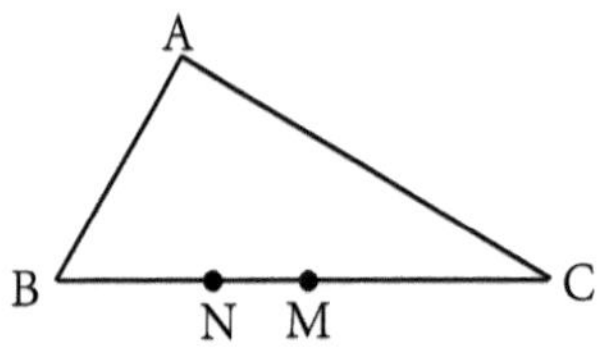

Figura 1.37

**16.** No triângulo ABC (Figura 1.37), tem-se $\overrightarrow{BM} = \frac{1}{2}\overrightarrow{BC}$ e $\overrightarrow{BN} = \frac{1}{3}\overrightarrow{BC}$.

Expressar os vetores $\overrightarrow{AM}$ e $\overrightarrow{AN}$ em função de $\overrightarrow{AB}$ e $\overrightarrow{AC}$.

### *Respostas de problemas propostos*

**1.** **a)** V **d)** V **g)** V **j)** F **m)** V
**b)** F **e)** F **h)** V **k)** V **n)** F
**c)** V **f)** F **i)** V **l)** V **o)** V

**2.** **a)** V **c)** F **e)** F **g)** F **i)** F **k)** V
**b)** F **d)** V **f)** F **h)** V **j)** V

**3.** **a)** $\overrightarrow{AC}$ **c)** $\overrightarrow{AC}$ **e)** $\overrightarrow{AO}$ **g)** $\overrightarrow{AH}$ **i)** $\overrightarrow{AO}$
**b)** $\overrightarrow{AC}$ **d)** $\overrightarrow{AB}$ **f)** $\overrightarrow{AD}$ **h)** $\overrightarrow{AD}$ **j)** $\overrightarrow{AC}$

**4.** **a)** $\overrightarrow{AC}$ **c)** $\overrightarrow{AB}$ **e)** $\overrightarrow{MN}$
**b)** $\overrightarrow{CA}$ **d)** $\overrightarrow{AM}$ **f)** $\overrightarrow{BD}$

**6.** **a)** $\vec{u} - \vec{v}$ **b)** $-\vec{u} - \vec{v}$ **c)** $\vec{v} - \vec{u}$ **d)** $\vec{u} + \vec{v}$

11. Não

12. a) 120° b) 120° c) 60° d) 60°

13. b) 75° c) 60°

16. $\overrightarrow{AM} = \frac{1}{2}(\overrightarrow{AB} + \overrightarrow{AC})$ e $\overrightarrow{AN} = \frac{2}{3}\overrightarrow{AB} + \frac{1}{3}\overrightarrow{AC}$



# O TRATAMENTO ALGÉBRICO

## Vetores no plano

Consideremos dois vetores $\vec{v}_1$ e $\vec{v}_2$ não paralelos, representados com a origem no mesmo ponto O, sendo $r_1$ e $r_2$ retas contendo esses representantes, respectivamente, (Figura 1.38).

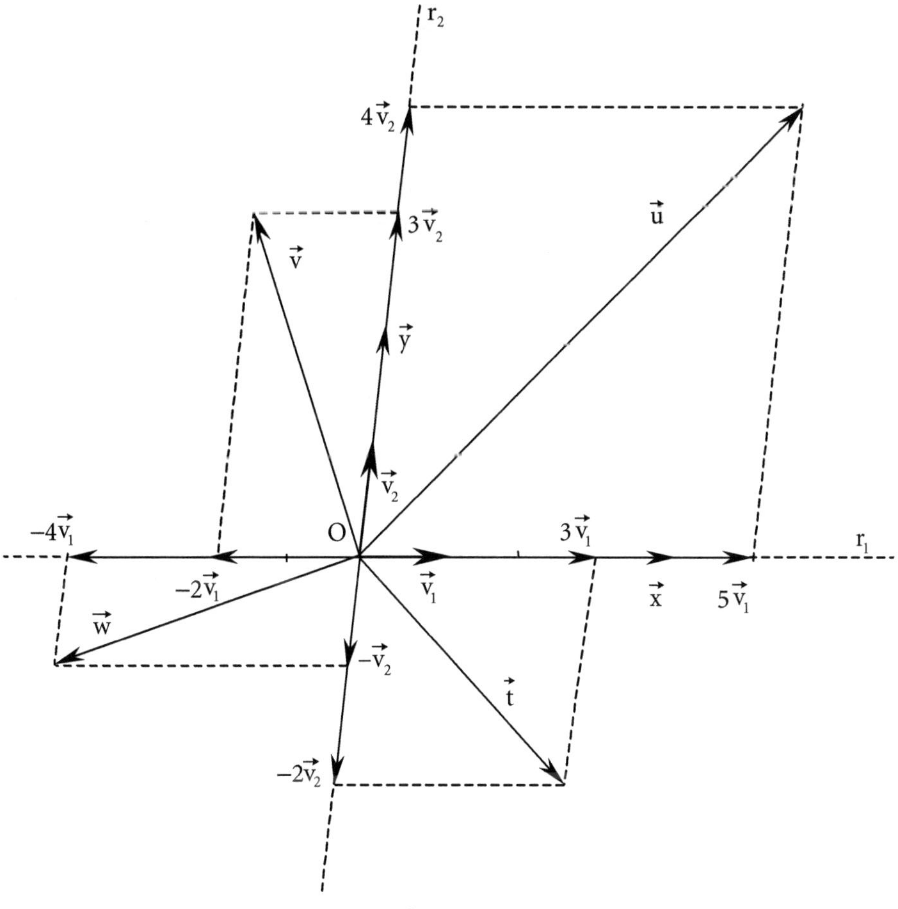


Figura 1.38

Os vetores $\vec{u}$, $\vec{v}$, $\vec{w}$, $\vec{t}$, $\vec{x}$ e $\vec{y}$, representados na figura, são expressos em função de $\vec{v}_1$ e $\vec{v}_2$ por

$$\vec{u} = 5\vec{v}_1 + 4\vec{v}_2 \qquad \vec{t} = 3\vec{v}_1 - 2\vec{v}_2$$
$$\vec{v} = -2\vec{v}_1 + 3\vec{v}_2 \qquad \vec{x} = 4\vec{v}_1 + 0\vec{v}_2$$
$$\vec{w} = -4\vec{v}_1 - \vec{v}_2 \qquad \vec{y} = 0\vec{v}_1 + 2\vec{v}_2$$

De modo geral, dados dois vetores quaisquer $\vec{v}_1$ e $\vec{v}_2$ não paralelos, para cada vetor $\vec{v}$ representado no mesmo plano de $\vec{v}_1$ e $\vec{v}_2$, existe uma só dupla de números reais $a_1$ e $a_2$ tal que

$$\vec{v} = a_1\vec{v}_1 + a_2\vec{v}_2 \qquad \textbf{(1)}$$

A Figura 1.39 ilustra essa situação, na qual $\vec{v}_1$ e $\vec{v}_2$ são vetores não paralelos quaisquer e $\vec{v}$ é um vetor arbitrário do plano determinado por $\vec{v}_1$ e $\vec{v}_2$

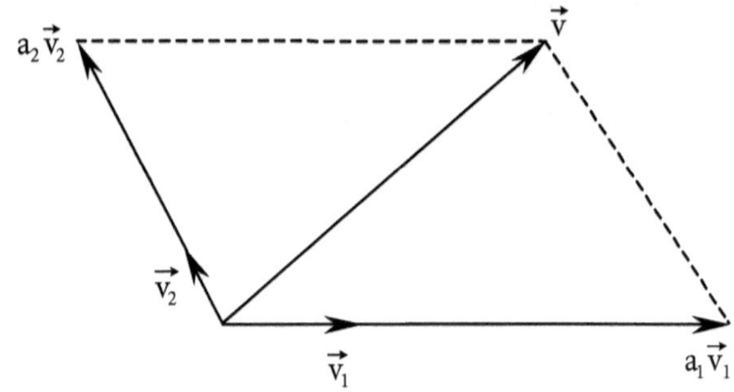

Figura 1.39

Quando o vetor $\vec{v}$ é expresso como em **(1)**, diz-se que $\vec{v}$ é *combinação linear* de $\vec{v}_1$ e $\vec{v}_2$. O conjunto $B = \{\vec{v}_1, \vec{v}_2\}$ é chamado *base no plano*. Aliás, qualquer conjunto de dois vetores não paralelos constitui uma *base no plano*. Embora estejamos simbolizando a base como um conjunto, a pensamos como um conjunto ordenado. Então, dada uma base qualquer no plano, todo vetor desse plano é combinação linear dos vetores dessa base, de modo único.

Os números $a_1$ e $a_2$ da igualdade **(1)** são chamados *componentes* ou *coordenadas* de $\vec{v}$ na base B ($a_1$ é a primeira componente, e $a_2$, a segunda).

O vetor $\vec{v}$ da igualdade **(1)** pode ser representado também por $\vec{v} = (a_1, a_2)_B$ ou $\vec{v}_B = (a_1, a_2)$.

Na prática, as bases mais utilizadas são as *ortonormais.*

Uma base $\{\vec{e}_1, \vec{e}_2\}$ é dita ortonormal se seus vetores forem ortogonais e unitários, ou seja, se $\vec{e}_1 \perp \vec{e}_2$ e $|\vec{e}_1| = |\vec{e}_2| = 1$.

Entre as infinitas bases ortonormais no plano, uma delas é particularmente importante. Trata-se da base que *determina o conhecido sistema cartesiano ortogonal* xOy. Os vetores ortogonais e unitários, neste caso, são simbolizados por $\vec{i}$ e $\vec{j}$ ambos com origem em O e extremidades em (1, 0) e (0, 1), respectivamente (Figura 1.40), sendo a base $C = \{\vec{i}, \vec{j}\}$ chamada *canônica*. Portanto, $\vec{i} = (1, 0)$ e $\vec{j} = (0, 1)$.

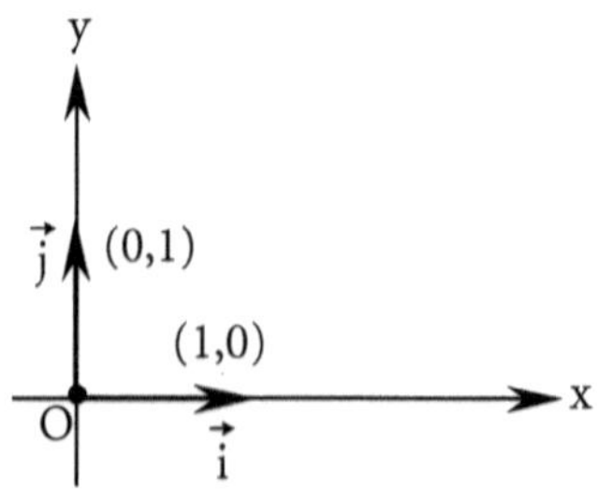

Figura 1.40

Daqui por diante, trataremos somente da base canônica.

Dado um vetor $\vec{v}$ qualquer do plano (Figura 1.41), existe uma só dupla de números x e y tal que

$$\vec{v} = x\vec{i} + y\vec{j} \qquad \textbf{(2)}$$

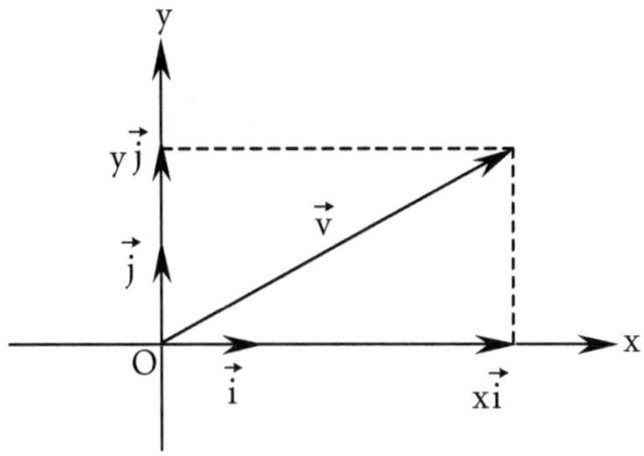


Figura 1.41

Os números x e y são as *componentes de* $\vec{v}$ *na base canônica.* A primeira componente é chamada *abscissa* de $\vec{v}$, e a segunda componente y é a *ordenada* de $\vec{v}$.

O vetor $\vec{v}$ em **(2)** é também representado por

$$\vec{v} = (x, y) \qquad \textbf{(3)}$$

dispensando-se a referência à base canônica C.

A igualdade **(3)** sugere a definição:

Vetor no plano é um par ordenado (x, y) de números reais.

O par (x, y) é chamado *expressão analítica* de $\vec{v}$. Para exemplificar, veja a seguir alguns vetores e suas correspondentes expressões analíticas:

$3\vec{i} - 5\vec{j} = (3, -5)$ $\qquad$ $-4\vec{i} = (-4, 0)$

$3\vec{j} = (0, 3)$ $\qquad$ $\vec{0} = (0, 0)$

## Observação

A escolha proposital da base $\{\vec{i}, \vec{j}\}$ deve-se exclusivamente à simplificação. A cada ponto P(x, y) do plano xOy corresponde o vetor $\vec{v} = \overrightarrow{OP} = x\vec{i} + y\vec{j}$ (Figura 1.42). Quer dizer que as coordenadas do ponto extremo P são as próprias componentes do vetor $\overrightarrow{OP}$ na base canônica. Em geral, deixa-se de indicar nos eixos os vetores $\vec{i}$ e $\vec{j}$ como se vê na figura.

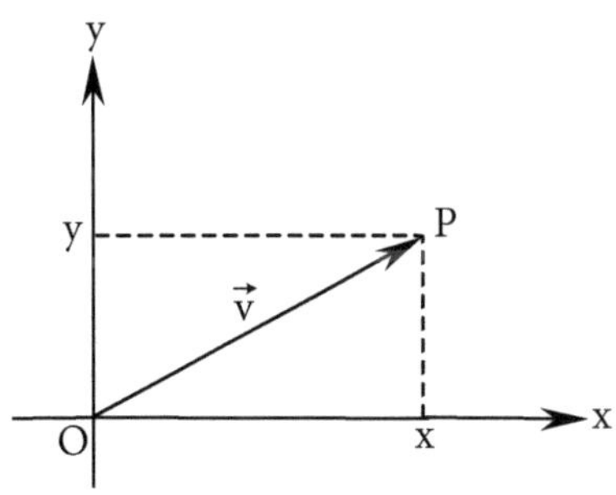


Figura 1.42

De acordo com as considerações feitas, o plano pode ser encarado como um conjunto de pontos ou um conjunto de vetores.

## Igualdade de vetores

Dois vetores $\vec{u} = (x_1, y_1)$ e $\vec{v} = (x_2, y_2)$ são iguais se, e somente se, $x_1 = x_2$ e $y_1 = y_2$, escrevendo-se $\vec{u} = \vec{v}$.

### Exemplo

O vetor $\vec{u} = (x + 1, 4)$ é igual ao vetor $\vec{v} = (5, 2y - 6)$ se $x + 1 = 5$ e $2y - 6 = 4$ ou $x = 4$ e $y = 5$. Assim, se $\vec{u} = \vec{v}$, então $x = 4$, $y = 5$ e $\vec{u} = \vec{v} = (5, 4)$.

## Operações com vetores

Sejam os vetores $\vec{u} = (x_1, y_1)$ e $\vec{v} = (x_2, y_2)$ e $\alpha \in \mathbb{R}$. Define-se:

1) $\vec{u} + \vec{v} = (x_1 + x_2, y_1 + y_2)$

2) $\alpha\vec{u} = (\alpha x_1, \alpha y_1)$

Portanto, para somar dois vetores, somam-se as correspondentes coordenadas, e para multiplicar um número real por um vetor, multiplica-se cada componente do vetor por este número.

As Figuras 1.43(a) e 1.43(b) ilustram as definições das operações dadas anteriormente.

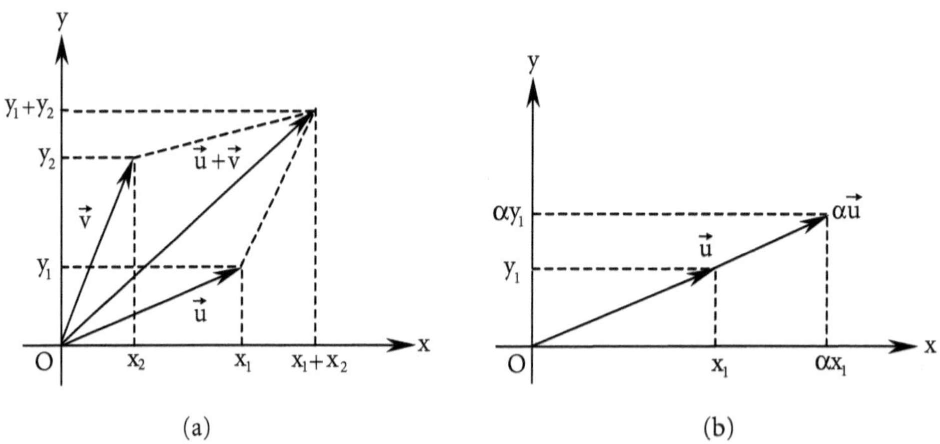


Figura 1.43

Considerando esses mesmos vetores, tem-se ainda:

$-\vec{u} = (-1)\vec{u} = (-x_1, -y_1)$

$\vec{u} - \vec{v} = \vec{u} + (-\vec{v}) = (x_1, y_1) + (-x_2, -y_2) = (x_1 - x_2, y_1 - y_2)$

As definições anteriores e as operações algébricas dos números reais permitem demonstrar as propriedades:

a) para quaisquer vetores $\vec{u}$, $\vec{v}$ e $\vec{w}$, tem-se

$\vec{u} + \vec{v} = \vec{v} + \vec{u}$ $\qquad$ $(\vec{u} + \vec{v}) + \vec{w} = \vec{u} + (\vec{v} + \vec{w})$

$\vec{u} + \vec{0} = \vec{u}$ $\qquad$ $\vec{u} + (-\vec{u}) = \vec{0}$

b) para quaisquer vetores $\vec{u}$ e $\vec{v}$ e os números reais $\alpha$ e $\beta$, tem-se

$\alpha(\beta\vec{v}) = (\alpha\beta)\vec{v}$ $\qquad$ $(\alpha + \beta)\vec{u} = \alpha\vec{u} + \beta\vec{u}$

$\alpha(\vec{u} + \vec{v}) = \alpha\vec{u} + \alpha\vec{v}$ $\qquad$ $1\vec{v} = \vec{v}$

Sugerimos, como exercício ao leitor, demonstrar essas propriedades.

## Exemplos

1. Dados os vetores $\vec{u} = (2, -3)$ e $\vec{v} = (-1, 4)$, determinar $3\vec{u} + 2\vec{v}$ e $3\vec{u} - 2\vec{v}$.

**Solução**

$$3\vec{u} + 2\vec{v} = 3(2, -3) + 2(-1, 4) = (6, -9) + (-2, 8) = (6 - 2, -9 + 8) = (4, -1)$$

$$3\vec{u} - 2\vec{v} = 3(2, -3) - 2(-1, 4) = (6, -9) + (2, -8) = (6 + 2, -9 - 8) = (8, -17)$$

2. Determinar o vetor $\vec{x}$ na igualdade $3\vec{x} + 2\vec{u} = \frac{1}{2}\vec{v} + \vec{x}$, sendo dados $\vec{u} = (3, -1)$ e $\vec{v} = (-2, 4)$.

**Solução**

Esta equação, em vista das propriedades das operações com vetores expostas anteriormente, pode ser resolvida como uma equação numérica:

$$6\vec{x} + 4\vec{u} = \vec{v} + 2\vec{x}$$
$$6\vec{x} - 2\vec{x} = \vec{v} - 4\vec{u}$$
$$4\vec{x} = \vec{v} - 4\vec{u}$$
$$\vec{x} = \frac{1}{4}\vec{v} - \vec{u}$$

Substituindo $\vec{u}$ e $\vec{v}$ nesta equação, vem

$$\vec{x} = \frac{1}{4}(-2, 4) - (3, -1)$$
$$= (-\frac{1}{2}, 1) + (-3, 1)$$
$$= (-\frac{1}{2} - 3, 1 + 1)$$
$$= (-\frac{7}{2}, 2)$$

3. Encontrar os números $a_1$ e $a_2$ tais que

$\vec{v} = a_1\vec{v}_1 + a_2\vec{v}_2$, sendo $\vec{v} = (10, 2)$, $\vec{v}_1 = (3, 5)$ e $\vec{v}_2 = (-1, 2)$.

**Solução**

Substituindo os vetores na igualdade anterior, temos

$(10, 2) = a_1(3, 5) + a_2(-1, 2)$

$(10, 2) = (3a_1, 5a_1) + (-a_2, 2a_2)$

$(10, 2) = (3a_1 - a_2, 5a_1 + 2a_2)$

Da condição de igualdade de dois vetores, conclui-se que

$$\begin{cases} 3a_1 - a_2 = 10 \\ 5a_1 + 2a_2 = 2 \end{cases}$$

sistema cuja solução é dada por $a_1 = 2$ e $a_2 = -4$. Logo, $\vec{v} = 2\vec{v}_1 - 4\vec{v}_2$.

É conveniente observar que esse sistema sempre terá solução única no caso de $\vec{v}_1$ e $\vec{v}_2$ formarem base do plano, o que realmente acontece.

## Vetor definido por dois pontos

Consideremos o vetor $\overrightarrow{AB}$ de origem no ponto $A(x_1, y_1)$ e extremidade em $B(x_2, y_2)$ (Figura 1.44).

De acordo com o que foi visto em **(3)**, os vetores $\overrightarrow{OA}$ e $\overrightarrow{OB}$ têm expressões analíticas:

$\overrightarrow{OA} = (x_1, y_1)$ e $\overrightarrow{OB} = (x_2, y_2)$.

Por outro lado, do triângulo OAB da figura, vem

$\overrightarrow{OA} + \overrightarrow{AB} = \overrightarrow{OB}$

donde

$\overrightarrow{AB} = \overrightarrow{OB} - \overrightarrow{OA}$

ou

$\overrightarrow{AB} = (x_2, y_2) - (x_1, y_1)$

e

$$\overrightarrow{AB} = (x_2 - x_1, y_2 - y_1)$$

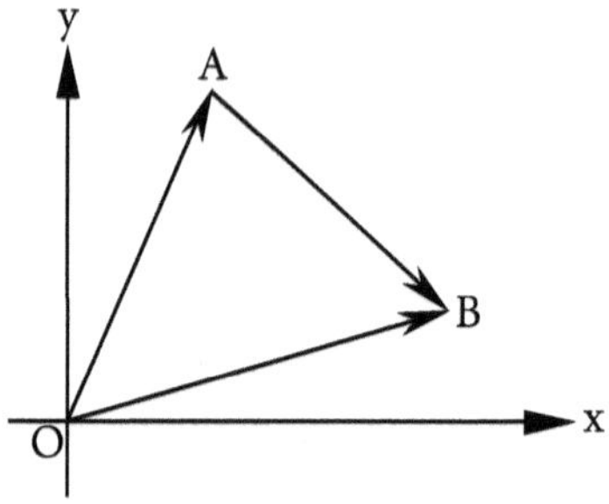

Figura 1.44

ou seja, as componentes de $\overrightarrow{AB}$ são obtidas subtraindo-se das coordenadas da extremidade B as coordenadas da origem A, razão pela qual também se escreve $\overrightarrow{AB} = B - A$.

É importante lembrar que um vetor tem infinitos representantes que são os segmentos orientados de mesmo comprimento, mesma direção e mesmo sentido. E, entre os infinitos representantes do vetor $\overrightarrow{AB}$, o que "melhor o caracteriza" é aquele que tem origem em $O(0, 0)$ e extremidade em $P(x_2 - x_1, y_2 - y_1)$ (Figura 1.45).

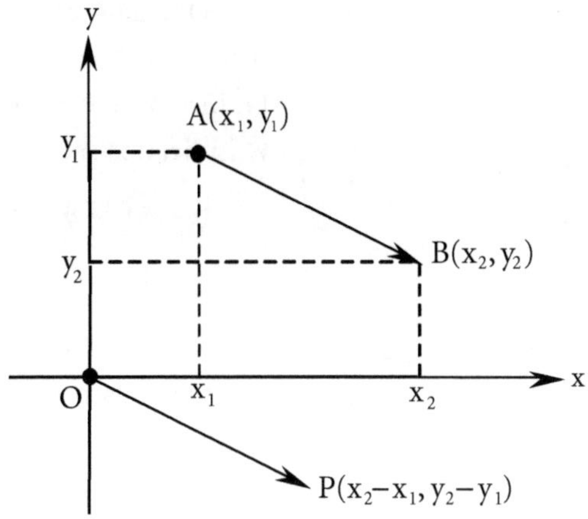


Figura 1.45

O vetor $\vec{v} = \overrightarrow{OP}$ é também chamado de *vetor posição* ou *representante natural* de $\overrightarrow{AB}$.

Na Figura 1.46, os segmentos orientados OP, AB e CD representam o mesmo vetor $\vec{v} = P - O = B - A = D - C = (3, 1)$.

Esta figura deixa claro que o fato de os segmentos orientados ocuparem posições diferentes é irrelevante. O que importa é que tenham o mesmo comprimento, a mesma direção e o mesmo sentido para representarem o mesmo vetor.

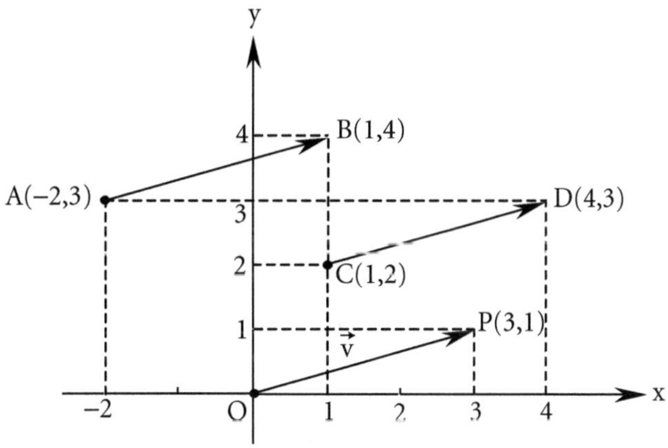


Figura 1.46

Por outro lado, sempre que tivermos $\vec{v} = \overrightarrow{AB}$ ou $\vec{v} = B - A$, podemos também concluir que

$$B = A + \vec{v} \text{ ou } B = A + \overrightarrow{AB}$$

ou seja, **o vetor $\vec{v}$ "transporta" o ponto inicial A para o ponto extremo B.**

Retornando à Figura 1.46, na qual $\vec{v} = (3, 1)$, tem-se

$$B = A + \vec{v} = (-2, 3) + (3, 1) = (1, 4)$$

$$D = C + \vec{v} = (1, 2) + (3, 1) = (4, 3)$$

$$P = O + \vec{v} = (0, 0) + (3, 1) = (3, 1)$$

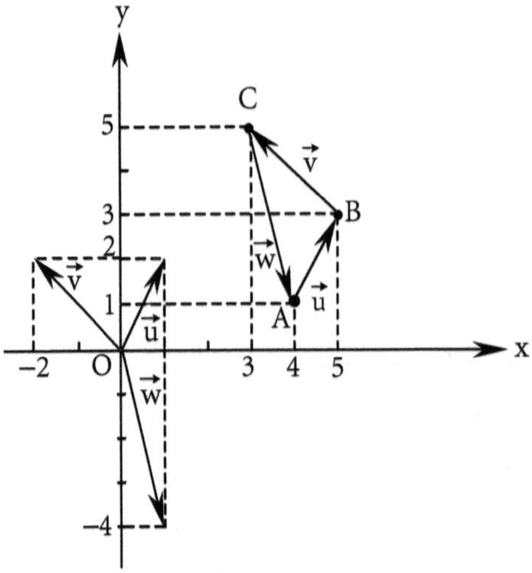

Figura 1.47

Outra ilustração: na Figura 1.47, os vértices do triângulo são os pontos A(4, 1), B(5, 3), e C(3, 5) e os vetores $\vec{u}$, $\vec{v}$ e $\vec{w}$ indicados são

$$\vec{u} = \overrightarrow{AB} = B - A = (1, 2)$$

$$\vec{v} = \overrightarrow{BC} = C - B = (-2, 2)$$

$$\vec{w} = \overrightarrow{CA} = A - C = (1, -4)$$

Observamos ainda que

$$\vec{u} + \vec{v} + \vec{w} = \vec{0} = (0, 0).$$

## Exemplos

1. Dados os pontos A(−1, 2), B(3, −1) e C(−2, 4), determinar o ponto D de modo que $\overrightarrow{CD} = \frac{1}{2}\overrightarrow{AB}$.

**Solução**

Seja D(x, y). Então,

$$\overrightarrow{CD} = D - C = (x, y) - (-2, 4) = (x + 2, y - 4)$$

$$\overrightarrow{AB} = B - A = (3, -1) - (-1, 2) = (4, -3)$$

Logo,

$$(x + 2, y - 4) = \frac{1}{2}(4, -3)$$

$$(x + 2, y - 4) = (2, -\frac{3}{2})$$

Pela condição de igualdade de dois vetores, tem-se

$$\begin{cases} x + 2 = 2 \\ y - 4 = -\dfrac{3}{2} \end{cases}$$

sistema cuja solução é x = 0 e $y = \frac{5}{2}$.

Portanto, $D(0, \frac{5}{2})$.

## Observação

Esse problema poderia, também, ter sido resolvido da seguinte maneira:

da condição $\overrightarrow{CD} = \frac{1}{2}\overrightarrow{AB}$ ou $D - C = \frac{1}{2}\overrightarrow{AB}$, vem

$D = C + \frac{1}{2}\overrightarrow{AB}$ e

$D = (-2, 4) + \frac{1}{2}(4, -3) = (-2, 4) + (2, -\frac{3}{2}) = (0, \frac{5}{2})$.

2. Sendo A(−2,4) e B(4,1) extremidades de um segmento, determinar os pontos F e G que dividem AB em três segmentos de mesmo comprimento.

**Solução**

Pela Figura 1.48 tem-se

$$\overrightarrow{AF} = \overrightarrow{FG} = \overrightarrow{GB} = \frac{1}{3}\overrightarrow{AB}$$

Figura 1.48

Mas

$$\overrightarrow{AB} = B - A = (4, 1) - (-2, 4) = (6, -3)$$

e

$$\frac{1}{3}\overrightarrow{AB} = \frac{1}{3}(6, -3) = (2, -1)$$

Portanto,

$$F = A + \frac{1}{3}\overrightarrow{AB} = (-2, 4) + (2, -1) = (0, 3)$$

$$G = F + \frac{1}{3}\overrightarrow{AB} = (0, 3) + (2, -1) = (2, 2)$$

3. Sendo A(2, 1) e B(5, 2) vértices consecutivos de um paralelogramo ABCD e M(4, 3) o ponto de interseção das diagonais, determinar os vértices C e D.

**Solução**

Em *Adição de vetores*, Exemplo 4, demonstra-se que as diagonais de um paralelogramo têm o mesmo ponto médio, ou seja, $\overrightarrow{AM} = \overrightarrow{MC}$ e $\overrightarrow{BM} = \overrightarrow{MD}$.

Então, pela Figura 1.49 tem-se

$$C = M + \overrightarrow{MC} = M + \overrightarrow{AM}$$

e

$$D = M + \overrightarrow{MD} = M + \overrightarrow{BM} \text{ (ou: } A + \overrightarrow{BC})$$

Mas

$$\overrightarrow{AM} = M - A = (2, 2)$$

e

$$\overrightarrow{BM} = M - B = (-1, 1)$$

Portanto,

$$C = (4, 3) + (2, 2) = (6, 5)$$

e

$$D = (4, 3) + (-1, 1) = (3, 4)$$

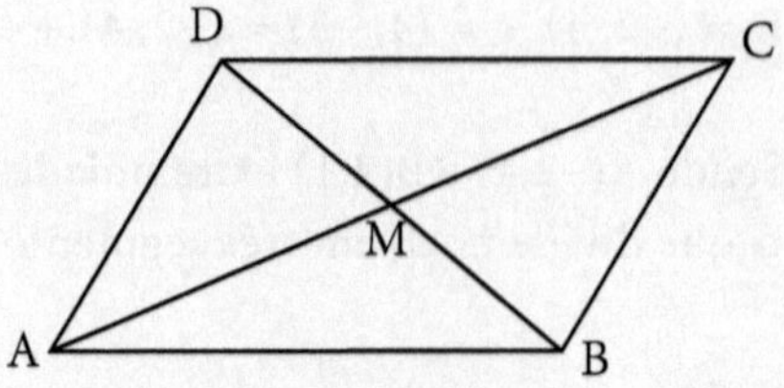

Figura 1.49

## Ponto médio

Seja o segmento de extremos $A(x_1, y_1)$ e $B(x_2, y_2)$ (Figura 1.50). Sendo $M(x, y)$ o ponto médio de AB, podemos expressar de forma vetorial como

$$\overrightarrow{AM} = \overrightarrow{MB}$$

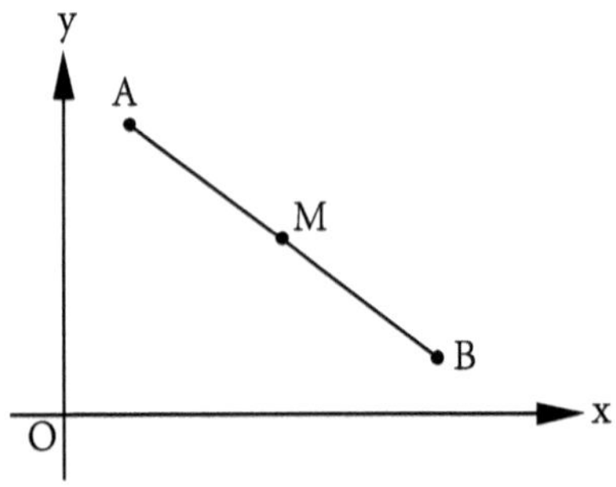

Figura 1.50

ou

$$(x - x_1, y - y_1) = (x_2 - x, y_2 - y)$$

então

$$x - x_1 = x_2 - x \quad \text{e} \quad y - y_1 = y_2 - y$$

Resolvendo em relação a x e y, temos

$$2x = x_1 + x_2 \quad \text{e} \quad 2y = y_1 + y_2$$

ou

$$x = \frac{x_1 + x_2}{2} \quad \text{e} \quad y = \frac{y_1 + y_2}{2}$$

Portanto, $M\left(\frac{x_1 + x_2}{2}, \frac{y_1 + y_2}{2}\right)$

### Exemplo

O ponto médio do segmento de extremos $A(-2, 3)$ e $B(6, 2)$ é

$$M\left(\frac{-2+6}{2}, \frac{3+2}{2}\right) \text{ ou } M\left(2, \frac{5}{2}\right)$$

## Paralelismo de dois vetores

Vimos que, se dois vetores $\vec{u} = (x_1, y_1)$ e $\vec{v} = (x_2, y_2)$ são paralelos, existe um número real $\alpha$ tal que $\vec{u} = \alpha\vec{v}$, ou seja,

$$(x_1, y_1) = \alpha(x_2, y_2)$$

ou

$$(x_1, y_1) = (\alpha x_2, \alpha y_2)$$

que pela condição de igualdade resulta em

$$x_1 = \alpha x_2 \quad \text{e} \quad y_1 = \alpha y_2$$

donde

$$\frac{x_1}{x_2} = \frac{y_1}{y_2} \ (=\alpha)$$

Essa é a condição de paralelismo de dois vetores, ou seja, *dois vetores são paralelos quando suas componentes forem proporcionais.*

### Exemplo

Os vetores $\vec{u} = (-2, 3)$ e $\vec{v} = (-4, 6)$ são paralelos pois $\frac{-2}{-4} = \frac{3}{6}$.

### Observações

a) Considera-se o vetor $\vec{0} = (0,0)$ paralelo a qualquer vetor.

b) Se uma das componentes de um vetor for nula, a componente correspondente de um vetor paralelo também é nula.

## Módulo de um vetor

Seja o vetor $\vec{v} = (x, y)$ (Figura 1.51). Pelo teorema de Pitágoras, vem

$$|\vec{v}| = \sqrt{x^2 + y^2}$$

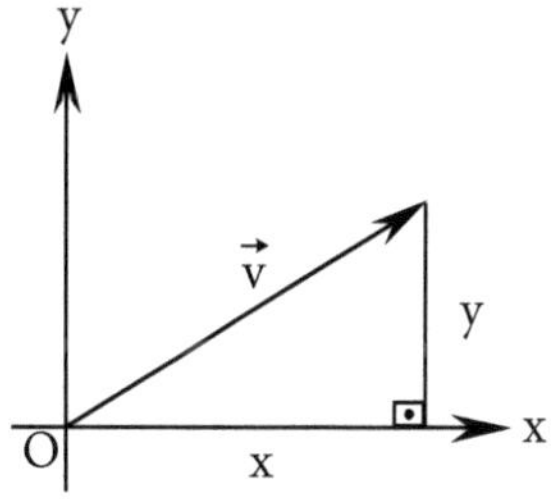


Figura 1.51

### Exemplo

Se $\vec{v} = (2, -3)$, então

$|\vec{v}| = \sqrt{(2)^2 + (-3)^2} = \sqrt{4+9} = \sqrt{13}$ u.c. (unidades de comprimento)

## Observações

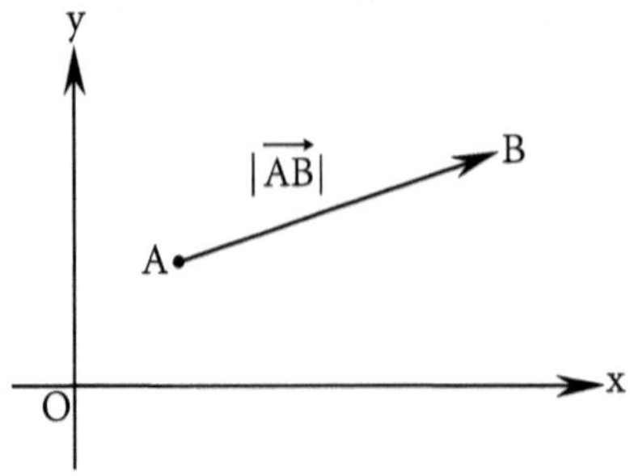


Figura 1.52

a) Distância entre dois pontos

A distância entre dois pontos $A(x_1, y_1)$ e $B(x_2, y_2)$ (Figura 1.52) é o comprimento (módulo) do vetor $\overrightarrow{AB}$, isto é,

$$d(A, B) = |\overrightarrow{AB}|.$$

Como $\overrightarrow{AB} = B - A = (x_2 - x_1, y_2 - y_1)$, temos

$$d(A,B)=\sqrt{(x_2-x_1)^2+(y_2-y_1)^2}$$

b) Vetor unitário

Vimos em multiplicação de número real por vetor, Figura 1.23, página 11, que a cada vetor $\vec{v}$, $\vec{v} \neq \vec{0}$, é possível associar dois vetores unitários paralelos a $\vec{v}$: $\frac{\vec{v}}{|\vec{v}|}$ (é o versor de $\vec{v}$) e seu oposto $-\frac{\vec{v}}{|\vec{v}|}$.

## Exemplo

O versor de $\vec{v} = (3, -4)$ é

$$\vec{u}=\frac{\vec{v}}{|\vec{v}|}=\frac{(3,-4)}{\sqrt{3^2+(-4)^2}}=\frac{(3,-4)}{\sqrt{25}}=\frac{(3,-4)}{5}=(\frac{3}{5},-\frac{4}{5})$$

O versor é, na verdade, um vetor unitário, pois

$$\left|(\frac{3}{5},-\frac{4}{5})\right|=\sqrt{(\frac{3}{5})^2+(-\frac{4}{5})^2}=\sqrt{\frac{9}{25}+\frac{16}{25}}=\sqrt{\frac{25}{25}}=1$$

É importante observar que este versor $\vec{u}$ é também versor de todos os vetores múltiplos de $\vec{v}$ que tiverem o mesmo sentido que ele.

Para exemplificar, o versor de $2\vec{v} = 2(3, -4) = (6, -8)$ é ainda

$$\vec{u}=\frac{2\vec{v}}{|2\vec{v}|}=\frac{(6,-8)}{\sqrt{6^2+(-8)^2}}=\frac{(6,-8)}{10}=(\frac{6}{10},-\frac{8}{10})=(\frac{3}{5},-\frac{4}{5})$$

## Exemplos

1. Dados os pontos $A(2, -1)$ e $B(-1, 4)$ e os vetores $\vec{u} = (-1, 3)$ e $\vec{v} = (-2, -1)$, determinar

   **a)** $|\vec{u}|$

   **b)** $|\vec{u} + \vec{v}|$

   **c)** $|2\vec{u} - 3\vec{v}|$

   **d)** a distância entre os pontos A e B

**Solução**

a) $|\vec{u}| = \sqrt{(-1)^2 + 3^2} = \sqrt{1+9} = \sqrt{10}$

b) Por ser $\vec{u} + \vec{v} = (-1, 3) + (-2, -1) = (-3, 2)$, temos

$$|\vec{u}+\vec{v}| = |(-3,2)| = \sqrt{(-3)^2 + 2^2} = \sqrt{9+4} = \sqrt{13}$$

c) Por ser $2\vec{u} - 3\vec{v} = 2(-1, 3) - 3(-2, -1) = (-2, 6) + (6, 3) = (4, 9)$, temos

$$|2\vec{u} - 3\vec{v}| = |(4,9)| = \sqrt{16+81} = \sqrt{97}$$

d) Por ser $\overrightarrow{AB} = B - A = (-1, 4) - (2, -1) = (-3, 5)$, temos

$$d(A,B) = |\overrightarrow{AB}| = |(-3,5)| = \sqrt{9+25} = \sqrt{34}$$

2. Determinar, no eixo Ox, um ponto P que seja equidistante dos pontos A(−1, −2) e B(5, − 4).

**Solução**

O ponto procurado é do tipo P(x, 0). Deve-se ter

$$d(P, A) = d(P, B)$$

ou

$$|\overrightarrow{PA}| = |\overrightarrow{PB}|$$

Mas

$$\overrightarrow{PA} = A - P = (-1 - x, -2) \quad \text{e} \quad \overrightarrow{PB} = B - P = (5 - x, -4), \text{ logo}$$

$$|(-1 - x, -2)| = |(5 - x, -4)|$$

ou

$$\sqrt{(-1-x)^2 + (-2)^2} = \sqrt{(5-x)^2 + (-4)^2}$$

ou

$$1 + 2x + x^2 + 4 = 25 - 10x + x^2 + 16$$

e

$$x = 3$$

Portanto, o ponto é P(3, 0).

3. Dado o vetor $\vec{v} = (-2, 1)$, encontrar o vetor paralelo a $\vec{v}$ que possua

**a)** o mesmo sentido de $\vec{v}$ e três vezes o módulo de $\vec{v}$;

**b)** sentido contrário ao de $\vec{v}$ e a metade do módulo de $\vec{v}$;

**c)** o mesmo sentido de $\vec{v}$ e módulo 4;

**d)** sentido contrário ao de $\vec{v}$ e módulo 2.

**Solução**

a) Basta multiplicar o vetor por 3: $3\vec{v} = 3(-2, 1) = (-6, 3)$

b) Basta multiplicar o vetor por $-\frac{1}{2}$: $-\frac{1}{2}\vec{v} = -\frac{1}{2}(-2, 1) = (1, -\frac{1}{2})$

c) Um vetor unitário obtido a partir de $\vec{v}$ é

$$\frac{\vec{v}}{|\vec{v}|} = \frac{(-2,1)}{\sqrt{4+1}} = (-\frac{2}{\sqrt{5}}, \frac{1}{\sqrt{5}}) \text{ é o versor de } \vec{v}$$

Uma vez que o vetor procurado deve ter módulo 4 e mesmo sentido de $\vec{v}$, basta multiplicar o versor por 4:

$$4(-\frac{2}{\sqrt{5}}, \frac{1}{\sqrt{5}}) = (-\frac{8}{\sqrt{5}}, \frac{4}{\sqrt{5}})$$

d) Uma vez que o vetor procurado deve ter módulo 2 e sentido contrário ao de $\vec{v}$, basta multiplicar o versor por $-2$:

$$-2(-\frac{2}{\sqrt{5}}, \frac{1}{\sqrt{5}}) = (\frac{4}{\sqrt{5}}, -\frac{2}{\sqrt{5}})$$

## Vetores no espaço

Vimos em *Vetores no plano* que a base canônica $\{\vec{i}, \vec{j}\}$ no plano determina o sistema cartesiano ortogonal xOy e que a um ponto P(x, y) qualquer desse plano corresponde o vetor $\overrightarrow{OP} = x\vec{i} + y\vec{j}$, ou seja, as próprias coordenadas x e y do ponto P são as componentes do vetor $\overrightarrow{OP}$ na base canônica (Figura 1.42).

No *espaço*, de forma análoga, consideraremos a base canônica $\{\vec{i}, \vec{j}, \vec{k}\}$ como aquela que determinará o *sistema cartesiano ortogonal* Oxyz (Figura 1.53), em que estes três vetores unitários e dois a dois ortogonais estão representados com origem no ponto O. Esse ponto e a direção de cada um dos vetores da base determinam os três eixos cartesianos: o eixo Ox ou eixo dos x (das abscissas) corresponde ao vetor $\vec{i}$, o eixo Oy ou eixo dos y (das ordenadas) corresponde ao vetor $\vec{j}$ e o eixo Oz ou eixo dos z (das cotas) corresponde ao vetor $\vec{k}$. As setas, nessa figura, indicam o sentido positivo de cada eixo, chamado também de *eixo coordenado*.

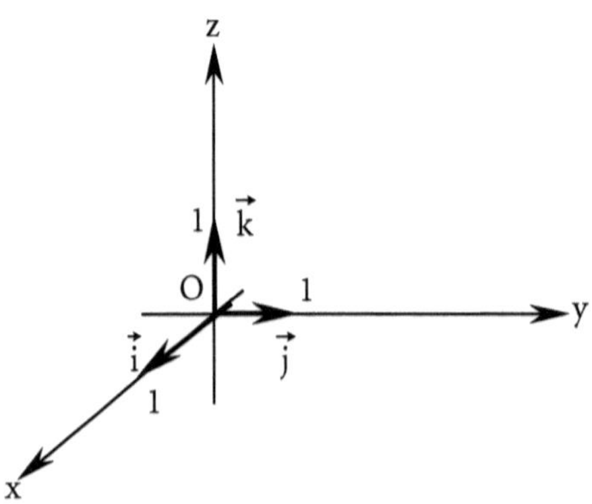


Figura 1.53

Cada dupla de vetores da base, e, consequentemente, cada dupla de eixos, determina um plano coordenado. Portanto, temos três planos coordenados: o plano xOy ou xy, o plano xOz ou xz e o plano yOz ou yz. As Figuras 1.54(a) e 1.54(b) dão uma ideia dos planos xy e xz, respectivamente.



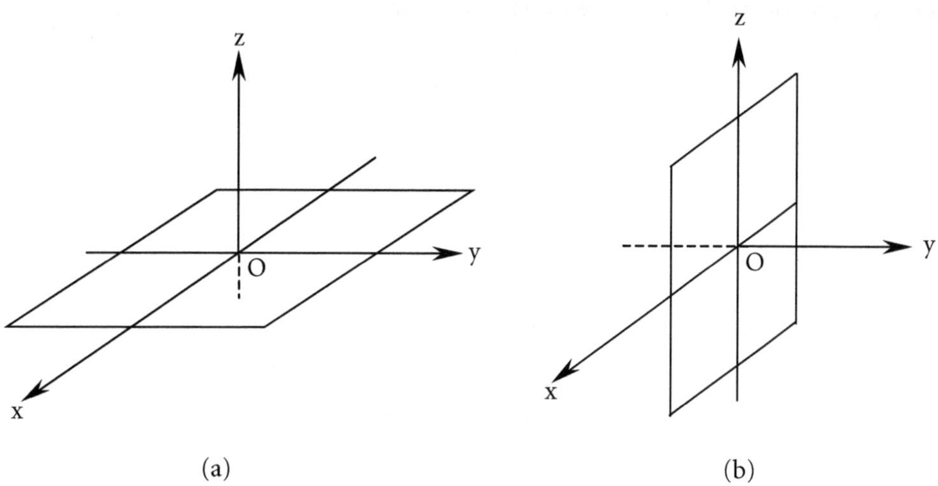


Figura 1.54

Assim como no plano, a cada ponto P (x, y, z) do espaço corresponderá o vetor $\overrightarrow{OP} = x\vec{i} + y\vec{j} + z\vec{k}$, em que, as próprias coordenadas x, y e z do ponto P são as componentes do vetor $\overrightarrow{OP}$ na base canônica. As coordenadas x, y e z são denominadas abscissa, ordenada e cota, respectivamente. A Figura 1.55(a) apresenta um ponto P(x, y, z) no espaço e a Figura 1.55(b) o correspondente vetor $\vec{v} = \overrightarrow{OP}$, que representa a diagonal do paralelepípedo cujas arestas são definidas pelos vetores $x\vec{i}$, $y\vec{j}$ e $z\vec{k}$.

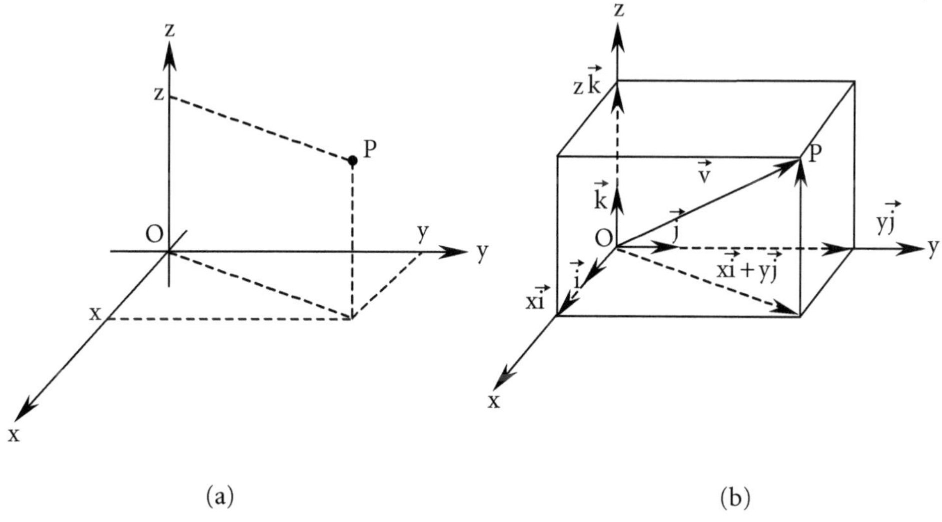


Figura 1.55

O vetor $\vec{v} = x\vec{i} + y\vec{j} + z\vec{k}$ também será expresso por

$$\vec{v} = (x, y, z)$$

que é a expressão analítica de $\vec{v}$. Para exemplificar

$$2\vec{i} - 3\vec{j} + \vec{k} = (2, -3, 1)$$
$$\vec{i} - \vec{j} = (1, -1, 0)$$
$$2\vec{j} - \vec{k} = (0, 2, -1)$$
$$4\vec{k} = (0, 0, 4)$$

e, em particular, $\vec{i} = (1, 0, 0)$, $\vec{j} = (0, 1, 0)$ e $\vec{k} = (0, 0, 1)$.

Para algumas observações, tomemos o paralelepípedo da Figura 1.56 no qual P(2, 4, 3). Faremos considerações a pontos como também poderíamos referi-las aos correspondentes vetores.

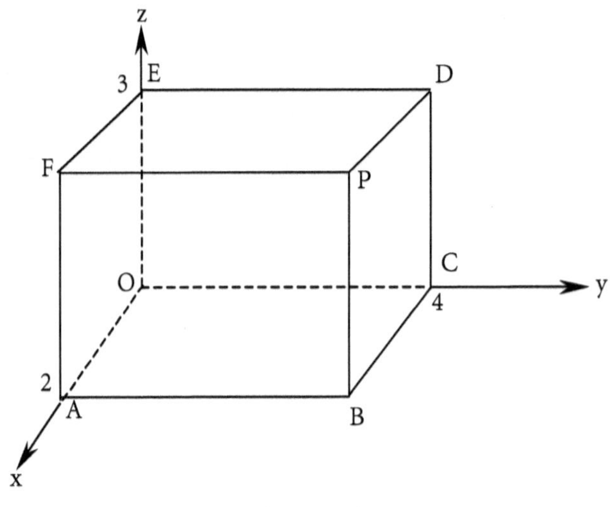


Figura 1.56

Com base nesta figura e levando em consideração que um ponto (x, y, z) está no

a) eixo dos x quando y = 0 e z = 0, tem-se A (2, 0, 0);
b) eixo dos y quando x = 0 e z = 0, tem-se C (0, 4, 0);
c) eixo dos z quando x = 0 e y = 0, tem-se E (0, 0, 3);
d) plano xy quando z = 0, tem-se B(2, 4, 0);
e) plano xz quando y = 0, tem-se F(2, 0, 3);
f) plano yz quando x = 0, tem-se D (0, 4, 3).

O ponto B é a projeção de P no plano xy, assim como D e F são as projeções de P nos planos yz e xz, respectivamente. O ponto A(2, 0, 0) é a projeção de P(2, 4, 3) no eixo x, assim como C(0, 4, 0) e E(0, 0, 3) são as projeções de P nos eixos y e z, respectivamente.

Como todos os pontos da face,

a) PDEF distam 3 unidades do plano xy e estão acima dele, são pontos de cota z = 3, ou seja, são pontos do tipo (x, y, 3);

b) PBCD distam 4 unidades do plano xz e estão à direita dele, são pontos de ordenada y = 4, ou seja, são pontos do tipo (x, 4, z);

c) PFAB distam 2 unidades do plano yz e estão à frente dele, são pontos de abscissa x = 2, ou seja, são pontos do tipo (2, y, z).

É muito importante que o leitor tenha presente os casos especiais dos pontos pertencentes aos eixos e aos planos coordenados, ilustrados na Figura 1.57. Ela mostra que o eixo x pode ser descrito como o conjunto dos pontos do tipo (x, 0, 0), ou seja, daqueles que têm y = 0 e z = 0, e o plano xy como o conjunto dos pontos do tipo (x, y, 0), ou seja, daqueles que têm z = 0.

Comentários análogos seriam feitos para os outros eixos e planos coordenados indicados nessa figura.

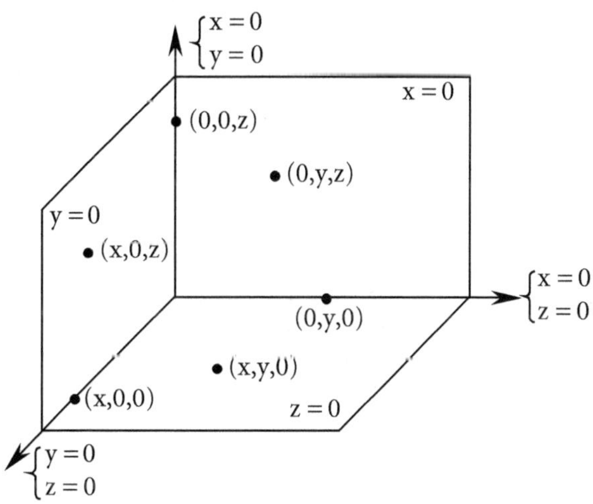


Figura 1.57

Ao desejarmos marcar um ponto no espaço, digamos A(3, −2, 4), procedemos assim (Figura 1.58):

a) marca-se o ponto A'(3, −2, 0) no plano xy;

b) desloca-se A' paralelamente ao eixo dos z, 4 unidades para cima (se fosse −4 seriam 4 unidades para baixo) para obter o ponto A.

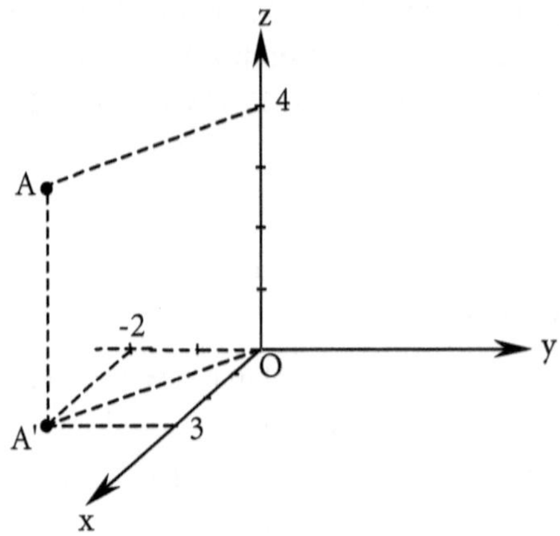


Figura 1.58

Os três planos coordenados se interceptam segundo os três eixos dividindo o espaço em oito regiões denominadas octantes (Figura 1.59). A cada octante correspondem pontos cujas coordenadas têm sinais de acordo com o sentido positivo adotado para os eixos. O primeiro octante é constituído dos pontos de coordenadas todas positivas. Os demais octantes acima do plano xy se sucedem em ordem numérica, a partir do primeiro, no sentido positivo. Os octantes abaixo do plano xy se sucedem na mesma ordem a partir do quinto que, por convenção, se situa sob o primeiro.

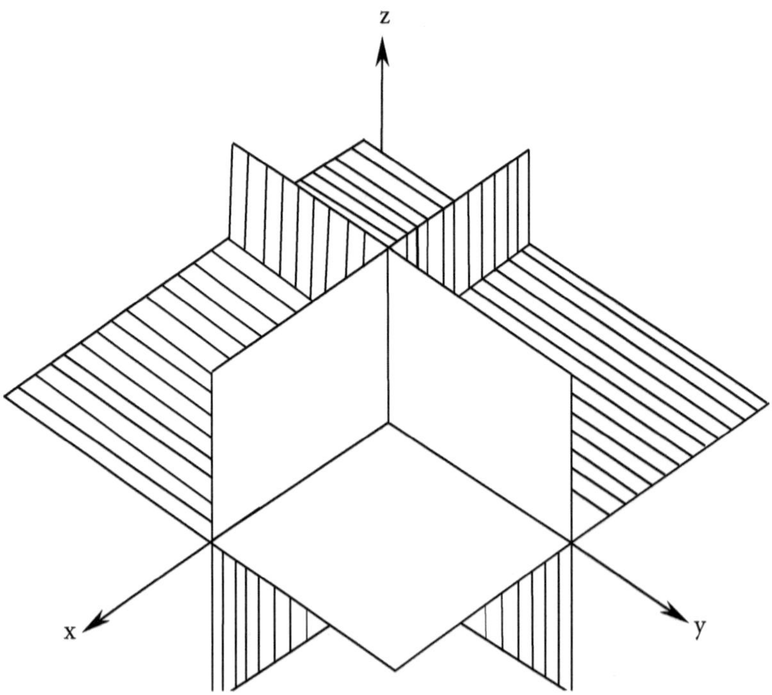


Figura 1.59

A Figura 1.60 apresenta os pontos A, B, C e D situados acima do plano xy e todos de cota igual a 2, enquanto os pontos A', B', C' e D' estão abaixo desse plano e têm cota −2:

ponto A(6, 4, 2), situado no 1º octante

ponto B(−5, 3, 2), situado no 2º octante

ponto C(−6, −5, 2), situado no 3º octante

ponto D(5, −3, 2), situado no 4º octante

ponto A'(6, 4, −2), situado no 5º octante

ponto B'(−5, 3, −2), situado no 6º octante

ponto C'(−6, −5, −2), situado no 7º octante

ponto D'(5, −3, −2), situado no 8º octante

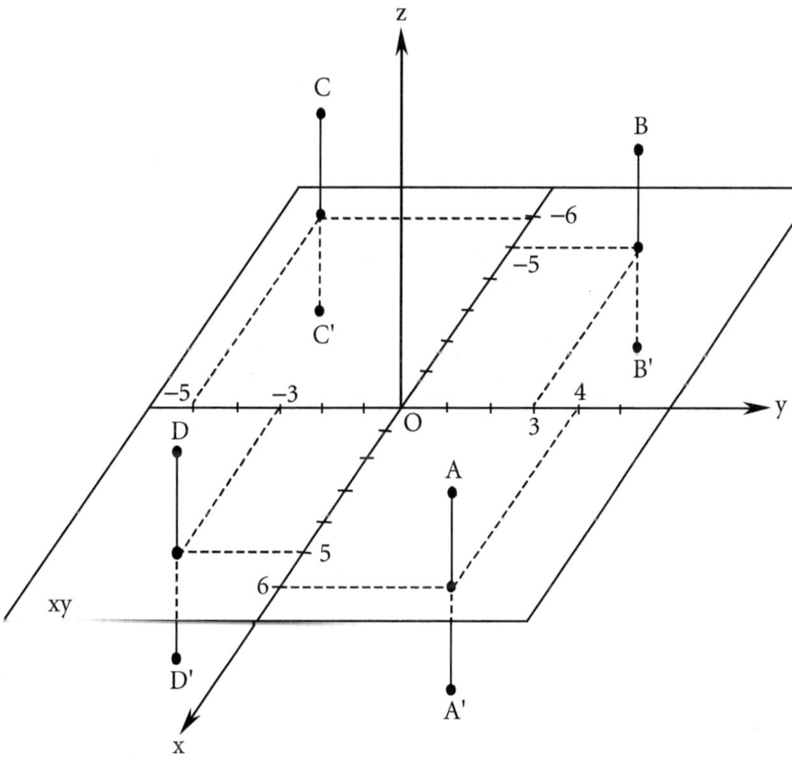


Figura 1.60

## Igualdade – operações – vetor definido por dois pontos – ponto médio – paralelismo – módulo de um vetor

As definições e conclusões no espaço, relativas aos títulos anteriores, são análogas às do plano:

I) Dois vetores $\vec{u} = (x_1, y_1, z_1)$ e $\vec{v} = (x_2, y_2, z_2)$ serão iguais se, e somente se, $x_1 = x_2$, $y_1 = y_2$ e $z_1 = z_2$.

II) Dados os vetores $\vec{u} = (x_1, y_1, z_1)$ e $\vec{v} = (x_2, y_2, z_2)$ e $\alpha \in R$, define-se $\vec{u} + \vec{v} = (x_1 + x_2, y_1 + y_2, z_1 + z_2)$ como:

$$\alpha\vec{u} = (\alpha x_1, \alpha y_1, \alpha z_1)$$

III) Se A $(x_1, y_1, z_1)$ e B $(x_2, y_2, z_2)$ são dois pontos quaisquer no espaço, então,

$$\overrightarrow{AB} = B - A = (x_2 - x_1, y_2 - y_1, z_2 - z_1)$$

Já vimos que: se $\vec{v} = B - A$, então, $B = A + \vec{v}$.

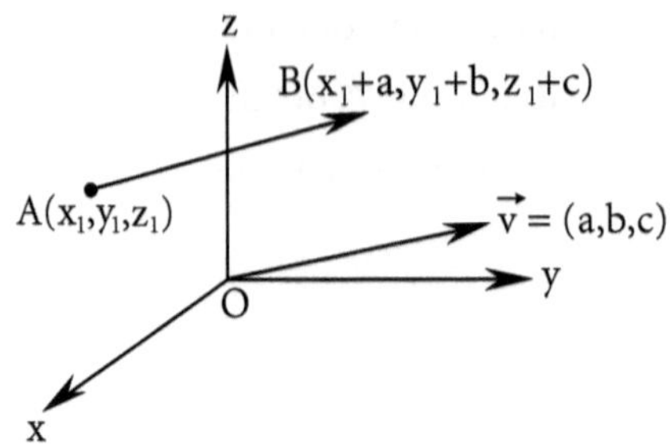


Figura 1.61

A Figura 1.61 indica que, para encontrar as coordenadas do ponto extremo B, somam-se, ordenadamente, as coordenadas do ponto inicial A com as componentes do vetor $\vec{v}$.

IV) Se $A(x_1, y_1, z_1)$ e $B(x_2, y_2, z_2)$ são pontos extremos de um segmento, o ponto médio M de AB é $M(\frac{x_1 + x_2}{2}, \frac{y_1 + y_2}{2}, \frac{z_1 + z_2}{2})$.

V) Se os vetores $\vec{u} = (x_1, y_1, z_1)$ e $\vec{v} = (x_2, y_2, z_2)$ são paralelos, então, $\vec{u} = \alpha\vec{v}$ ou $\frac{x_1}{x_2} = \frac{y_1}{y_2} = \frac{z_1}{z_2}$.

VI) O módulo do vetor $\vec{v} = (x, y, z)$ é dado por $|\vec{v}| = \sqrt{x^2 + y^2 + z^2}$. Fica a cargo do leitor a dedução dessa fórmula.

## Exemplos

1. Dados os pontos A(0, 1, −1) e B(1, 2, −1) e os vetores $\vec{u} = (-2, -1, 1)$, $\vec{v} = (3, 0, -1)$ e $\vec{w} = (-2, 2, 2)$, verificar se existem os números $a_1$, $a_2$ e $a_3$ tais que $\vec{w} = a_1\overrightarrow{AB} + a_2\vec{u} + a_3\vec{v}$.

**Solução**

$\overrightarrow{AB} = B - A = (1, 2, -1) - (0, 1, -1) = (1, 1, 0)$

Substituindo os vetores na igualdade dada, resulta

$$(-2, 2, 2) = a_1\,(1, 1, 0) + a_2\,(-2, -1, 1) + a_3\,(3, 0, -1)$$

ou

$$(-2, 2, 2) = (a_1, a_1, 0) + (-2a_2, -a_2, a_2) + (3a_3, 0, -a_3)$$

Somando os três vetores do segundo membro da igualdade, vem

$$(-2, 2, 2) = (a_1 - 2a_2 + 3a_3, a_1 - a_2, a_2 - a_3)$$

Pela condição de igualdade de vetores, obteremos o sistema

$$\begin{cases} a_1 - 2a_2 + 3a_3 = -2 \\ a_1 - a_2 = 2 \\ a_2 - a_3 = 2 \end{cases} \qquad \textbf{(4)}$$

que tem por solução $a_1 = 3$, $a_2 = 1$ e $a_3 = -1$.

Logo

$$\vec{w} = 3\overrightarrow{AB} + \vec{u} - \vec{v}$$

## Observação

No plano, todo conjunto $\{\vec{v}_1, \vec{v}_2\}$ de dois vetores *não paralelos* constitui uma de suas bases, ou seja, todo vetor desse plano é combinação linear de $\vec{v}_1$ e $\vec{v}_2$.

No espaço, todo conjunto de três vetores *não coplanares* constitui uma de suas bases, isto é, todo vetor do espaço pode ser escrito de modo único como combinação linear dos vetores desta base.

Como no exercício anterior, o sistema **(4)** tem solução única ($a_1 = 3$, $a_2 = 1$ e $a_3 = -1$), podemos "intuir" que o conjunto $\{\overrightarrow{AB}, \vec{u}, \vec{v}\}$ é uma base desse espaço e, portanto, estes três vetores são não coplanares.

2. Encontrar o vértice oposto a B no paralelogramo ABCD, sendo dados A(3, –2, 4), B(5, 1, –3) e C(0, 1, 2).

**Solução**

O ponto D (Figura 1.62) é dado por

$$D = A + \overrightarrow{BC} \text{ ou } D = C + \overrightarrow{BA}$$

Como $\overrightarrow{BC} = C - B = (-5, 0, 5)$, pela 1ª igualdade obtemos

$$D = (3, -2, 4) + (-5, 0, 5)$$

$$D = (-2, -2, 9)$$

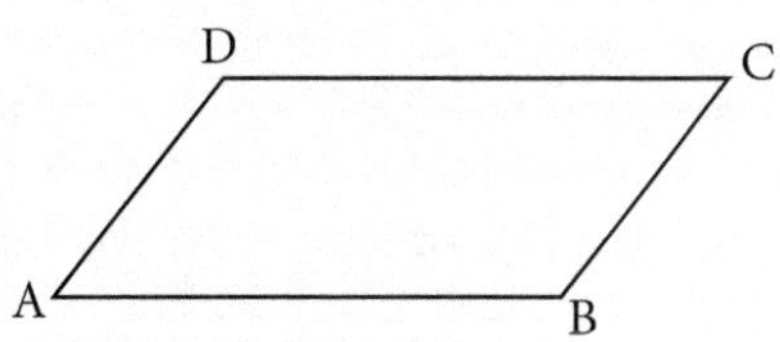

Figura 1.62

3. Sabendo que o ponto P(–3, m, n) pertence à reta que passa pelos pontos A(1, –2, 4) e B(–1, –3, 1), determinar m e n.

**Solução**

Como os pontos A, B e P pertencem à mesma reta (Figura 1.63), qualquer dupla de vetores formados utilizando estes três pontos são paralelos. Tomemos a condição $\overrightarrow{AB} // \overrightarrow{AP}$, ou seja $(-2, -1, -3) // (-4, m + 2, n - 4)$ e, portanto,

$$\frac{-2}{-4} = \frac{-1}{m+2} = \frac{-3}{n-4} \text{ ou } \begin{cases} -2(m+2) = 4 \\ -2(n-4) = 12 \end{cases}$$ no sistema de solução $m = -4$ e $n = -2$.

Figura 1.63

4. Seja o triângulo de vértices A(4, −1, −2), B(2, 5, −6) e C(1, −1, −2). Calcular o comprimento da mediana do triângulo relativa ao lado AB.

**Solução**

A mediana em questão, de acordo com a Figura 1.64, é o segmento que tem como extremidades o ponto médio M de AB e o vértice oposto C. Então, o comprimento da mediana é o módulo do vetor $\overrightarrow{MC}$.

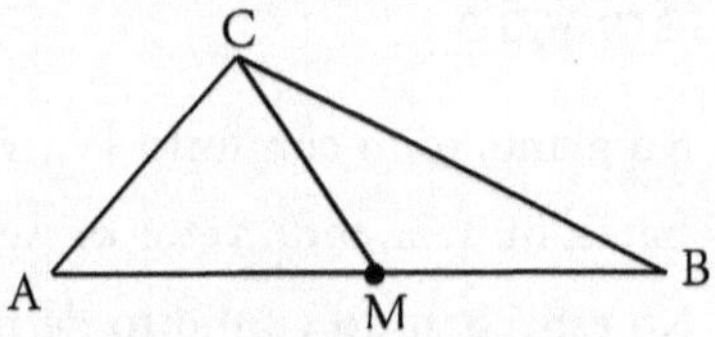


Figura 1.64

$M(\frac{4+2}{2}, \frac{-1+5}{2}, \frac{-2-6}{2})$ ou $M(3, 2, -4)$ e

$\overrightarrow{MC} = C - M = (1, -1, -2) - (3, 2, -4) = (-2, -3, 2)$

Portanto, $|\overrightarrow{MC}| = \sqrt{(-2)^2 + (-3)^2 + 2^2} = \sqrt{4+9+4} = \sqrt{17}$.

## Problemas propostos

1. Dados os vetores $\vec{u} = 2\vec{i} - 3\vec{j}$, $\vec{v} = \vec{i} - \vec{j}$ e $\vec{w} = -2\vec{i} + \vec{j}$, determinar

**a)** $2\vec{u} - \vec{v}$

**b)** $\frac{1}{2}\vec{u} - 2\vec{v} - \vec{w}$

**c)** $\vec{v} - \vec{u} + 2\vec{w}$

**d)** $3\vec{u} - \frac{1}{2}\vec{v} - \frac{1}{2}\vec{w}$

2. Dados os vetores $\vec{u} = (3, -1)$ e $\vec{v} = (-1, 2)$, determinar o vetor $\vec{x}$ tal que

**a)** $4(\vec{u} - \vec{v}) + \frac{1}{3}\vec{x} = 2\vec{u} - \vec{x}$

**b)** $3\vec{x} - (2\vec{v} - \vec{u}) = 2(4\vec{x} - 3\vec{u})$

3. Dados os pontos A(−1, 3), B(2, 5), C(3, −1) e O(0, 0), calcular

a) $\overrightarrow{OA} - \overrightarrow{AB}$ b) $\overrightarrow{OC} - \overrightarrow{BC}$ c) $3\overrightarrow{BA} - 4\overrightarrow{CB}$

4. Dados os vetores $\vec{u} = (2, -4)$, $\vec{v} = (-5, 1)$ e $\vec{w} = (-12, 6)$, determinar $a_1$ e $a_2$ tais que $\vec{w} = a_1\vec{u} + a_2\vec{v}$.

5. Dados os pontos A(3, −4) e B(−1, 1) e o vetor $\vec{v} = (-2, 3)$, calcular

a) $(B - A) + 2\vec{v}$ c) $B + 2(B - A)$

b) $(A - B) - \vec{v}$ d) $3\vec{v} - 2(A - B)$

6. Sejam os pontos A(−5, 1) e B(1, 3). Determinar o vetor $\vec{v} = (a, b)$ tal que

a) $B = A + 2\vec{v}$ b) $A = B + 3\vec{v}$

Construir o gráfico correspondente a cada situação.

7. Representar em um gráfico o vetor $\overrightarrow{AB}$ e o correspondente vetor posição, nos casos:

a) A(−1, 3) e B(3, 5) c) A(4, 0) e B(0, −2)

b) A(−1, 4) e B(4, 1) d) A(3, 1) e B(3, 4)

8. Qual ponto inicial do segmento orientado que representa o vetor $\vec{v} = (-1, 3)$, sabendo que sua extremidade está em (3, 1)? Representar graficamente esse segmento.

9. No mesmo sistema cartesiano xOy, representar:

a) os vetores $\vec{u} = (2, -1)$ e $\vec{v} = (-2, 3)$, com origem nos pontos A(1, 4) e B(1, −4), respectivamente;

b) os vetores posição de $\vec{u}$ e $\vec{v}$.

10. Sejam os pontos P(2, 3), Q(4, 2) e R(3, 5).

a) Representar em um mesmo gráfico os vetores posição de $\vec{u}$, $\vec{v}$ e $\vec{w}$ de modo que $Q = P + \vec{u}$, $R = Q + \vec{v}$ e $P = R + \vec{w}$;

b) Determinar $\vec{u} + \vec{v} + \vec{w}$.

11. Encontrar o vértice oposto a B, no paralelogramo ABCD, para:

a) A(−3, −1), B(4, 2) e C(5, 5)

b) A(5, 1), B(7, 3) e C(3, 4)

12. Sabendo que A(1, −1), B(5, 1) e C(6, 4) são vértices de um paralelogramo, determinar o quarto vértice de cada um dos três paralelogramos possíveis de serem formados.

13. Dados os pontos A(−3, 2) e B(5, −2), determinar os pontos M e N pertencentes ao segmento AB tais que $\overrightarrow{AM} = \frac{1}{2}\overrightarrow{AB}$ e $\overrightarrow{AN} = \frac{2}{3}\overrightarrow{AB}$. Construir o gráfico, marcando os pontos A, B, M, N e P, em que P seja tal que $\overrightarrow{AP} = \frac{3}{2}\overrightarrow{AB}$.

**14.** Sendo A(−2, 3) e B(6, −3) extremidades de um segmento, determinar:

**a)** os pontos C, D e E que dividem o segmento AB em quatro partes de mesmo comprimento;

**b)** os pontos F e G que dividem o segmento de AB em três partes de mesmo comprimento.

**15.** O ponto P pertence ao segmento de extremos $A(x_1, y_1)$ e $B(x_2, y_2)$, e a sua distância ao ponto A é a terça parte da sua distância ao ponto B. Expressar as coordenadas de P em função das coordenadas de A e B.

**16.** Dados os vetores $\vec{u} = (1, -1)$, $\vec{v} = (-3, 4)$ e $\vec{w} = (8, -6)$, calcular:

**a)** $|\vec{u}|$ **b)** $|\vec{w}|$ **c)** $|2\vec{u} - \vec{w}|$ **d)** $\dfrac{\vec{v}}{|\vec{v}|}$

**e)** $|\vec{v}|$ **f)** $|\vec{u} + \vec{v}|$ **g)** $|\vec{w} - 3\vec{u}|$ **h)** $\left|\dfrac{\vec{u}}{|\vec{u}|}\right|$

**17.** Calcular os valores de $a$ para que o vetor $\vec{u} = (a, -2)$ tenha módulo 4.

**18.** Calcular os valores de $a$ para que o vetor $\vec{u} = (a, \frac{1}{2})$ seja unitário.

**19.** Provar que os pontos A(−2, −1), B(2, 2), C(−1, 6) e D(−5, 3), nesta ordem, são vértices de um quadrado.

**20.** Encontrar um ponto P do eixo Ox de modo que a sua distância ao ponto A(2, −3) seja igual a 5.

**21.** Dados os pontos A(−4, 3) e B(2, 1), encontrar o ponto P nos casos:

**a)** P pertence ao eixo Oy e é equidistante de A e B;

**b)** P é equidistante de A e B e sua ordenada é o dobro da abscissa;

**c)** P pertence à mediatriz do segmento de extremos A e B.

**22.** Encontrar o vetor unitário que tenha (I) o mesmo sentido de $\vec{v}$ e (II) sentido contrário a $\vec{v}$, nos casos:

**a)** $\vec{v} = -\vec{i} + \vec{j}$ **b)** $\vec{v} = 3\vec{i} - \vec{j}$

**c)** $\vec{v} = (1, \sqrt{3})$ **d)** $\vec{v} = (0, 4)$

**23.** Dado o vetor $\vec{v} = (1, -3)$, determinar o vetor paralelo a $\vec{v}$ que tenha:

**a)** sentido contrário ao de $\vec{v}$ e duas vezes o módulo de $\vec{v}$;

**b)** o mesmo sentido de $\vec{v}$ e módulo 2;

**c)** sentido contrário ao de $\vec{v}$ e módulo 4.

**24.** Traçar no mesmo sistema de eixos os retângulos de vértices

**a)** A(0, 0, 1), B(0, 0, 2), C(4, 0, 2) e D(4, 0, 1)

**b)** A(2, 1, 0), B(2, 2, 0), C(0, 2, 2) e D(0, 1, 2)

**25.** Traçar o retângulo formado pelos pontos (x, y, z) tal que

**a)** $x = 0, 1 \le y \le 4$ e $0 \le z \le 4$

**b)** $-1 \le x \le 2$, $0 \le y \le 3$ e $z = 3$

**26.** Construir o cubo constituído dos pontos (x, y, z), de modo que

**a)** $-4 \le x \le -2$, $1 \le y \le 3$ e $0 \le z \le 2$

**b)** $-2 \le x \le 0$, $2 \le y \le 4$ e $-4 \le z \le -2$

**27.** Construir o paralelepípedo retângulo formado pelos pontos (x, y, z), de modo que $1 \le x \le 3$, $3 \le y \le 5$ e $0 \le z \le 4$. Quais são as coordenadas dos oito vértices do paralelepípedo?

**28.** Calcular a distância do ponto A(3, 4, –2)

**a)** ao plano xy;

**b)** ao plano xz;

**c)** ao plano yz;

**d)** ao eixo dos x;

**e)** ao eixo dos y;

**f)** ao eixo dos z.

**29.** A Figura 1.65 apresenta um paralelepípedo retângulo de arestas paralelas aos eixos coordenados e de medidas 2, 1 e 3. Determinar as coordenadas dos vértices deste sólido, sabendo que A(2, –1, 2).

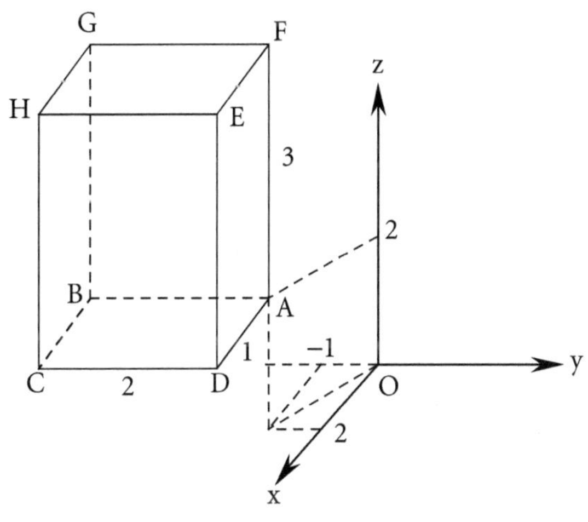


Figura 1.65

**30.** O paralelepípedo retângulo de dimensões 3, 4 e 5 está referido ao sistema Oxyz, conforme a Figura 1.66. Considerando um segundo sistema chamado O'x'y'z', no qual Ox//O'x', Oy//O'y' e Oz//O'z', e sendo O' um dos vértices do paralelepípedo de acordo com a figura, determinar as coordenadas dos pontos O, A, B, C, D e O' em relação aos sistemas dados.

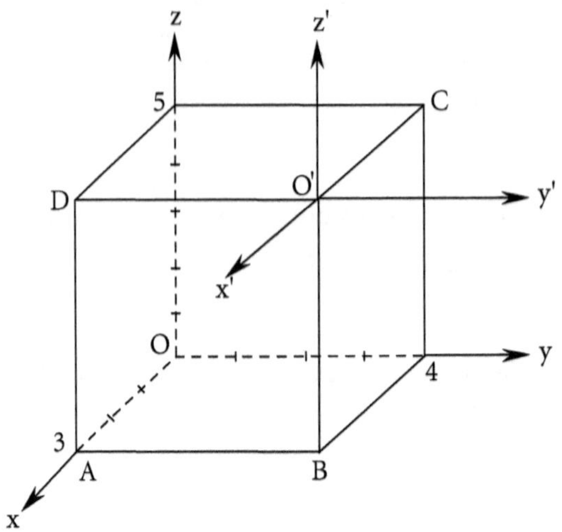


Figura 1.66

**31.** Dados os pontos A(2, −2, 3) e B(1, 1, 5) e o vetor $\vec{v} = (1, 3, -4)$, calcular:

**a)** $A + 3\vec{v}$

**b)** $(A - B) - \vec{v}$

**c)** $B + 2(B - A)$

**d)** $2\vec{v} - 3(B - A)$

**32.** Dados os pontos A(3, −4, −2) e B(−2, 1, 0), determinar o ponto N pertencente ao segmento AB tal que $\overrightarrow{AN} = \frac{2}{5}\overrightarrow{AB}$.

**33.** Dados os pontos A(1, −2, 3), B(2, 1, −4) e C(−1, −3, 1), determinar o ponto D tal que $\overrightarrow{AB} + \overrightarrow{CD} = \vec{0}$.

**34.** Sabendo que $3\vec{u} - 4\vec{v} = 2\vec{w}$, determinar a, b, e c, sendo $\vec{u} = (2, -1, c)$, $\vec{v} = (a, b - 2, 3)$ e $\vec{w} = (4, -1, 0)$.

**35.** Dados os vetores $\vec{u} = (2, 3, -1)$, $\vec{v} = (1, -1, 1)$ e $\vec{w} = (-3, 4, 0)$,

**a)** determinar o vetor $\vec{x}$ de modo que $3\vec{u} - \vec{v} + \vec{x} = 4\vec{x} + 2\vec{w}$;

**b)** encontrar os números $a_1$, $a_2$ e $a_3$ tais que $a_1\vec{u} + a_2\vec{v} + a_3\vec{w} = (-2, 13, -5)$.

**36.** Representar no mesmo sistema Oxyz o vetor $\vec{v} = (1, -1, 3)$ com origem nos pontos O(0, 0, 0), A(−3, −4, 0), B(−2, 4, 2), C(3, 0, −4) e D(3, 4, −2).

**37.** Sendo A(2, −5, 3) e B(7, 3, −1) vértices consecutivos de um paralelogramo ABCD e M(4, −3, 3) o ponto de interseção das diagonais, determinar os vértices C e D.

**38.** Determinar os três vértices de um triângulo sabendo que os pontos médios de seus lados são M(5, 0, −2), N(3, 1, −3) e P(4, 2, 1).

39. Dados os pontos A(1, –1, 3) e B(3, 1, 5), até que ponto se deve prolongar o segmento AB, no sentido de A para B, para que seu comprimento quadruplique de valor?

40. Sendo A(–2, 1, 3) e B(6, –7, 1) extremidades de um segmento, determinar:

a) os pontos C, D e E, nesta ordem, que dividem o segmento AB em quatro partes de mesmo comprimento;

b) os pontos F e G, nesta ordem, que dividem o segmento AB em três partes de mesmo comprimento.

41. O ponto A é um dos vértices de um paralelepípedo e os três vértices adjacentes são B, C e D. Sendo AA' uma diagonal do paralelepípedo, determinar o ponto A' nos seguintes casos:

a) A(3, 5, 0), B(1, 5, 0), C(3, 5, 4) e D(3, 2, 0)

b) A(–1, 2, 1), B(3, –1, 2), C(4, 1, –3) e D(0, –3, –1)

c) A(–1, 2, 3), B(2, –1, 0), C(3, 1, 4) e D(–2, 0, 5)

42. Apresentar o vetor genérico que satisfaz a condição:

a) paralelo ao eixo x;

b) representado no eixo z;

c) paralelo ao plano xy;

d) paralelo ao plano yz;

e) ortogonal ao eixo y;

f) ortogonal ao eixo z;

g) ortogonal ao plano xy;

h) ortogonal ao plano xz.

43. Quais dos seguintes vetores $\vec{u} = (4, -6, 2)$, $\vec{v} = (-6, 9, -3)$, $\vec{w} = (14, -21, 9)$ e $\vec{t} = (10, -15, 5)$ são paralelos?

44. Dado o vetor $\vec{w} = (3, 2, 5)$, determinar a e b de modo que os vetores $\vec{u} = (3, 2, -1)$ e $\vec{v} = (a, 6, b) + 2\vec{w}$ sejam paralelos.

45. A reta que passa pelos pontos A(–2, 5, 1) e B(1, 3, 0) é paralela à reta determinada por C(3, –1, –1) e D(0, m, n). Determinar o ponto D.

46. Verificar se são colineares os pontos:

a) A(–1, –5, 0), B(2, 1, 3) e C(–2, –7, –1)

b) A(2, 1, –1), B(3, –1, 0) e C(1, 0, 4)

c) A(–1, 4, –3), B(2, 1, 3) e C(4, –1, 7)

47. Sabendo que o ponto P(m, 4, n) pertence à reta que passa pelos pontos A(–1, –2, 3) e B(2, 1, –5), calcular m e n.

48. Encontrar o vértice oposto a B, no paralelogramo ABCD, para

a) A(–1, 0, 3), B(1, 1, 2) e C(3, –2, 5)

b) A(4, 0, 1), B(5, 1, 3) e C(3, 2, 5)

**49.** Verificar se são unitários os seguintes vetores:

$\vec{u} = (1, 1, 1)$ e $\vec{v} = (\frac{1}{\sqrt{6}}, -\frac{2}{\sqrt{6}}, \frac{1}{\sqrt{6}})$

**50.** Determinar o valor de n para que o vetor $\vec{v} = (n, -\frac{1}{2}, \frac{3}{4})$ seja unitário.

**51.** Determinar o valor de *a* para que $\vec{u} = (a, -2a, 2a)$ seja um versor.

**52.** Dados os pontos A(1, 0, −1), B(4, 2, 1) e C(1, 2, 0), determinar o valor de m para que $|\vec{v}| = 7$, sendo $\vec{v} = m\overrightarrow{AC} + \overrightarrow{BC}$.

**53.** Determinar o valor de y para que seja equilátero o triângulo de vértices A(4, y, 4), B(10, y, −2) e C(2, 0, −4).

**54.** Obter um ponto P do eixo das abscissas equidistante dos pontos A(3, −1, 4) e B(1, −2, −3).

**55.** Obter um ponto P do eixo das cotas cuja distância ao ponto A(−1, 2, −2) seja igual a 3.

**56.** Dado o vetor $\vec{v} = (2, -1, -3)$, determinar o vetor paralelo a $\vec{v}$ que tenha

**a)** sentido contrário ao de $\vec{v}$ e três vezes o módulo de $\vec{v}$;

**b)** o mesmo sentido de $\vec{v}$ e módulo 4;

**c)** sentido contrário ao de $\vec{v}$ e módulo 5.

### *Respostas de problemas propostos*

**1.** **a)** (3, −5) **b)** (−5, 4) **c)** $(1, -\frac{1}{2})$ **d)** $(\frac{13}{2}, -9)$

**2.** **a)** $(-\frac{15}{2}, \frac{15}{2})$ **b)** $(\frac{23}{5}, -\frac{11}{5})$

**3.** **a)** (−4, 1) **b)** (2, 5) **c)** (−5, −30)

**4.** $a_1 = -1$ e $a_1 = 2$

**5.** **a)** (−8, 11) **b)** (6, −8) **c)** (−9, 11) **d)** (−14, 19)

**6.** **a)** $\vec{v} = (3, 1)$ **b)** $\vec{v} = (-2, -\frac{2}{3})$

**8.** (4, −2)

**10.** **b)** $\vec{0}$

**11.** **a)** D(−2, 2) **b)** D(1, 2)

**12.** (2, 2), (0, −4) e (10, 6)

**13.** M(1,0), $N(\frac{7}{3}, -\frac{2}{3})$, P(9,−4)

**14.** **a)** $C(0,\frac{3}{2}), D(2,0), E(4,-\frac{3}{2})$ **b)** $F(\frac{2}{3},1), G(\frac{10}{3},-1)$

**15.** $P(\frac{3}{4}x_1 + \frac{x_2}{4}, \frac{3}{4}y_1 + \frac{y_2}{4})$

**16.** **a)** $\sqrt{2}$ **b)** 10 **c)** $2\sqrt{13}$ **d)** $(-\frac{3}{5}, \frac{4}{5})$

**e)** 5 **f)** $\sqrt{13}$ **g)** $\sqrt{34}$ **h)** 1

**17.** $\pm 2\sqrt{3}$

**18.** $\pm\frac{\sqrt{3}}{2}$

**20.** $(6, 0)$ ou $(-2, 0)$

**21.** **a)** $P(0, 5)$ **b)** $P(-5, -10)$ **c)** $P(x, 3x + 5), x \in$

**22.** **a)** $(-\frac{1}{\sqrt{2}}, \frac{1}{\sqrt{2}})$ e $(\frac{1}{\sqrt{2}}, -\frac{1}{\sqrt{2}})$ **b)** $(\frac{3}{\sqrt{10}}, -\frac{1}{\sqrt{10}})$ e $(-\frac{3}{\sqrt{10}}, \frac{1}{\sqrt{10}})$

**c)** $(\frac{1}{2}, \frac{\sqrt{3}}{2})$ e $(-\frac{1}{2}, -\frac{\sqrt{3}}{2})$ **d)** $(0, 1)$ e $(0, -1)$

**23.** **a)** $(-2, 6)$ **b)** $(\frac{2}{\sqrt{10}}, -\frac{6}{\sqrt{10}})$ **c)** $(-\frac{4}{\sqrt{10}}, \frac{12}{\sqrt{10}})$

**27.** Vértices da base inferior: $(1, 3, 0)$, $(1, 5, 0)$, $(3, 3, 0)$ e $(3, 5, 0)$

Vértices da base superior: $(1, 3, 4)$, $(1, 5, 4)$, $(3, 3, 4)$ e $(3, 5, 4)$

**28.** **a)** 2 **d)** $2\sqrt{5}$

**b)** 4 **e)** $\sqrt{13}$

**c)** 3 **f)** 5

**29.** $B(2, -3, 2)$, $C(3, -3, 2)$, $D(3, -1, 2)$, $E(3, -1, 5)$, $F(2, -1, 5)$, $G(2, -3, 5)$, $H(3, -3, 5)$

**30.** Em relação a Oxyz: $O(0, 0, 0)$, $A(3, 0, 0)$, $B(3, 4, 0)$, $C(0, 4, 5)$, $D(3, 0, 5)$ e $O'(3,4,5)$

Em relação a O'x'y'z': $O(-3, -4, -5)$, $A(0, -4, -5)$, $B(0, 0, -5)$, $C(-3, 0, 0)$, $D(0, -4, 0)$ e $O'(0, 0, 0)$

**31.** **a)** $(5, 7, -9)$ **c)** $(-1, 7, 9)$

**b)** $(0, -6, 2)$ **d)** $(5, -3, -14)$

**32.** $N(1,-2,-\frac{6}{5})$

**33.** $D(-2,-6, 8)$

**34.** $a = -\frac{1}{2}, b = \frac{7}{4}$ e $c = 4$

**35.** **a)** $\vec{x} = (\frac{11}{3}, \frac{2}{3}, -\frac{4}{3})$ **b)** $a_1 = 2, a_2 = -3, a_3 = 1$

**37.** C(6, −1, 3) e D(1, −9, 7)

**38.** (4, −1, −6), (6, 1, 2) e (2, 3, 0)

**39.** (9, 7, 11)

**40.** **a)** $(0, -1, \frac{5}{2}), (2, -3, 2), (4, -5, \frac{3}{2})$ **b)** $(\frac{2}{3}, -\frac{5}{3}, \frac{7}{3}), (\frac{10}{3}, -\frac{13}{3}, \frac{5}{3})$

**41.** **a)** (1, 2, 4) **b)** (9, −7, −4) **c)** (5, −4, 3)

**42.** **a)** (x, 0, 0) **e)** (x, 0, z)
**b)** (0, 0, z) **f)** (x, y, 0)
**c)** (x, y, 0) **g)** (0, 0, z)
**d)** (0, y, z) **h)** (0, y, 0)

**43.** São paralelos: $\vec{u}$, $\vec{v}$ e $\vec{t}$

**44.** a = 9 e b = −15

**45.** D(0, 1, 0)

**46.** **a)** sim **b)** não **c)** sim

**47.** m = 5 e n = −13

**48.** **a)** D(1, −3, 6) **b)** D(2, 1, 3)

**49.** $\vec{v}$ é unitário

**50.** $n = \pm\frac{\sqrt{3}}{4}$

**51.** $a = \pm\frac{1}{3}$

**52.** $m = 3$ ou $-\frac{13}{5}$

**53.** y = ± 2

**54.** P(3, 0, 0)

**55.** P(0, 0, 0) ou P(0, 0, −4)

**56.** **a)** (−6, 3, 9) **b)** $(\frac{8}{\sqrt{14}}, -\frac{4}{\sqrt{14}}, -\frac{12}{\sqrt{14}})$ **c)** $(-\frac{10}{\sqrt{14}}, \frac{5}{\sqrt{14}}, \frac{15}{\sqrt{14}})$

# 2 PRODUTO ESCALAR

## DEFINIÇÃO ALGÉBRICA

Chama-se *produto escalar* de dois vetores $\vec{u}=x_1\vec{i}+y_1\vec{j}+z_1\vec{k}$ e $\vec{v}=x_2\vec{i}+y_2\vec{j}+z_2\vec{k}$, e se representa por $\vec{u}\cdot\vec{v}$, ao número real

$$\vec{u}\cdot\vec{v}=x_1x_2+y_1y_2+z_1z_2 \qquad (1)$$

O produto escalar de $\vec{u}$ por $\vec{v}$ também é indicado por $<\vec{u},\vec{v}>$ e se lê "$\vec{u}$ escalar $\vec{v}$".

### Exemplos

1. Dados os vetores $\vec{u}=3\vec{i}-5\vec{j}+8\vec{k}$ e $\vec{v}=4\vec{i}-2\vec{j}-\vec{k}$, tem-se

$$\vec{u}\cdot\vec{v}=3(4)-5(-2)+8(-1)=12+10-8=14$$

2. Sejam os vetores $\vec{u}=(3,2,1)$ e $\vec{v}=(-1,-4,-1)$. Calcular:

**a)** $(\vec{u}+\vec{v})\cdot(2\vec{u}-\vec{v})$

**b)** $\vec{u}\cdot\vec{u}$

**c)** $\vec{0}\cdot\vec{u}$

**Solução**

**a)** Como $\vec{u}+\vec{v}=(2,-2,0)$ e $2\vec{u}-\vec{v}=(6,4,2)-(-1,-4,-1)=(7,8,3)$, tem-se

$$(\vec{u}+\vec{v})\cdot(2\vec{u}-\vec{v})=2(7)-2(8)+0(3)=14-16+0=-2$$

**b)** $\vec{u}\cdot\vec{u}=3(3)+2(2)+1(1)=3^2+2^2+1^2=9+4+1=14$

**c)** $\vec{0}\cdot\vec{u}=(0,0,0)\cdot(3,2,1)=0(3)+0(2)+0(1)=0$

3. Dados os vetores $\vec{u}=(4,\alpha,-1)$ e $\vec{v}=(\alpha,2,3)$ e os pontos $A(4,-1,2)$ e $B(3,2,-1)$, determinar o valor de $\alpha$ tal que $\vec{u}\cdot(\vec{v}+\overrightarrow{BA})=5$.

**Solução**

$$\overrightarrow{BA}=A-B=(1,-3,3)$$

$$\vec{v}+\overrightarrow{BA}=(\alpha,2,3)+(1,-3,3)=(\alpha+1,-1,6)$$

Substituindo e resolvendo a equação dada, vem

$$(4,\alpha,-1)\cdot(\alpha+1,-1,6)=5$$

$$4(\alpha+1)+\alpha(-1)-1(6)=5$$

$$4\alpha+4-\alpha-6=5$$

$$3\alpha=7$$

$$\alpha=\frac{7}{3}$$

# PROPRIEDADES DO PRODUTO ESCALAR

Para quaisquer vetores $\vec{u},\vec{v}$ e $\vec{w}$ e o número real $\alpha$, é fácil verificar que:

I) $\vec{u}\cdot\vec{v}=\vec{v}\cdot\vec{u}$

II) $\vec{u}\cdot(\vec{v}+\vec{w})=\vec{u}\cdot\vec{v}+\vec{u}\cdot\vec{w}$ e $(\vec{u}+\vec{v})\cdot\vec{w}=\vec{u}\cdot\vec{w}+\vec{v}\cdot\vec{w}$

III) $\alpha(\vec{u}\cdot\vec{v})=(\alpha\vec{u})\cdot\vec{v}=\vec{u}\cdot(\alpha\vec{v})$

IV) $\vec{u}\cdot\vec{u}>0$ se $\vec{u}\neq\vec{0}$ e $\vec{u}\cdot\vec{u}=0$, se $\vec{u}=\vec{0}=(0,0,0)$

V) $\vec{u}\cdot\vec{u}=|\vec{u}|^2$

De fato, vimos que o módulo do vetor $\vec{u}=(x,y,z)$ é dado por

$$|\vec{u}|=\sqrt{x^2+y^2+z^2}\,.$$

Tendo em vista que

$$\vec{u}\cdot\vec{u}=(x,y,z)\cdot(x,y,z)=x^2+y^2+z^2\,,$$

conclui-se que

$$|\vec{u}|=\sqrt{\vec{u}\cdot\vec{u}}$$

ou, de modo equivalente, $\vec{u}\cdot\vec{u}=|\vec{u}|^2$.

Demonstraremos a propriedade II, deixando a cargo do leitor as demais. Se $\vec{u}=(x_1,y_1,z_1),\vec{v}=(x_2,y_2,z_2)$ e $\vec{w}=(x_3,y_3,z_3)$, então

$$\vec{u}\cdot(\vec{v}+\vec{w})=(x_1,y_1,z_1)\cdot(x_2+x_3,y_2+y_3,z_2+z_3)$$
$$=x_1(x_2+x_3)+y_1(y_2+y_3)+z_1(z_2+z_3)$$
$$=x_1x_2+x_1x_3+y_1y_2+y_1y_3+z_1z_2+z_1z_3$$
$$=(x_1x_2+y_1y_2+z_1z_2)+(x_1x_3+y_1y_3+z_1z_3)$$
$$=\vec{u}\cdot\vec{v}+\vec{u}\cdot\vec{w}$$

## Exemplos

1. Sendo $|\vec{u}|=4, |\vec{v}|=2$ e $\vec{u}\cdot\vec{v}=3$, calcular $(3\vec{u}-2\vec{v})\cdot(-\vec{u}+4\vec{v})$.

***Solução***

$$(3\vec{u}-2\vec{v})\cdot(-\vec{u}+4\vec{v})=3\vec{u}\cdot(-\vec{u}+4\vec{v})-2\vec{v}\cdot(-\vec{u}+4\vec{v})$$
$$=-3\vec{u}\cdot\vec{u}+12\vec{u}\cdot\vec{v}+2\vec{v}\cdot\vec{u}-8\vec{v}\cdot\vec{v}$$
$$=-3|\vec{u}|^2+14\vec{u}\cdot\vec{v}-8|\vec{v}|^2$$
$$=-3(4)^2+14(3)-8(2)^2$$
$$=-48+42-32$$
$$=-38$$

2. Mostrar que $|\vec{u}+\vec{v}|^2=|\vec{u}|^2+2\vec{u}\cdot\vec{v}+|\vec{v}|^2$

***Solução***

$$|\vec{u}+\vec{v}|^2=(\vec{u}+\vec{v})\cdot(\vec{u}+\vec{v})$$
$$=\vec{u}\cdot(\vec{u}+\vec{v})+\vec{v}\cdot(\vec{u}+\vec{v})$$
$$=\vec{u}\cdot\vec{u}+\vec{u}\cdot\vec{v}+\vec{v}\cdot\vec{u}+\vec{v}\cdot\vec{v}$$
$$=|\vec{u}|^2+2\vec{u}\cdot\vec{v}+|\vec{v}|^2$$

## Observação

De forma análoga, demonstra-se que

$$|\vec{u}-\vec{v}|^2=|\vec{u}|^2-2\vec{u}\cdot\vec{v}+|\vec{v}|^2$$

3. Provar que $(\vec{u}+\vec{v})\cdot(\vec{u}-\vec{v})=|\vec{u}|^2-|\vec{v}|^2$

**Solução**

$$(\vec{u}+\vec{v})\cdot(\vec{u}-\vec{v})=\vec{u}\cdot(\vec{u}-\vec{v})+\vec{v}\cdot(\vec{u}-\vec{v})$$
$$=\vec{u}\cdot\vec{u}-\vec{u}\cdot\vec{v}+\vec{v}\cdot\vec{u}-\vec{v}\cdot\vec{v}$$
$$=|\vec{u}|^2-|\vec{v}|^2$$

## DEFINIÇÃO GEOMÉTRICA DE PRODUTO ESCALAR

Se $\vec{u}$ e $\vec{v}$ são vetores não nulos e $\theta$ o ângulo entre eles, então

$$\vec{u}\cdot\vec{v}=|\vec{u}||\vec{v}|\cos\theta \qquad \textbf{(2)}$$

Aplicando a lei dos cossenos ao triângulo ABC da Figura 2.1, temos

$$|\vec{u}-\vec{v}|^2=|\vec{u}|^2+|\vec{v}|^2-2|\vec{u}||\vec{v}|\cos\theta \qquad \textbf{(3)}$$

Por outro lado, de acordo com o exemplo 2 (item anterior):

$$|\vec{u}-\vec{v}|^2=|\vec{u}|^2+|\vec{v}|^2-2\vec{u}\cdot\vec{v} \qquad \textbf{(4)}$$

Comparando as igualdades **(3)** e **(4)**:

$$|\vec{u}|^2+|\vec{v}|^2-2\vec{u}\cdot\vec{v}=|\vec{u}|^2+|\vec{v}|^2-2|\vec{u}||\vec{v}|\cos\theta$$

e então

$$\vec{u}\cdot\vec{v}=|\vec{u}||\vec{v}|\cos\theta,\ 0°\leq\theta\leq 180°$$

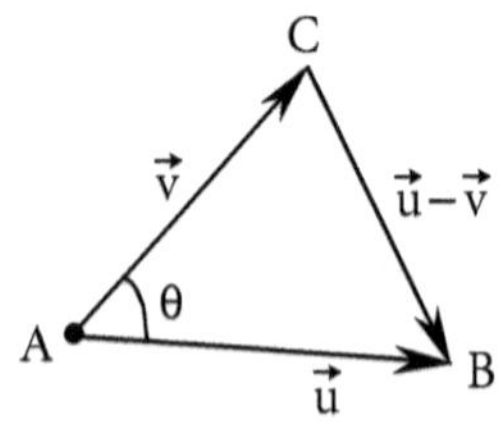


Figura 2.1

CONCLUSÃO: O produto escalar de dois vetores não nulos é igual ao produto de seus módulos pelo cosseno do ângulo por eles formado.

## Exemplo

Sendo $|\vec{u}|=2$, $|\vec{v}|=3$ e $120°$ o ângulo entre $\vec{u}$ e $\vec{v}$, calcular

a) $\vec{u}\cdot\vec{v}$ b) $|\vec{u}+\vec{v}|$ c) $|\vec{u}-\vec{v}|$

**Solução**

**a)** Pela relação (2), tem-se

$$\vec{u}\cdot\vec{v}=|\vec{u}||\vec{v}|\cos 120°=(2)(3)(-\frac{1}{2})=-3$$

**b)** Vimos que

$$|\vec{u}+\vec{v}|^2=|\vec{u}|^2+2\vec{u}\cdot\vec{v}+|\vec{v}|^2$$

Então,

$$|\vec{u}+\vec{v}|^2=2^2+2(-3)+3^2=7$$

e, portanto,

$$|\vec{u}+\vec{v}|=\sqrt{7}$$

**c)** De forma análoga, tem-se

$$|\vec{u}-\vec{v}|^2=|\vec{u}|^2-2\vec{u}\cdot\vec{v}+|\vec{v}|^2$$
$$=2^2-2(-3)+3^2$$
$$=19$$

e, portanto,

$$|\vec{u}-\vec{v}|=\sqrt{19}$$

## Observações

a) Vamos exemplificar a teoria com um caso particular a equivalência das expressões do produto escalar apresentadas em **(1)** e **(2)**. Na Figura 2.2 vemos que o ângulo formado pelos vetores $\vec{u}=(1,1,0)$ e $\vec{v}=(0,1,0)$ é 45°. Então, por **(1)**, temos

$$\vec{u}\cdot\vec{v}=1(0)+1(1)+0(0)=1$$

e, por **(2)**,

$$\vec{u}\cdot\vec{v}=|\vec{u}||\vec{v}|\cos 45^\circ=(\sqrt{2})(1)(\frac{\sqrt{2}}{2})=1$$

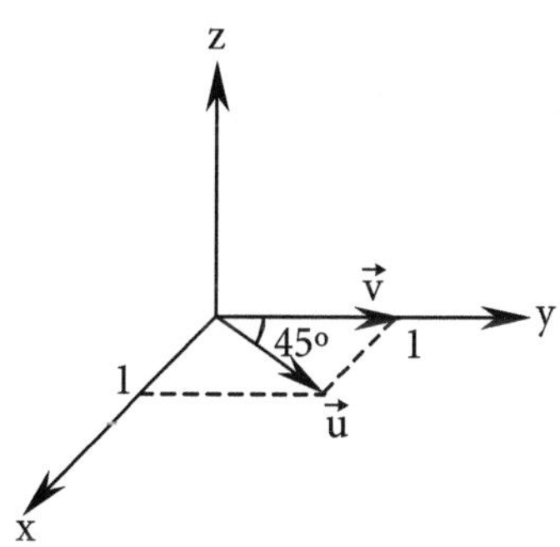


Figura 2.2

b) Deixaremos de demonstrar dois resultados válidos para todos os vetores $\vec{u}$ e $\vec{v}$:

1) $|\vec{u}\cdot\vec{v}|\leq|\vec{u}||\vec{v}|$ (*Desigualdade de Schwarz*)

2) $|\vec{u}+\vec{v}|\leq|\vec{u}|+|\vec{v}|$ (*Desigualdade triangular*)

A segunda desigualdade confirma a propriedade geométrica segundo a qual, em um triângulo (Figura 2.3), a soma dos comprimentos de dois lados ($|\vec{u}|+|\vec{v}|$) é maior do que o comprimento do terceiro lado ($|\vec{u}+\vec{v}|$).

A igualdade somente ocorre quando $\vec{u}$ e $\vec{v}$ forem paralelos e de mesmo sentido.

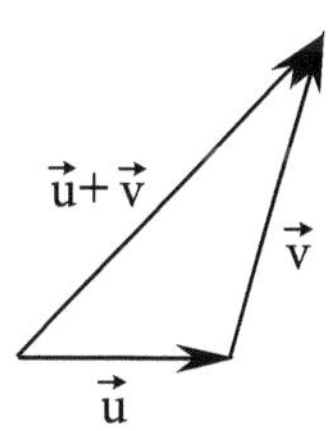


Figura 2.3

c) Como em **(2)** o sinal de $\vec{u}\cdot\vec{v}$ é o mesmo de cos θ, concluímos que:

1) $\vec{u}\cdot\vec{v}>0 \Leftrightarrow \cos\theta > 0 \Leftrightarrow 0° \leq \theta < 90°$ (Figura 2.4(a))

2) $\vec{u}\cdot\vec{v}<0 \Leftrightarrow \cos\theta< 0 \Leftrightarrow 90° < \theta \leq 180°$ (Figura 2.4 (b))

3) $\vec{u}\cdot\vec{v}=0 \Leftrightarrow \cos\theta = 0 \Leftrightarrow \theta = 90°$ (Figura 2.4 (c))

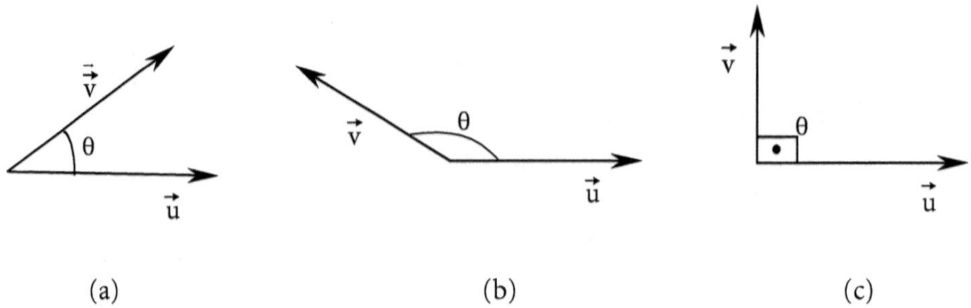


**Figura 2.4**

Esta afirmação estabelece a *condição de ortogonalidade* de dois vetores:

Dois vetores $\vec{u}$ e $\vec{v}$ são ortogonais se, e somente se, $\vec{u}\cdot\vec{v}=0$

## Exemplos

1. Mostrar que os seguintes pares de vetores são ortogonais:

**a)** $\vec{u}=(1,-2,3)$ e $\vec{v}=(4,5,2)$

**b)** $\vec{i}$ e $\vec{j}$

***Solução***

a) $\vec{u}\cdot\vec{v}=1(4)-2(5)+3(2)=4-10+6=0$

b) $\vec{i}\cdot\vec{j}=(1,0,0)\cdot(0,1,0)=1(0)+0(1)+0(0)=0$

## Observação

O vetor $\vec{0}$ é ortogonal a todo vetor, ou seja, $\vec{0}\cdot\vec{v}=0$ para todo $\vec{v}$.

2. Provar que o triângulo de vértices A(2, 3, 1), B(2, 1, −1) e C(2, 2, −2) é um triângulo retângulo.

**Solução**

A forma mais simples de provar a existência de um ângulo reto é mostrar que existem dois vetores que determinam os lados do triângulo cujo produto escalar é zero. Consideremos os vetores

$$\overrightarrow{AB}=(0,-2,-2)$$

$$\overrightarrow{AC}=(0,-1,-3)$$

$$\overrightarrow{BC}=(0,1,-1)$$

(poderíamos também considerar os seus vetores opostos).
Calculemos:

$$\overrightarrow{AB}\cdot\overrightarrow{AC}=(0,-2,-2)\cdot(0,-1,-3)=0+2+6=8\neq 0$$

$$\overrightarrow{AB}\cdot\overrightarrow{BC}=(0,-2,-2)\cdot(0,1,-1)=0-2+2=0$$

Tendo em vista que $\overrightarrow{AB}\cdot\overrightarrow{BC}=0$, o triângulo é retângulo em B.

3. Determinar um vetor ortogonal aos vetores $\vec{v}_1=(1,-1,0)$ e $\vec{v}_2=(1,0,1)$.

**Solução**

Seja $\vec{u}=(x,y,z)$ o vetor procurado. Como $\vec{u}$ é ortogonal a $\vec{v}_1$ e $\vec{v}_2$, devemos ter

$$\vec{u}\cdot\vec{v}_1=(x,y,z)\cdot(1,-1,0)=x-y=0$$

$$\vec{u}\cdot\vec{v}_2=(x,y,z)\cdot(1,0,1)=x+z=0$$

O sistema

$$\begin{cases} x-y=0 \\ x+z=0 \end{cases}$$

tem infinitas soluções do tipo

$$y=x \text{ e } z=-x$$

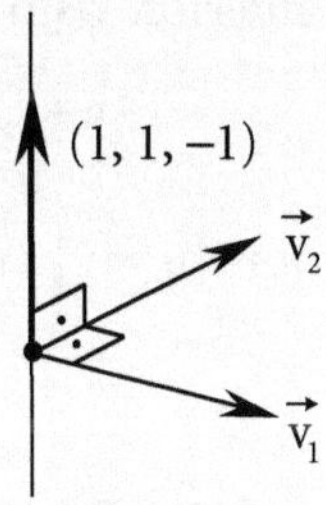


Figura 2.5

Logo, os vetores ortogonais $\vec{v}_1$ e $\vec{v}_2$ são da forma $\vec{u}=(x,x,-x)$ ou $\vec{u}=x(1,1,-1)$, $x\in\mathbb{R}$, ou seja, são todos múltiplos de $(1, 1, -1)$, conforme sugere a Figura 2.5.

4. Demonstrar que as diagonais de um losango são perpendiculares entre si.

**Solução**

Lembremos que todo losango é um paralelogramo cujos lados têm o mesmo comprimento. Consideremos o losango ABCD (Figura 2.6). Devemos mostrar que

$$\overrightarrow{AC} \cdot \overrightarrow{DB} = 0$$

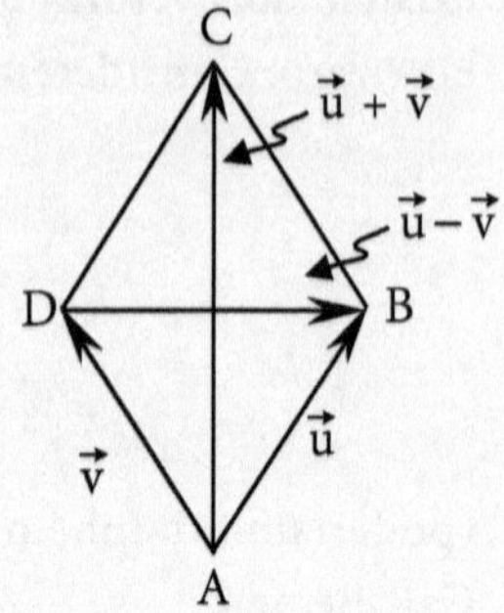

Figura 2.6

Fazendo $\overrightarrow{AB} = \vec{u}$ e $\overrightarrow{AD} = \vec{v}$, pela figura vemos que $\overrightarrow{AC} = \vec{u} + \vec{v}$ e $\overrightarrow{DB} = \vec{u} - \vec{v}$. Logo,

$$\overrightarrow{AC} \cdot \overrightarrow{DB} = (\vec{u} + \vec{v}) \cdot (\vec{u} - \vec{v}) = |\vec{u}|^2 - |\vec{v}|^2 = 0 \quad \textbf{(5)}$$

pois $|\vec{u}| = |\vec{v}|$.

5. Provar, utilizando o produto escalar, que o ângulo inscrito em uma semicircunferência é reto.

**Solução**

Observemos que, considerados os vetores $\vec{u}$ e $\vec{v}$ como na Figura 2.7, os vetores $\vec{u} + \vec{v}$ e $\vec{u} - \vec{v}$ determinam o ângulo inscrito na semicircunferência. Portanto, de maneira análoga ao exemplo anterior, visto em **(5)**, temos

$$(\vec{u} + \vec{v}) \cdot (\vec{u} - \vec{v}) = |\vec{u}|^2 - |\vec{v}|^2 = 0$$

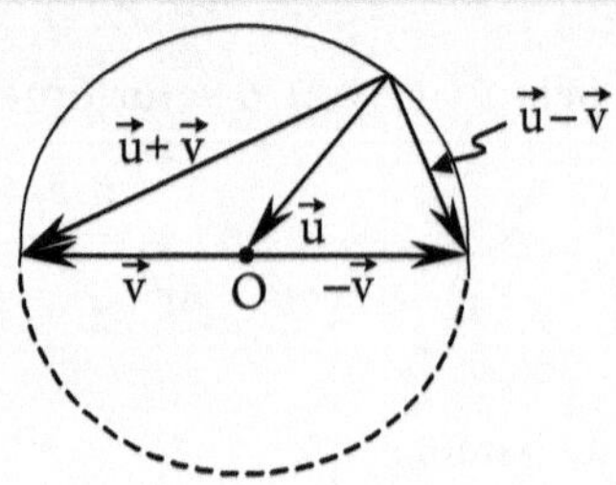

Figura 2.7

pois $|\vec{u}| = |\vec{v}|$ (medida do raio).

## CÁLCULO DO ÂNGULO DE DOIS VETORES

Da igualdade $\vec{u} \cdot \vec{v} = |\vec{u}||\vec{v}|\cos\theta$, vem

$$\cos\theta = \frac{\vec{u} \cdot \vec{v}}{|\vec{u}||\vec{v}|} \quad \textbf{(6)}$$

fórmula a partir da qual se calcula o ângulo $\theta$ entre os vetores $\vec{u}$ e $\vec{v}$ não nulos.

## Exemplos



1. Calcular o ângulo entre os vetores $\vec{u}=(1,1,4)$ e $\vec{v}=(-1,2,2)$.

***Solução***

$$\cos\theta=\frac{\vec{u}\cdot\vec{v}}{|\vec{u}||\vec{v}|}=\frac{(1,1,4)\cdot(-1,2,2)}{\sqrt{1+1+16}\sqrt{1+4+4}}=\frac{-1+2+8}{\sqrt{18}\sqrt{9}}=\frac{9}{3\sqrt{2}\cdot 3}=\frac{1}{\sqrt{2}}=\frac{\sqrt{2}}{2}$$

Logo,

$$\theta=\text{arc}\ \cos(\frac{\sqrt{2}}{2})=45°$$

2. Sabendo que o vetor $\vec{v}=(2,1,-1)$ forma ângulo de 60° com o vetor $\overrightarrow{AB}$ determinado pelos pontos A(3, 1, −2) e B(4, 0, m), calcular m.

***Solução***

De acordo com a igualdade **(6)**, tem-se

$$\cos 60°=\frac{\vec{v}\cdot\overrightarrow{AB}}{|\vec{v}||\overrightarrow{AB}|}$$

Como $\cos 60°=\frac{1}{2}$ e $\overrightarrow{AB}=B-A=(1,-1,m+2)$, vem

$$\frac{1}{2}=\frac{(2,1,-1)\cdot(1,-1,m+2)}{\sqrt{4+1+1}\sqrt{1+1+m^2+4m+4}}$$

$$\frac{1}{2}=\frac{2-1-m-2}{\sqrt{6}\sqrt{m^2+4m+6}}$$

$$\left(\frac{1}{2}\right)^2=\left(\frac{-1-m}{\sqrt{6m^2+24m+36}}\right)^2$$

$$\frac{1}{4}=\frac{1+2m+m^2}{6m^2+24m+36}$$

$$6m^2+24m+36=4+8m+4m^2$$

$$2m^2+16m+32=0$$

$$m^2+8m+16=0$$

Portanto, m = −4 (raiz dupla).

3. Determinar os ângulos internos ao triângulo ABC, sendo A(3, −3, 3), B(2, −1, 2) e C(1, 0, 2).

**Solução**

Observemos que, no triângulo ABC da Figura 2.8, o ângulo A é determinado pelos vetores $\overrightarrow{AB}$ e $\overrightarrow{AC}$. Logo,

$$\cos\hat{A} = \frac{\overrightarrow{AB}\cdot\overrightarrow{AC}}{|\overrightarrow{AB}||\overrightarrow{AC}|} = \frac{(-1,2,-1)\cdot(-2,3,-1)}{\sqrt{1+4+1}\sqrt{4+9+1}} = \frac{2+6+1}{\sqrt{6}\sqrt{14}} = \frac{9}{\sqrt{84}} \cong 0{,}982$$

$$\hat{A} = \text{arc cos}\left(\frac{9}{\sqrt{84}}\right) \cong 10°53'$$

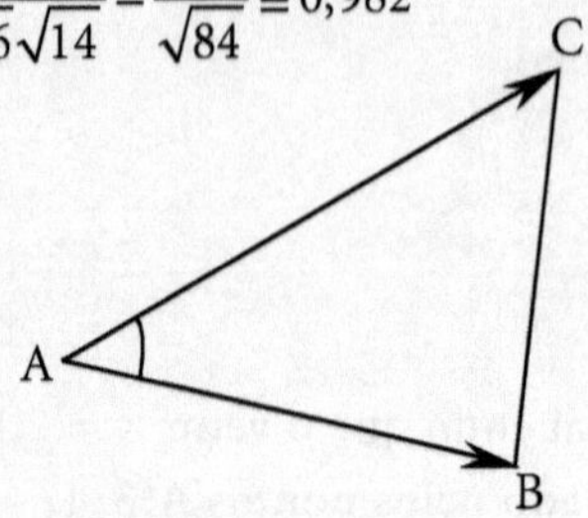

Figura 2.8

Analogamente,

$$\cos\hat{B} = \frac{\overrightarrow{BA}\cdot\overrightarrow{BC}}{|\overrightarrow{BA}||\overrightarrow{BC}|} = \frac{(1,-2,1)\cdot(-1,1,0)}{\sqrt{1+4+1}\sqrt{1+1+0}} = \frac{-1-2}{\sqrt{6}\sqrt{2}} = \frac{-3}{2\sqrt{3}} = -\frac{\sqrt{3}}{2}$$

$$\hat{B} = \text{arc cos}\left(-\frac{\sqrt{3}}{2}\right) = 150°$$

$$\cos\hat{C} = \frac{\overrightarrow{CA}\cdot\overrightarrow{CB}}{|\overrightarrow{CA}||\overrightarrow{CB}|} = \frac{(2,-3,1)\cdot(1,-1,0)}{\sqrt{4+9+1}\sqrt{1+1+0}} = \frac{2+3}{\sqrt{14}\sqrt{2}} = \frac{5}{\sqrt{28}} \cong 0{,}9449$$

$\hat{C} = \text{arc cos}\left(\frac{5}{\sqrt{28}}\right) \cong 19°7'$. Notemos que $\hat{A}+\hat{B}+\hat{C} = 180°$.

## ÂNGULOS DIRETORES E COSSENOS DIRETORES DE UM VETOR

Seja o vetor $\vec{v} = x\vec{i} + y\vec{j} + z\vec{k}$ não nulo.

*Ângulos diretores* de $\vec{v}$ são os ângulos $\alpha$, $\beta$ e $\gamma$ que $\vec{v}$ forma com os vetores $\vec{i}$, $\vec{j}$ e $\vec{k}$, respectivamente (Figura 2.9).

*Cossenos diretores* de $\vec{v}$ são os cossenos de seus ângulos diretores, ou seja, cos $\alpha$, cos $\beta$ e cos $\gamma$.

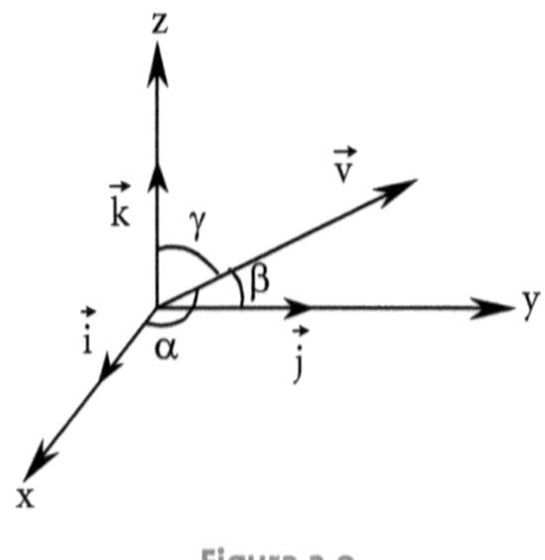

Figura 2.9

Para o cálculo desses valores utilizaremos a fórmula **(6)**:

$$\cos\alpha=\frac{\vec{v}\cdot\vec{i}}{|\vec{v}||\vec{i}|}=\frac{(x,y,z)\cdot(1,0,0)}{|\vec{v}|(1)}=\frac{x}{|\vec{v}|}$$

$$\cos\beta=\frac{\vec{v}\cdot\vec{j}}{|\vec{v}||\vec{j}|}=\frac{(x,y,z)\cdot(0,1,0)}{|\vec{v}|(1)}=\frac{y}{|\vec{v}|} \quad \textbf{(7)}$$

$$\cos\gamma=\frac{\vec{v}\cdot\vec{k}}{|\vec{v}||\vec{k}|}=\frac{(x,y,z)\cdot(0,0,1)}{|\vec{v}|(1)}=\frac{z}{|\vec{v}|}$$

## Observação

Notemos que os cossenos diretores de $\vec{v}$ são precisamente os componentes do versor de $\vec{v}$:

$$\frac{\vec{v}}{|\vec{v}|}=\frac{(x,y,z)}{|\vec{v}|}=\left(\frac{x}{|\vec{v}|},\frac{y}{|\vec{v}|},\frac{z}{|\vec{v}|}\right)=(\cos\alpha,\cos\beta,\cos\gamma)$$

Como o versor é um vetor unitário, decorre imediatamente que:

$$\cos^2\alpha+\cos^2\beta+\cos^2\gamma=1 \quad \textbf{(8)}$$

## Exemplos

1. Calcular os ângulos diretores de $\vec{v}=(1,-1,0)$.

***Solução***

$$|\vec{v}|=\sqrt{1+1+0}=\sqrt{2}$$

Utilizando **(7)**, temos

$$\cos\alpha=\frac{1}{\sqrt{2}}=\frac{\sqrt{2}}{2}\therefore\alpha=45°$$

$$\cos\beta=\frac{-1}{\sqrt{2}}=-\frac{\sqrt{2}}{2}\therefore\beta=135°$$

$$\cos\gamma=\frac{0}{\sqrt{2}}=0\therefore\gamma=90°$$

2. Os ângulos diretores de um vetor são $\alpha$, 45° e 60°. Determinar $\alpha$.

**Solução**

Substituindo em **(8)**, $\beta$ por 45° e $\gamma$ por 60°, vem

$$\cos^2\alpha + \cos^2 45° + \cos^2 60° = 1$$

$$\cos^2\alpha + \left(\frac{\sqrt{2}}{2}\right)^2 + \left(\frac{1}{2}\right)^2 = 1$$

$$\cos^2\alpha = 1 - \frac{2}{4} - \frac{1}{4} = \frac{4-2-1}{4} = \frac{1}{4}$$

$$\cos\alpha = \pm\sqrt{\frac{1}{4}} = \pm\frac{1}{2}$$

Logo, $\alpha = 60°$ ou $\alpha = 120°$.

3. Um vetor $\vec{v}$ do espaço forma com os vetores $\vec{i}$ e $\vec{j}$ ângulos de 60° e 120°, respectivamente. Determinar o vetor $\vec{v}$, sabendo que $|\vec{v}| = 2$.

**Solução**

Seja $\vec{v} = (x, y, z)$ o vetor procurado. No caso presente: $\alpha = 60°$ e $\beta = 120°$. Então, utilizando **(7)**, temos

$\cos 60° = \frac{x}{|\vec{v}|}$ ou $\frac{1}{2} = \frac{x}{2}$, em que $x = 1$

$\cos 120° = \frac{y}{|\vec{v}|}$ ou $-\frac{1}{2} = \frac{y}{2}$, em que $y = -1$

Como $|\vec{v}| = 2$, ou seja,

$$\sqrt{x^2 + y^2 + z^2} = 2$$

vem

$$(1)^2 + (-1)^2 + z^2 = 4$$

$$z^2 = 2$$

$$z = \pm\sqrt{2}$$

Portanto,

$$\vec{v} = (1, -1, \sqrt{2}) \text{ ou } \vec{v} = (1, -1, -\sqrt{2})$$

4. Obter o vetor $\vec{v}$, sabendo que $|\vec{v}|=4$, $\vec{v}$ é ortogonal ao eixo Oz, forma ângulo de 60° com o vetor $\vec{i}$ e ângulo obtuso com $\vec{j}$.

**Solução**

Sendo $\vec{v}$ ortogonal ao eixo Oz, ele é do tipo $\vec{v}=(x,y,0)$.
Por **(7)**, tem-se

$\cos 60° = \frac{x}{|\vec{v}|}$ ou $\frac{1}{2}=\frac{x}{4}$, em que x = 2

Como $|\vec{v}|=4$, ou seja,

$$\sqrt{x^2+y^2}=4$$

vem

$$(2)^2+y^2=16$$

$$y^2=12$$

$$y=\pm 2\sqrt{3}$$

Tendo em vista que β (ângulo de $\vec{v}$ com $\vec{j}$) é obtuso (90° < β ≤ 180°), na igualdade $\cos\beta=\frac{y}{|\vec{v}|}$, o valor de y é negativo.

Portanto,

$$\vec{v}=(2,-2\sqrt{3},0)$$

# PROJEÇÃO DE UM VETOR SOBRE OUTRO

Sejam os vetores $\vec{u}$ e $\vec{v}$ não nulos e θ o ângulo entre eles. Pretendemos decompor um dos vetores, digamos $\vec{v}$, tal que

$$\vec{v}=\vec{v}_1+\vec{v}_2$$

sendo $\vec{v}_1 \parallel \vec{u}$ e $\vec{v}_2 \perp \vec{u}$.

A Figura 2.10 ilustra as duas situações possíveis, podendo ser θ um ângulo agudo (Figura 2.10 (a)) ou obtuso (Figura 2.10 (b)).

O vetor $\vec{v}_1$ é chamado *projeção ortogonal de* $\vec{v}$ *sobre* $\vec{u}$ e indicado por

$$\vec{v}_1=\text{proj}_{\vec{u}}\vec{v} \quad \textbf{(9)}$$

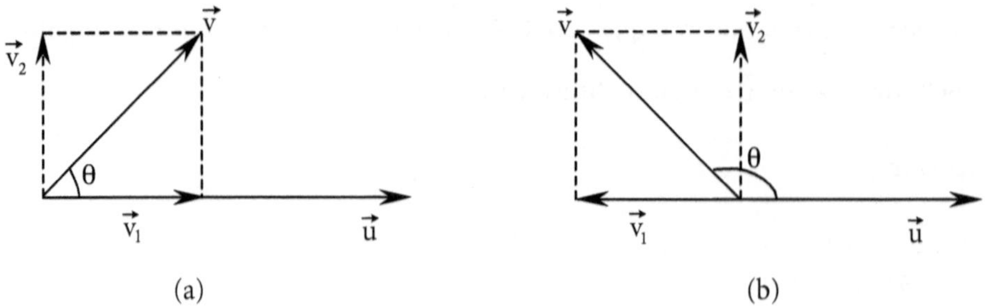


Figura 2.10

Ora, sendo $\vec{v}_1 \parallel \vec{u}$, temos $\vec{v}_1 = \alpha\vec{u}$ e como $\vec{v}_2 = \vec{v} - \vec{v}_1 = \vec{v} - \alpha\vec{u}$ é ortogonal a $\vec{u}$, vem

$$(\vec{v} - \alpha\vec{u}) \cdot \vec{u} = 0$$

ou

$$\vec{v} \cdot \vec{u} - \alpha\vec{u} \cdot \vec{u} = 0$$

e

$$\alpha = \frac{\vec{v} \cdot \vec{u}}{\vec{u} \cdot \vec{u}}$$

Portanto, sendo $\vec{v}_1 = \alpha\vec{u}$, por **(9)**, conclui-se que

$$\text{proj}_{\vec{u}}\vec{v} = \left(\frac{\vec{v} \cdot \vec{u}}{\vec{u} \cdot \vec{u}}\right)\vec{u} \qquad \textbf{(10)}$$

## INTERPRETAÇÃO GEOMÉTRICA DO MÓDULO DO PRODUTO ESCALAR

Se em **(10)** o vetor $\vec{u}$ é unitário ($|\vec{u}| = 1$), tem-se

$$\text{proj}_{\vec{u}}\vec{v} = (\vec{v} \cdot \vec{u})\vec{u}\text{, pois } \vec{u} \cdot \vec{u} = |\vec{u}|^2 = 1$$

e, portanto,

$$|\text{proj}_{\vec{u}}\vec{v}| = |(\vec{v} \cdot \vec{u})\vec{u}| = |\vec{v} \cdot \vec{u}||\vec{u}|$$

ou

$$|\text{proj}_{\vec{u}}\vec{v}| = |\vec{v} \cdot \vec{u}|$$

Logo,

*O comprimento do vetor projeção de $\vec{v}$ sobre $\vec{u}$, sendo $\vec{u}$ unitário, é igual ao módulo do produto escalar de $\vec{v}$ por $\vec{u}$.*

## Exemplos

1. Determinar o vetor projeção de $\vec{v}=(2,3,4)$ sobre $\vec{u}=(1,-1,0)$.

**Solução**

Temos

$$\vec{v}\cdot\vec{u}=2(1)+3(-1)+4(0)=-1$$

$$\vec{u}\cdot\vec{u}=|\vec{u}|^2=(1)^2+(-1)^2+0^2=2$$

Logo

$$\text{proj}_{\vec{u}}\vec{v}=(\frac{\vec{v}\cdot\vec{u}}{\vec{u}\cdot\vec{u}})\vec{u}=(\frac{-1}{2})(1,-1,0)=(-\frac{1}{2},\frac{1}{2},0)$$

2. Dados os vetores $\vec{v}=(1,3,-5)$ e $\vec{u}=(4,-2,8)$, decompor $\vec{v}$ como $\vec{v}=\vec{v}_1+\vec{v}_2$, sendo $\vec{v}_1 \parallel \vec{u}$ e $\vec{v}_2 \perp \vec{u}$.

**Solução**

a) Pela Figura 2.10 e por **(10)**, temos

$$\vec{v}_1=\text{proj}_{\vec{u}}\vec{v}=(\frac{\vec{v}\cdot\vec{u}}{\vec{u}\cdot\vec{u}})\vec{u}$$

Como

$$\vec{v}\cdot\vec{u}=1(4)+3(-2)-5(8)=-42$$

e

$$\vec{u}\cdot\vec{u}=4^2+(-2)^2+8^2=84, \text{ vem}$$

$$\vec{v}_1=\frac{-42}{84}(4,-2,8)=-\frac{1}{2}(4,-2,8)=(-2,1,-4)$$

b) Sendo $\vec{v}=\vec{v}_1+\vec{v}_2$, tem-se

$$\vec{v}_2=\vec{v}-\vec{v}_1=(1,3,-5)-(-2,1,-4)=(3,2,-1)$$

Observamos que $\vec{v}_2 \perp \vec{u}$, pois,

$$\vec{v}_2\cdot\vec{u}=3(4)+2(-2)-1(8)=0$$

3. Sejam os pontos A(−1, −1, 2), B(2, 1, 1) e C(m, −5, 3).

a) Para qual valor de m o triângulo ABC é retângulo em A?

b) Determinar o ponto H, pé da altura relativa ao vértice A.

**Solução**

a) Sendo Â ângulo reto, os vetores $\overrightarrow{AB}$ e $\overrightarrow{AC}$ (Figura 2.11) são ortogonais, ou seja, $\overrightarrow{AB}\cdot\overrightarrow{AC}=0$.

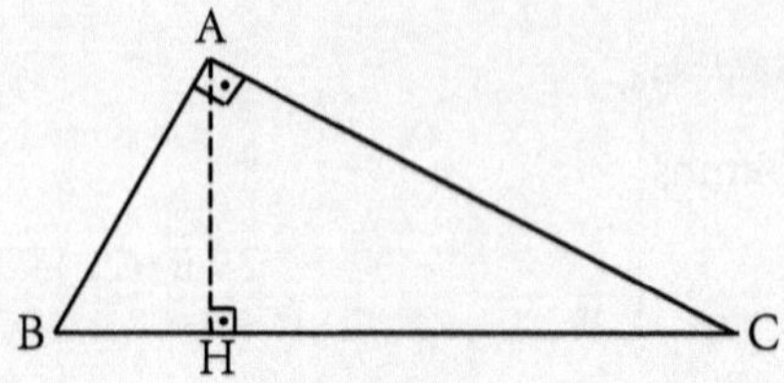


Figura 2.11

Como

$\overrightarrow{AB}=(3,2,-1)$ e $\overrightarrow{AC}=(m+1,-4,1)$, vem

$$3(m+1)+2(-4)-1(1)=0$$

$$3m+3-8-1=0$$

$$3m=6$$

$$m=2$$

b) O ponto H é dado por

$$H=B+\overrightarrow{BH},\text{ sendo }\overrightarrow{BH}=\text{proj}_{\overrightarrow{BC}}\overrightarrow{BA}=\frac{\overrightarrow{BA}\cdot\overrightarrow{BC}}{\overrightarrow{BC}\cdot\overrightarrow{BC}}\overrightarrow{BC}$$

Mas

$$\overrightarrow{BA}\cdot\overrightarrow{BC}=(-3,-2,1)\cdot(0,-6,2)=0+12+2=14$$

e

$$\overrightarrow{BC}\cdot\overrightarrow{BC}=(0,-6,2)\cdot(0,-6,2)=0+36+4=40$$

Logo,

$$\overrightarrow{BH}=\frac{14}{40}(0,-6,2)=\frac{7}{20}(0,-6,2)=(0,-\frac{21}{10},\frac{7}{10})$$

e, portanto,

$$H=(2,1,1)+(0,-\frac{21}{10},\frac{7}{10})$$

ou

$$H(2,-\frac{11}{10},\frac{17}{10})$$

## PRODUTO ESCALAR NO PLANO

Todo o estudo feito neste capítulo em relação a vetores do espaço é válido também para vetores no plano.

Considerando os vetores $\vec{u}=(x_1,y_1)$ e $\vec{v}=(x_2,y_2)$, temos

a) $\vec{u}\cdot\vec{v}=x_1x_2+y_1y_2$;

b) validade das mesmas propriedades do produto escalar;

c) se $\theta$ é o ângulo entre $\vec{u}\neq\vec{0}$ e $\vec{v}\neq\vec{0}$, então $\cos\theta=\dfrac{\vec{u}\cdot\vec{v}}{|\vec{u}||\vec{v}|}$

d) $\vec{u}\perp\vec{v}$ se, e somente se, $\vec{u}\cdot\vec{v}=0$;

e) se $\alpha$ e $\beta$ são os ângulos diretores de $\vec{u}, \vec{u}\neq\vec{0}$, então $\cos\alpha=\dfrac{x_1}{|\vec{u}|}$ e $\cos\beta=\dfrac{y_1}{|\vec{u}|}$;

f) $\cos^2\alpha + \cos^2\beta = 1$;

g) $\text{proj}_{\vec{u}}\vec{v}=\left(\dfrac{\vec{v}\cdot\vec{u}}{\vec{u}\cdot\vec{u}}\right)\vec{u}$, com $\vec{u}$ e $\vec{v}$ não nulos.

## UMA APLICAÇÃO NA FÍSICA

O produto escalar é uma importante ferramenta matemática para a Física, uma vez que inúmeras grandezas físicas são definidas com seu emprego, como, por exemplo, o *trabalho*.

O trabalho realizado por uma força constante $\vec{F}$ ao longo de um determinado deslocamento $\vec{d}$ é definido como o produto escalar dessa força pelo deslocamento efetuado pelo corpo no qual a força está aplicada.

Podemos observar que a componente da força $\vec{F}$ que realiza o trabalho é $\vec{F}_x$ paralela ao deslocamento $\overrightarrow{AB}=\vec{d}$, conforme mostra a Figura 2.12.

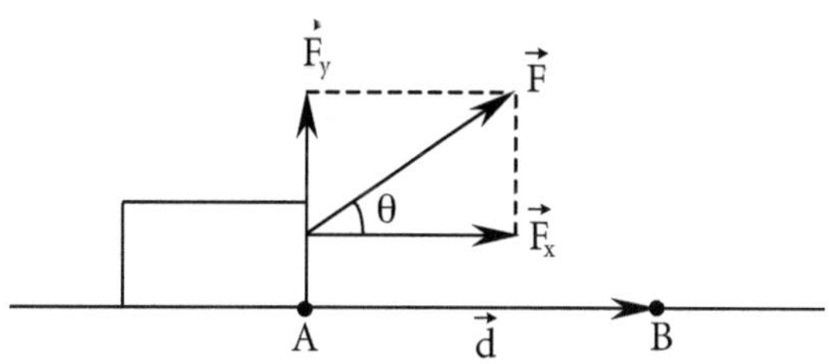

Figura 2.12

Então,

$$|\vec{F}_x|=|\vec{F}|\cos\theta$$

em que $\theta$ é o ângulo entre a força e o deslocamento.

A grandeza física *trabalho*, notada por W, é uma grandeza escalar e tem como unidade no Sistema Internacional o joule, notado por J.

A expressão para o cálculo do trabalho W é

$$W=\vec{F}\cdot\vec{d} \text{ ou } W=|\vec{F}||\vec{d}|\cos\theta$$

e

$$1J = 1N \cdot 1m \text{ (1 Newton vezes um metro)}$$

## Exemplos

1. Calcular o trabalho realizado pelas forças constantes, $\vec{F}$, $\vec{F}_a$, $\vec{F}_N$ e $\vec{P}$ (Figura 2.13) e pela força resultante, para deslocar o bloco de A até B, sabendo que $|\vec{F}|=10N$, $|\vec{F}_a|=8N$, $|\vec{P}|=3N$, $|\vec{F}_N|=3N$, $\vec{d}=\overrightarrow{AB}$ e $|\vec{d}|=10m$.

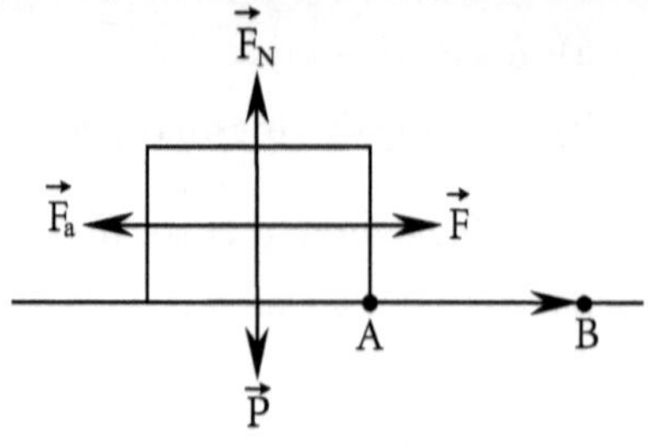


Figura 2.13

**Solução**

a) $W_F = |\vec{F}||\vec{d}|\cos\theta$

Como $\theta = 0°$ (ângulo entre $\vec{F}$ e $\vec{d}$), vem

$$W_p = (10N)(10m)(1) = 100\ J$$

b) $W_{F_a} = |\vec{F}_a||\vec{d}|\cos\theta$

Como $\theta = 180°$ (ângulo entre $\vec{F}_a$ e $\vec{d}$), vem

$$W_{F_a} = (8N)(10m)(-1) = -80\ J$$

c) $W_p = |\vec{P}||\vec{d}|\cos\theta$

Como $\theta = 90°$ (ângulo entre $\vec{P}$ e $\vec{d}$), vem

$$W_P = (3N)(10m)(0) = 0J$$

d) $W_{F_N} = |\vec{F}_N||\vec{d}|\cos\theta$

Como $\theta = 90°$ (ângulo entre $\vec{F}_N$ e $\vec{d}$), vem

$$W_{F_N} = (3N)(10m)(0) = 0J$$

Neste exemplo, o trabalho resultante $W_R$ das quatro forças pode ser calculado de duas maneiras:

a) pela soma algébrica dos trabalhos realizados pelas forças:

$$W_R = W_F + W_{F_a} + W_p + W_{F_N}$$

ou

$$W_R = 100J - 80J + 0J + 0J = 20J$$

b) pelo trabalho realizado pela força resultante $\vec{F}_R$:

$\vec{F}_R = \vec{F} + \vec{F}_a + \vec{P} + \vec{F}_N$ (soma de vetores)

Como $\vec{P} + \vec{F}_N = \vec{O}$, conclui-se que $|\vec{F}_R| = 2N$
Logo,

$$W_R = |\vec{F}_R||\vec{d}|\cos\theta (\theta = 0°)$$

ou

$$W_R = (2N)(10m)(1) = 20J$$

2. Calcular o trabalho realizado pela força $\vec{F}$ para deslocar o corpo de A até B (Figura 2.14), sabendo que $|\vec{F}| = 10N$, $|\overrightarrow{AB}| = |\vec{d}| = 20m$ e $\theta \cong 36{,}9°$.

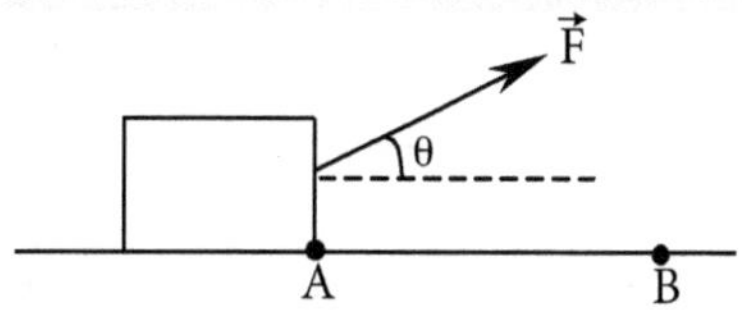


Figura 2.14

**Solução**

A Força $\vec{F}$ (Figura 2.15) é decomposta em $\vec{F} = 8\vec{i} + 6\vec{j}$, na qual $8 = |\vec{F}|\cos\theta$, $6 = |\vec{F}|\operatorname{sen}\theta$ e $\vec{d} = 20\vec{i} + 0\vec{j}$.

O trabalho realizado pela força $\vec{F}$ pode ser calculado por

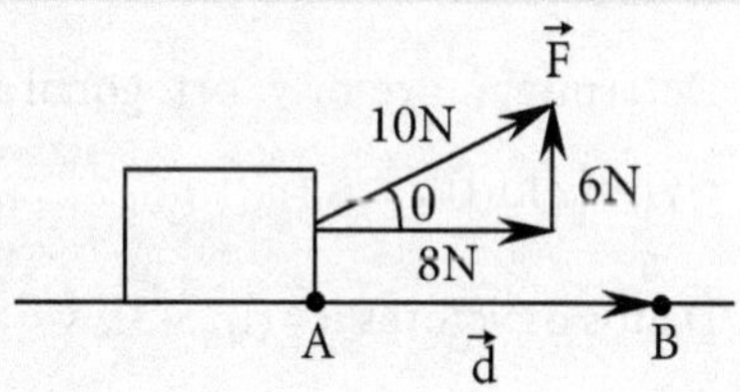


Figura 2.15

$$W = \vec{F} \cdot \vec{d} \text{ (produto escalar)}$$

$$W = (8\vec{i} + 6\vec{j}) \cdot (20\vec{i} + 0\vec{j})$$

$$W = 160J$$

ou por

$$W = |\vec{F}||\vec{d}|\cos\theta$$

$$W = (10N)(20m)(\cos 36{,}9°)$$

$$W = 160J$$

## Problemas propostos

1. Dados os vetores $\vec{u}=(2,-3,-1)$ e $\vec{v}=(1,-1,4)$, calcular:

   a) $2\vec{u}\cdot(-\vec{v})$

   b) $(\vec{u}+3\vec{v})\cdot(\vec{v}-2\vec{u})$

   c) $(\vec{u}+\vec{v})\cdot(\vec{u}-\vec{v})$

   d) $(\vec{u}+\vec{v})\cdot(\vec{v}-\vec{u})$

2. Sejam os vetores $\vec{u}=(2,a,-1)$, $\vec{v}=(3,1,-2)$ e $\vec{w}=(2a-1,-2,4)$. Determinar *a* de modo que $\vec{u}\cdot\vec{v}=(\vec{u}+\vec{v})\cdot(\vec{v}+\vec{w})$.

3. Dados os pontos A (4, 0, −1), B (2, −2, 1) e C (1, 3, 2) e os vetores $\vec{u}=(2,1,1)$ e $\vec{v}=(-1,-2,3)$, obter o vetor $\vec{x}$ tal que:

   a) $3\vec{x}+2\vec{v}=\vec{x}+(\overrightarrow{AB}\cdot\vec{u})\vec{v}$

   b) $(\overrightarrow{BC}\cdot\vec{v})\vec{x}=(\vec{u}\cdot\vec{v})\vec{v}-3\vec{x}$

4. Determinar o vetor $\vec{v}$, paralelo ao vetor $\vec{u}=(2,-1,3)$, tal que $\vec{v}\cdot\vec{u}=-42$.

5. Determinar o vetor $\vec{v}$ do espaço, sabendo que $|\vec{v}|=5$, $\vec{v}$ é ortogonal ao eixo Ox, $\vec{v}\cdot\vec{w}=6$ e $\vec{w}=\vec{i}+2\vec{j}$.

6. Determinar o vetor $\vec{v}$, ortogonal ao eixo Oy, $\vec{v}\cdot\vec{v}_1=8$ e $\vec{v}\cdot\vec{v}_2=-3$, sendo $\vec{v}_1=(3,1,-2)$ e $\vec{v}_2=(-1,1,1)$.

7. Dados os vetores $\vec{u}=(1,2,-3)$, $\vec{v}=(2,0,-1)$ e $\vec{w}=(3,1,0)$, determinar o vetor $\vec{x}$ tal que $\vec{x}\cdot\vec{u}=-16$, $\vec{x}\cdot\vec{v}=0$ e $\vec{x}\cdot\vec{w}=3$.

8. Sabendo que $|\vec{u}|=2$, $|\vec{v}|=3$ e $\vec{u}\cdot\vec{v}=-1$, calcular:

   a) $(\vec{u}-3\vec{v})\cdot\vec{u}$

   b) $(2\vec{v}-\vec{u})\cdot(2\vec{v})$

   c) $(\vec{u}+\vec{v})\cdot(\vec{v}-4\vec{u})$

   d) $(3\vec{u}+4\vec{v})\cdot(-2\vec{u}-5\vec{v})$

9. Calcular $\vec{u}\cdot\vec{v}+\vec{u}\cdot\vec{w}+\vec{v}\cdot\vec{w}$, sabendo que $\vec{u}+\vec{v}+\vec{w}=\vec{0}$, $|\vec{u}|=2$, $|\vec{v}|=3$ e $|\vec{w}|=5$.

10. Os pontos A, B e C são vértices de um triângulo equilátero cujo lado mede 20 cm. Calcular $\overrightarrow{AB}\cdot\overrightarrow{AC}$ e $\overrightarrow{AB}\cdot\overrightarrow{CA}$.

11. O quadrilátero ABCD (Figura 2.16) é um losango de lado 2.

    Calcular:

    a) $\overrightarrow{AC}\cdot\overrightarrow{BD}$

    b) $\overrightarrow{AB}\cdot\overrightarrow{AD}$

    c) $\overrightarrow{BA}\cdot\overrightarrow{BC}$

    d) $\overrightarrow{AB}\cdot\overrightarrow{BC}$

    e) $\overrightarrow{AB}\cdot\overrightarrow{DC}$

    f) $\overrightarrow{BC}\cdot\overrightarrow{DA}$

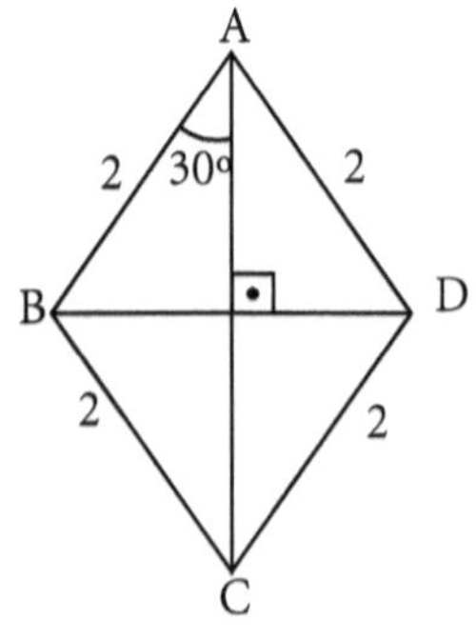


Figura 2.16

12. Calcular $|\vec{u}+\vec{v}|$, $|\vec{u}-\vec{v}|$ e $(\vec{u}+\vec{v})\cdot(\vec{u}-\vec{v})$, sabendo que $|\vec{u}|=4$, $|\vec{v}|=3$ e o ângulo entre $\vec{u}$ e $\vec{v}$ é de 60°.

13. Sabendo que $|\vec{u}|=\sqrt{2}$, $|\vec{v}|=3$ e que $\vec{u}$ e $\vec{v}$ formam ângulo de $\frac{3\pi}{4}$rad, determinar:

**a)** $|(2\vec{u}-\vec{v})\cdot(\vec{u}-2\vec{v})|$ **b)** $|\vec{u}-2\vec{v}|$

14. Verificar para os vetores $\vec{u}=(4,-1,2)$ e $\vec{v}=(-3,2,-2)$ as desigualdades

**a)** $|\vec{u}\cdot\vec{v}|\leq|\vec{u}||\vec{v}|$ (*Desigualdade de Schwarz*)

**b)** $|\vec{u}+\vec{v}|\leq|\vec{u}|+|\vec{v}|$ (*Desigualdade Triangular*)

15. Qual deve ser o valor de $\alpha$ para que os vetores $\vec{a}=\alpha\vec{i}+2\vec{j}-4\vec{k}$ e $\vec{b}=2\vec{i}+(1-2\alpha)\vec{j}+3\vec{k}$ sejam ortogonais?

16. Dados os vetores $\vec{a}=(2,1,\alpha)$, $\vec{b}=(\alpha+2,-5,2)$ e $\vec{c}=(2\alpha,8,\alpha)$, determinar o valor de $\alpha$ para que o vetor $\vec{a}+\vec{b}$ seja ortogonal ao vetor $\vec{c}-\vec{a}$.

17. Dados os pontos A(−1, 0, 5), B(2, −1, 4) e C(1, 1, 1), determinar x tal que $\overrightarrow{AC}$ e $\overrightarrow{BP}$ sejam ortogonais, sendo P (x, 0, x − 3).

18. Provar que os pontos A(−1, 2, 3), B(−3, 6, 0) e C(−4, 7, 2) são vértices de um triângulo retângulo.

19. Dados os pontos A($m$, 1, 0), B($m$ − 1, 2$m$, 2) e C(1, 3, −1), determinar $m$ de modo que o triângulo ABC seja retângulo em A. Calcular a área do triângulo.

20. Encontrar os vetores unitários paralelos ao plano yOz e que são ortogonais ao vetor $\vec{v}=(4,1-2)$.

21. Determinar o vetor $\vec{u}$ tal que $|\vec{u}|=2$, sendo o ângulo entre $\vec{u}$ e $\vec{v}=(1,-1,0)$ igual a 45° e $\vec{u}$ seja ortogonal a $\vec{w}=(1,1,0)$.

22. Seja o vetor $\vec{v}=(2,-1,1)$. Obter:

**a)** um vetor ortogonal a $\vec{v}$;

**b)** um vetor unitário ortogonal a $\vec{v}$;

**c)** um vetor de módulo 4 ortogonal a $\vec{v}$.

23. Sendo $\vec{a}\perp\vec{b}$, $|\vec{a}|=6$ e $|\vec{b}|=8$, calcular $|\vec{a}+\vec{b}|$ e $|\vec{a}-\vec{b}|$.

24. Demonstrar que, sendo $\vec{u}$, $\vec{v}$ e $\vec{w}$ vetores dois a dois ortogonais, então:

**a)** $|\vec{u}+\vec{v}|^2=|\vec{u}|^2+|\vec{v}|^2$ **b)** $|\vec{u}+\vec{v}+\vec{w}|^2=|\vec{u}|^2+|\vec{v}|^2+|\vec{w}|^2$

**25.** Determinar o ângulo entre os vetores:

**a)** $\vec{u}=(2,-1,-1)$ e $\vec{v}=(-1,-1,2)$

**b)** $\vec{u}=(1,-2,1)$ e $\vec{v}=(-1,1,0)$

**26.** Seja o triângulo de vértices A(3, 4, 4), B(2, –3, 4) e C(6, 0, 4). Determinar o ângulo interno ao vértice B. Qual o ângulo externo ao vértice B?

**27.** Calcular os ângulos internos do triângulo de vértices A(2, 1, 3), B(1, 0, –1) e C(–1, 2, 1).

**28.** Calcular o valor de *m* de modo que o ângulo entre os vetores $\vec{u}=(1,-2,1)$ e $\vec{v}=(-2,1,m+1)$ seja 120°.

**29.** Calcular *n* para que o ângulo entre os vetores $\vec{v}=(-3,1,n)$ e $\vec{k}$ seja de 30°.

**30.** Se $|\vec{u}|=4$, $|\vec{v}|=2$ e 120° o ângulo entre os vetores $\vec{u}$ e $\vec{v}$, determinar o ângulo entre $\vec{u}+\vec{v}$ e $\vec{u}-\vec{v}$ e construir uma figura correspondente a esses dados.

**31.** Seja o cubo de aresta *a* representado na Figura 2.17. Determinar:

**a)** $\overrightarrow{OA}\cdot\overrightarrow{OC}$

**b)** $\overrightarrow{OA}\cdot\overrightarrow{OD}$

**c)** $\overrightarrow{OE}\cdot\overrightarrow{OB}$

**d)** $|\overrightarrow{OB}|$ e $|\overrightarrow{OG}|$

**e)** $\overrightarrow{EG}\cdot\overrightarrow{CG}$

**f)** $(\overrightarrow{ED}\cdot\overrightarrow{AB})\overrightarrow{OG}$

**g)** o ângulo agudo entre a diagonal do cubo e uma aresta;

**h)** o ângulo agudo formado por duas diagonais do cubo.

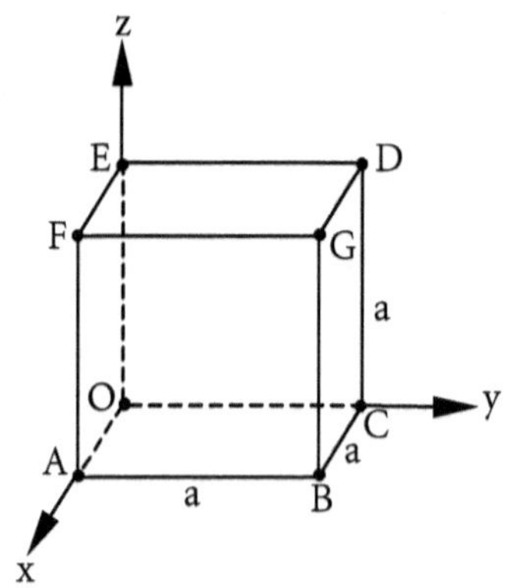


Figura 2.17

**32.** Calcular os ângulos diretores do vetor $\vec{v}=(6,-2,3)$.

**33.** Os ângulos diretores de um vetor $\vec{a}$ são 45°, 60° e 120° e $|\vec{a}|=2$. Determinar $\vec{a}$.

**34.** Os ângulos diretores de um vetor podem ser de 45°, 60° e 90°? Justificar.

**35.** Mostrar que existe vetor cujos ângulos diretores são 30°, 90° e 60°, respectivamente, e determinar aquele que tem módulo 10.

**36.** Determinar um vetor unitário ortogonal ao eixo Oz e que forme 60° com o vetor $\vec{i}$.

**37.** Determinar o vetor $\vec{a}$ de módulo 5, sabendo que é ortogonal ao eixo Oy e ao vetor $\vec{v}=\vec{i}-2\vec{k}$, e forma ângulo obtuso com o vetor $\vec{i}$.

**38.** Determinar o vetor $\vec{v}$ nos seguintes casos:

a) $\vec{v}$ é ortogonal ao eixo Oz, $|\vec{v}|=8$, forma ângulo de 30° com o vetor $\vec{i}$ e ângulo obtuso com $\vec{j}$;

b) $\vec{v}$ é ortogonal ao eixo Ox, $|\vec{v}|=2$, forma ângulo de 60° com o vetor $\vec{j}$ e ângulo agudo com $\vec{k}$.

**39.** O vetor $\vec{v}$ é ortogonal aos vetores $\vec{u}=(1,2,0)$ e $\vec{w}=(2,0,1)$ e forma ângulo agudo com o vetor $\vec{j}$. Determinar $\vec{v}$, sabendo que $|\vec{v}|=\sqrt{21}$.

**40.** Dados os vetores $\vec{u}=(3,0,1)$ e $\vec{v}=(-2,1,2)$, determinar $proj_{\vec{v}}\vec{u}$ e $proj_{\vec{u}}\vec{v}$.

**41.** Determinar os vetores projeção de $\vec{v}=4\vec{i}-3\vec{j}+2\vec{k}$ sobre os eixos cartesianos x, y e z.

**42.** Para cada um dos pares de vetores $\vec{u}$ e $\vec{v}$, encontrar a projeção ortogonal de $\vec{v}$ sobre $\vec{u}$ e decompor $\vec{v}$ como soma de $\vec{v}_1$ com $\vec{v}_2$, sendo $\vec{v}_1 \parallel \vec{u}$ e $\vec{v}_2 \perp \vec{u}$.

a) $\vec{u}=(1,2,-2)$ e $\vec{v}=(3,-2,1)$

b) $\vec{u}=(1,1,1)$ e $\vec{v}=(3,1,-1)$

c) $\vec{u}=(2,0,0)$ e $\vec{v}=(3,5,4)$

d) $\vec{u}=(3,1,-3)$ e $\vec{v}=(2,-3,1)$

**43.** Sejam A(2, 1, 3), B(m, 3, 5) e C(0, 4, 1) vértices de um triângulo (Figura 2.18) responda:

a) Para qual valor de m o triângulo ABC é retângulo em A?

b) Calcular a medida da projeção do cateto AB sobre a hipotenusa BC.

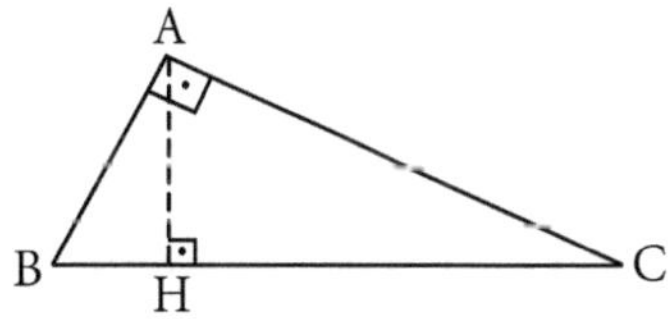

Figura 2.18

c) Determinar o ponto H, pé da altura relativa ao vértice A.

d) Mostrar que $\overrightarrow{AH} \perp \overrightarrow{BC}$.

**44.** Determinar o valor de k para que os vetores $\vec{u}=(-2,3)$ e $\vec{v}=(k,-4)$ sejam:

a) paralelos

b) ortogonais

**45.** Obter os dois vetores unitários ortogonais a cada um dos vetores:

a) $4\vec{i}+3\vec{j}$

b) $(-2, 3)$

c) $(-1, -1)$

**46.** Determinar um par de vetores unitários e ortogonais entre si, em que um deles seja paralelo a $\vec{v}=6\vec{i}+8\vec{j}$.

**47.** Determinar, aproximadamente, o ângulo entre os pares de vetores:

a) $\vec{u}=(2,1)$ e $\vec{v}=(4,-2)$

b) $\vec{u}=(1,-1)$ e $\vec{v}=(-4,-2)$

c) $\vec{u}=(1,1)$ e $\vec{v}=(-1,1)$

**48.** Dados os vetores $\vec{u}=\vec{i}-\vec{j}$ e $\vec{v}=2\vec{i}+\vec{j}$, determinar o módulo e o ângulo que os seguintes vetores formam com o vetor $\vec{i}$:

**a)** $\vec{u}$ **c)** $\vec{u}+\vec{v}$ **e)** $\vec{v}-\vec{u}$

**b)** $\vec{v}$ **d)** $\vec{u}-\vec{v}$

**49.** Determinar o valor de *a* para que seja 45° o ângulo entre os vetores $\vec{u}=(2,1)$ e $\vec{v}=(1,a)$.

**50.** Para cada um dos pares de vetores $\vec{u}$ e $\vec{v}$, encontrar o vetor projeção ortogonal de $\vec{v}$ sobre $\vec{u}$ e decompor $\vec{v}$ como soma de $\vec{v}_1$ com $\vec{v}_2$, sendo $\vec{v}_1 \parallel \vec{u}$ e $\vec{v}_2 \perp \vec{u}$.

**a)** $\vec{u}=(1,0)$ e $\vec{v}=(4,3)$ **b)** $\vec{u}=(1,1)$ e $\vec{v}=(2,5)$ **c)** $\vec{u}=(4,3)$ e $\vec{v}=(1,2)$

## *Respostas de problemas propostos*

**1.** **a)** −2 **b)** 21 **c)** −4 **d)** 4

**2.** $a=\frac{5}{8}$

**3.** **a)** (3, 6, −9) **b)** $(-\frac{1}{3},-\frac{2}{3},1)$

**4.** $\vec{v}=(-6,3,-9)$

**5.** $\vec{v}=(0,3,4)$ ou $\vec{v}=(0,3,-4)$

**6.** $\vec{v}=(2,0,-1)$

**7.** $\vec{x}=(2,-3,4)$

**8.** **a)** 7 **b)** 38 **c)** −4 **d)** −181

**9.** −19

**10.** 200 e −200

**11.** **a)** 0 **b)** 2 **c)** −2 **d)** 2 **e)** 4 **f)** −4

**12.** $\sqrt{37}$, $\sqrt{13}$ e 7

**13.** **a)** 37 **b)** $\sqrt{50}$

**15.** $\alpha = -5$

**16.** $\alpha = 3$ ou $\alpha = -6$

**17.** $x=\frac{25}{2}$

**18.** $\overrightarrow{BA}\cdot\overrightarrow{BC}=0$

19. $m = 1$ e $\frac{\sqrt{30}}{2}$

20. $(0,\frac{2}{\sqrt{5}},\frac{1}{\sqrt{5}})$ ou $(0,-\frac{2}{\sqrt{5}},-\frac{1}{\sqrt{5}})$

21. $\vec{u}=(1,-1,\sqrt{2})$ ou $\vec{u}=(1,-1,-\sqrt{2})$

22. **a)** Entre os infinitos possíveis: $(1, 1, -1)$

**b)** Um deles: $(\frac{1}{\sqrt{3}},\frac{1}{\sqrt{3}},-\frac{1}{\sqrt{3}})$ **c)** Um deles: $(\frac{4}{\sqrt{3}},\frac{4}{\sqrt{3}},-\frac{4}{\sqrt{3}})$

23. 10 e 10

25. **a)** 120° **b)** 150°

26. 45° e 135°

27. $\hat{A} \cong 50°57'$, $\hat{B} \cong 57°1'$ e $\hat{C} \cong 72°2'$

28. $m = 0$ ou $m = -18$

29. $n=\sqrt{30}$

30. $\text{arc cos}\frac{3}{\sqrt{21}} \cong 49°6'$

31. **a)** 0 **c)** 0 **e)** $a^2$ **g)** $\text{arc cos}\frac{\sqrt{3}}{3} \cong 54°44'$

**b)** 0 **d)** $a\sqrt{2}$ e $a\sqrt{3}$ **f)** $(a^3, a^3, a^3)$ **h)** $\text{arc cos}(\frac{1}{3}) \cong 70°31'$

32. $\alpha = \text{arc cos}(\frac{6}{7}) \cong 31°$, $\beta=\text{arc cos}(-\frac{2}{7}) \cong 107°$ e $\gamma=\text{arc cos}(\frac{3}{7}) \cong 65°$

33. $\vec{a}=(\sqrt{2},1,-1)$

34. Não, pois $\cos^2 45°+\cos^2 60°+\cos^2 90° \neq 1$

35. $(5\sqrt{3},0,5)$

36. $(\frac{1}{2},\frac{\sqrt{3}}{2},0)$ ou $(\frac{1}{2},-\frac{\sqrt{3}}{2},0)$

37. $\vec{a}=(-2\sqrt{5},0,-\sqrt{5})$

38. **a)** $(4\sqrt{3},-4,0)$ **b)** $(0,1,\sqrt{3})$

**39.** $\vec{v} = (-2,1,4)$

**40.** $proj_{\vec{v}}\vec{u} = (\frac{8}{9}, -\frac{4}{9}, -\frac{8}{9})$ e $proj_{\vec{u}}\vec{v} = (-\frac{6}{5}, 0, -\frac{2}{5})$

**41.** $4\vec{i}$ , $-3\vec{j}$ , $2\vec{k}$

**42.** **a)** $\vec{v}_1 = (-\frac{1}{3}, -\frac{2}{3}, \frac{2}{3}), \vec{v}_2 = (\frac{10}{3}, -\frac{4}{3}, \frac{1}{3})$

**b)** $\vec{v}_1 = (1,1,1)$ e $\vec{v}_2 = (2,0,-2)$

**c)** $\vec{v}_1 = (3,0,0)$ e $\vec{v}_2 = (0,5,4)$

**d)** $\vec{v}_1 = (0,0,0)$ ( $\vec{u}$ e $\vec{v}$ são ortogonais) e $\vec{v}_2 = \vec{v}$

**43.** **a)** m = 3 **b)** $\frac{9}{26}\sqrt{26}$ **c)** $H(\frac{51}{26}, \frac{87}{26}, \frac{94}{26})$

**44.** **a)** $\frac{8}{3}$ **b)** $-6$

**45.** **a)** $(\frac{3}{5}, -\frac{4}{5})$ e $(-\frac{3}{5}, \frac{4}{5})$ **b)** $(\frac{3}{\sqrt{13}}, \frac{2}{\sqrt{13}})$ e $(-\frac{3}{\sqrt{13}}, -\frac{2}{\sqrt{13}})$

**c)** $(\frac{1}{\sqrt{2}}, -\frac{1}{\sqrt{2}})$ e $(-\frac{1}{\sqrt{2}}, \frac{1}{\sqrt{2}})$

**46.** $(\frac{3}{5}, \frac{4}{5})$ e $(-\frac{4}{5}, \frac{3}{5})$ ou $(\frac{3}{5}, \frac{4}{5})$ e $(\frac{4}{5}, -\frac{3}{5})$

**47.** **a)** $\arccos(\frac{3}{5}) \cong 53°$ **b)** $\arccos(-\frac{1}{\sqrt{10}}) \cong 108°$ **c)** 90°

**48.** **a)** $\sqrt{2}, 45°$ **d)** $\sqrt{5}, \arccos(-\frac{1}{\sqrt{5}}) \cong 117°$

**b)** $\sqrt{5}, \arccos(\frac{2}{\sqrt{5}}) \cong 26°$ **e)** $\sqrt{5}, \arccos(\frac{1}{\sqrt{5}}) \cong 63°$

**c)** 3,0°

**49.** $a = 3$ ou $a = -\frac{1}{3}$

**50.** **a)** $\vec{v}_1 = (4,0)$ , $\vec{v}_2 = (0,3)$ **b)** $\vec{v}_1 = (\frac{7}{2}, \frac{7}{2}), \vec{v}_2 = (-\frac{3}{2}, \frac{3}{2})$

**c)** $\vec{v}_1 = (\frac{8}{5}, \frac{6}{5}),\ \vec{v}_2 = (-\frac{3}{5}, \frac{4}{5})$

# 3 PRODUTO VETORIAL

## PRELIMINARES

Antes de definirmos produto vetorial de dois vetores $\vec{u}$ e $\vec{v}$, faremos algumas considerações importantes:

a) O produto vetorial é um *vetor*, ao contrário do produto escalar $\vec{u}\cdot\vec{v}$, que é um escalar (número real).

b) Para simplicidade de cálculo do produto vetorial, faremos uso de determinantes. Um determinante de ordem 2 é definido como

$$\begin{vmatrix} x_1 & y_1 \\ x_2 & y_2 \end{vmatrix} = x_1y_2 - x_2y_1$$

Por exemplo:

$$\begin{vmatrix} 3 & 2 \\ -4 & 5 \end{vmatrix} = (3)(5) - (-4)(2) = 15 + 8 = 23$$

c) Algumas propriedades dos determinantes serão utilizadas nesta seção:

$c_1$) a permutação de duas linhas inverte o sinal do determinante.

Em relação ao exemplo anterior, temos:

$$\begin{vmatrix} -4 & 5 \\ 3 & 2 \end{vmatrix} = (-4)(2) - (3)(5) = -8 - 15 = -23$$

$c_2$) se duas linhas forem constituídas de elementos proporcionais, o determinante é zero (duas linhas iguais é um caso particular).

No determinante a seguir, os elementos da segunda linha são o triplo dos elementos da primeira:

$$\begin{vmatrix} 1 & -2 \\ 3 & -6 \end{vmatrix} = 0$$

$c_3$) se uma das linhas for constituída de zeros, o determinante é zero.

Por exemplo,

$$\begin{vmatrix} 5 & 7 \\ 0 & 0 \end{vmatrix} = 0$$

d) Um determinante de ordem 3 pode ser dado por

$$\begin{vmatrix} a & b & c \\ x_1 & y_1 & z_1 \\ x_2 & y_2 & z_2 \end{vmatrix} = \begin{vmatrix} y_1 & z_1 \\ y_2 & z_2 \end{vmatrix} a - \begin{vmatrix} x_1 & z_1 \\ x_2 & z_2 \end{vmatrix} b + \begin{vmatrix} x_1 & y_1 \\ x_2 & y_2 \end{vmatrix} c$$

A expressão da direita é conhecida como *desenvolvimento do determinante pelo Teorema de Laplace aplicado à primeira linha.* Notemos que os três determinantes de ordem 2 dessa expressão são obtidos a partir das duas últimas linhas, desprezando-se nelas, pela ordem, a 1ª coluna, a 2ª coluna e a 3ª coluna, trocando-se o sinal do determinante intermediário.

Por exemplo:

$$\begin{vmatrix} 3 & -2 & -4 \\ 1 & 3 & 5 \\ -2 & 1 & 2 \end{vmatrix} = \begin{vmatrix} 3 & 5 \\ 1 & 2 \end{vmatrix}(3) - \begin{vmatrix} 1 & 5 \\ -2 & 2 \end{vmatrix}(-2) + \begin{vmatrix} 1 & 3 \\ -2 & 1 \end{vmatrix}(-4)$$

$$= (6-5)(3) - (2+10)(-2) + (1+6)(-4)$$

$$= 3 + 24 - 28$$

$$= -1$$

## Observação

Todas as propriedades dos determinantes anteriormente citadas fazem referência às linhas da matriz pelo fato de, no estudo do produto vetorial, haver menção somente a linhas. No entanto, as propriedades valem também para as colunas.

# DEFINIÇÃO DO PRODUTO VETORIAL

Chama-se *produto vetorial* de dois vetores

$\vec{u} = x_1\vec{i} + y_1\vec{j} + z_1\vec{k}$ e $\vec{v} = x_2\vec{i} + y_2\vec{j} + z_2\vec{k}$, tomados nessa ordem, e se representam por $\vec{u} \times \vec{v}$, ao vetor

$$\vec{u} \times \vec{v} = \begin{vmatrix} y_1 & z_1 \\ y_2 & z_2 \end{vmatrix} \vec{i} - \begin{vmatrix} x_1 & z_1 \\ x_2 & z_2 \end{vmatrix} \vec{j} + \begin{vmatrix} x_1 & y_1 \\ x_2 & y_2 \end{vmatrix} \vec{k} \qquad \textbf{(1)}$$

O produto vetorial de $\vec{u}$ por $\vec{v}$ também é indicado por $\vec{u} \wedge \vec{v}$ e lê-se "$\vec{u}$ vetorial $\vec{v}$".

Observemos que a definição de $\vec{u} \times \vec{v}$ dada em **(1)** pode ser obtida do desenvolvimento segundo o Teorema de Laplace (item d das Preliminares) substituindo-se a, b e c pelos vetores unitários $\vec{i}$, $\vec{j}$ e $\vec{k}$, fato que sugere a notação

$$\vec{u}\times\vec{v}=\begin{vmatrix}\vec{i} & \vec{j} & \vec{k}\\ x_1 & y_1 & z_1\\ x_2 & y_2 & z_2\end{vmatrix} \qquad \textbf{(2)}$$

O símbolo à direita de **(2)** não é um determinante, pois a primeira linha contém vetores em vez de escalares. No entanto, usaremos essa notação pela facilidade de memorização que ela propicia no cálculo do produto vetorial.

## Exemplo

Calcular $\vec{u}\times\vec{v}$ para $\vec{u}=5\vec{i}+4\vec{j}+3\vec{k}$ e $\vec{v}=\vec{i}+\vec{k}$.

**Solução**

$$\vec{u}\times\vec{v}=\begin{vmatrix}\vec{i} & \vec{j} & \vec{k}\\ 5 & 4 & 3\\ 1 & 0 & 1\end{vmatrix} = \begin{vmatrix}4 & 3\\ 0 & 1\end{vmatrix}\vec{i}-\begin{vmatrix}5 & 3\\ 1 & 1\end{vmatrix}\vec{j}+\begin{vmatrix}5 & 4\\ 1 & 0\end{vmatrix}\vec{k}$$

$$=(4-0)\vec{i}-(5-3)\vec{j}+(0-4)\vec{k}$$

$$=4\vec{i}-2\vec{j}-4\vec{k}$$

## Dispositivo prático para o cálculo de $\vec{u}\times\vec{v}$

Dispõe-se os dois vetores em linha e repete-se, pela ordem, as duas primeiras colunas. As três componentes de $\vec{u}\times\vec{v}$ são dadas pelos três determinantes, conforme indicado a seguir. A vantagem do dispositivo é que não se corre o risco de esquecer a troca de sinal do determinante intermediário.

$$\begin{vmatrix}5 & 4 & 3 & 5 & 4\\ 1 & 0 & 1 & 1 & 0\end{vmatrix}$$

$$\underbrace{\quad}_{4}\quad\underbrace{\quad}_{-2}\quad\underbrace{\quad}_{-4}$$

Levando-se em consideração as afirmações feitas sobre as propriedades dos determinantes, concluímos de imediato que:

1) $\vec{v}\times\vec{u}=-(\vec{u}\times\vec{v})$, ou seja, os vetores $\vec{v}\times\vec{u}$ e $\vec{u}\times\vec{v}$ são opostos (Figura 3.1), pois a troca de ordem dos vetores no produto vetorial $\vec{u}\times\vec{v}$ implica troca de sinal de todos os determinantes de ordem 2, ou seja, troca de sinal de todas as suas componentes.

   Por outro lado, como $\vec{u}\times\vec{v}\neq\vec{v}\times\vec{u}$, conclui-se que o produto vetorial não é comutativo (ao contrário do produto escalar: $\vec{u}\cdot\vec{v}=\vec{v}\cdot\vec{u}$).

   Portanto, no produto vetorial *a ordem dos fatores é importante.*

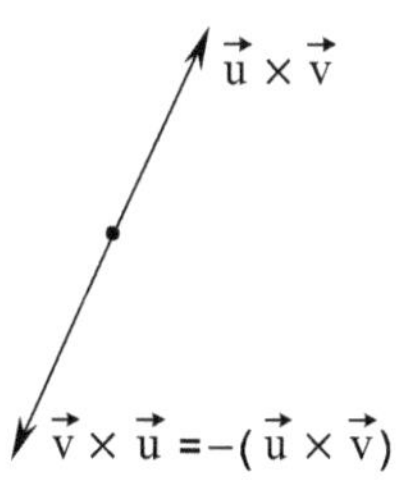


Figura 3.1

2) $\vec{u} \times \vec{v} = \vec{0}$ *se, e somente se,* $\vec{u} \parallel \vec{v}$, pois, nesse caso, todos os determinantes de ordem 2 têm suas linhas constituídas por elementos proporcionais.

Estão aí também incluídos os casos particulares:

I) $\vec{u} \times \vec{u} = \vec{0}$ (determinantes de ordem 2 com linhas iguais)

II) $\vec{u} \times \vec{0} = \vec{0}$ (determinantes de ordem 2 com uma linha de zeros)

Exemplos de produto vetorial de vetores paralelos:

a) $\vec{u} \times (3\vec{u}) = \vec{0}$

b) $(2\vec{u}) \times (-7\vec{u}) = \vec{0}$

c) $(\vec{u} \times \vec{v}) \times (\vec{v} \times \vec{u}) = \vec{0}$

d) $(\vec{u} - \vec{v}) \times (\vec{v} - \vec{u}) = \vec{0}$

e) $(2\vec{u} + 3\vec{v}) \times (6\vec{u} + 9\vec{v}) = \vec{0}$

f) $(5\vec{u}) \times \vec{0} = \vec{0}$

Sabemos que um vetor está bem definido quando conhecemos sua direção, seu sentido e seu comprimento. A seguir passaremos a definir o vetor $\vec{u} \times \vec{v}$ no caso de $\vec{u}$ e $\vec{v}$ serem *não nulos* e *não paralelos*.

## CARACTERÍSTICAS DO VETOR $\vec{u} \times \vec{v}$

Consideremos os vetores $\vec{u} = (x_1, y_1, z_1)$ e $\vec{v} = (x_2, y_2, z_2)$.

a) Direção de $\vec{u} \times \vec{v}$

O vetor $\vec{u} \times \vec{v}$ é simultaneamente ortogonal a $\vec{u}$ e $\vec{v}$.

Considerando que dois vetores são ortogonais quando o seu produto escalar é zero, basta mostrar que

$$(\vec{u} \times \vec{v}) \cdot \vec{u} = 0 \text{ e } (\vec{u} \times \vec{v}) \cdot \vec{v} = 0$$

Temos, então:

$$\begin{aligned}
(\vec{u} \times \vec{v}) \cdot \vec{u} &= \begin{vmatrix} y_1 & z_1 \\ y_2 & z_2 \end{vmatrix} x_1 - \begin{vmatrix} x_1 & z_1 \\ x_2 & z_2 \end{vmatrix} y_1 + \begin{vmatrix} x_1 & y_1 \\ x_2 & y_2 \end{vmatrix} z_1 \\
&= \begin{vmatrix} x_1 & y_1 & z_1 \\ x_1 & y_1 & z_1 \\ x_2 & y_2 & z_2 \end{vmatrix} \\
&= 0 \text{ (primeira e segunda linhas iguais)}
\end{aligned}$$

Logo, $\vec{u} \times \vec{v}$ é ortogonal a $\vec{u}$ e a $\vec{v}$.

De forma análoga, demonstra-se que $(\vec{u} \times \vec{v}) \cdot \vec{v} = 0$.

Como o vetor $\vec{v}\times\vec{u}$ tem a mesma direção de $\vec{u}\times\vec{v}$ (apenas seus sentidos são opostos), ele também é ortogonal tanto a $\vec{u}$ como a $\vec{v}$. A Figura 3.2 apresenta os vetores $\vec{u}\times\vec{v}$ e $\vec{v}\times\vec{u}$ ortogonais a um plano $\pi$ determinado por $\vec{u}$ e $\vec{v}$.

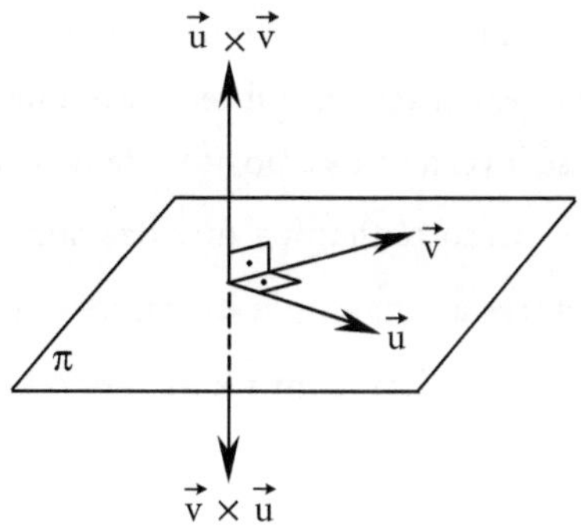


Figura 3.2

## Exemplo

Dados os vetores $\vec{u}=(3,1,2)$ e $\vec{v}=(-2,2,5)$, tem-se

$$\vec{u}\times\vec{v}=\begin{vmatrix}\vec{i} & \vec{j} & \vec{k}\\ 3 & 1 & 2\\ -2 & 2 & 5\end{vmatrix}=(1,-19,8)$$

e

$$(\vec{u}\times\vec{v})\cdot\vec{u}=(1,-19,8)\cdot(3,1,2)=3-19+16=0$$
$$(\vec{u}\times\vec{v})\cdot\vec{v}=(1,-19,8)\cdot(-2,2,5)=-2-38+40=0$$

b) Sentido de $\vec{u}\times\vec{v}$

O sentido de $\vec{u}\times\vec{v}$ pode ser determinado utilizando-se a "*regra da mão direita*" (Figura 3.3(a)). Sendo $\theta$ o ângulo entre $\vec{u}$ e $\vec{v}$, suponhamos que $\vec{u}$ (1º vetor) sofra uma rotação de ângulo $\theta$ até coincidir com $\vec{v}$. Se os dedos da mão direita forem dobrados na mesma direção da rotação, então, o polegar estendido indicará o sentido de $\vec{u}\times\vec{v}$.

(a) (b)

Figura 3.3

A Figura 3.3 (b) mostra que o produto vetorial muda de sentido quando a ordem dos vetores é invertida. Observemos que só será possível dobrar os dedos na direção de $\vec{v}$ para $\vec{u}$ se invertermos a posição da mão, quando, então, o dedo polegar apontará para baixo.

Caso tenhamos dúvidas sobre o sentido de $\vec{u}\times\vec{v}$, podemos associar esses dois vetores a uma dupla de vetores unitários escolhidos entre $\vec{i}$, $\vec{j}$ e $\vec{k}$. Por exemplo, associando $\vec{u}\times\vec{v}$ com $\vec{i}\times\vec{j}$ e tendo em vista que

$$\vec{i}\times\vec{j}=\begin{vmatrix}\vec{i} & \vec{j} & \vec{k}\\ 1 & 0 & 0\\ 0 & 1 & 0\end{vmatrix}=(0,0,1)=\vec{k},$$

o sentido de $\vec{k}$ daria o sentido de $\vec{u}\times\vec{v}$. Da mesma forma, temos

$$\vec{j}\times\vec{k}=\vec{i} \text{ e } \vec{k}\times\vec{i}=\vec{j}$$

Na Figura 3.4 apresentamos um dispositivo mnemônico para lembrar os seis produtos vetoriais possíveis com esses três vetores unitários que determinam o sistema cartesiano. Associando esses vetores a três pontos distintos de uma circunferência, e adotando o sentido anti-horário, o produto vetorial de dois vetores sucessivos quaisquer é o vetor seguinte. Assim, nesse dispositivo temos imediatamente $\vec{i}\times\vec{j}=\vec{k}$ (sentido anti-horário) e, consequentemente, $\vec{j}\times\vec{i}=-\vec{k}$ (sentido horário).

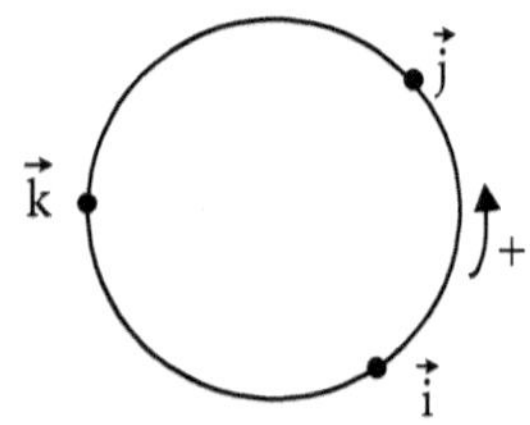

Figura 3.4

A tabela de dupla entrada apresenta as seis possibilidades com produto vetorial não nulo:

| x | $\vec{i}$ | $\vec{j}$ | $\vec{k}$ |
|---|---|---|---|
| $\vec{i}$ | $\vec{0}$ | $\vec{k}$ | $-\vec{j}$ |
| $\vec{j}$ | $-\vec{k}$ | $\vec{0}$ | $\vec{i}$ |
| $\vec{k}$ | $\vec{j}$ | $-\vec{i}$ | $\vec{0}$ |

c) Comprimento de $\vec{u}\times\vec{v}$

Se $\theta$ é o ângulo entre os vetores $\vec{u}$ e $\vec{v}$ não nulos, então

$$|\vec{u}\times\vec{v}|=|\vec{u}||\vec{v}|\operatorname{sen}\theta \quad \textbf{(3)}$$

Esse resultado é imediato quando se conhece a identidade de Lagrange:

$$|\vec{u}\times\vec{v}|^2=|\vec{u}|^2|\vec{v}|^2-(\vec{u}\cdot\vec{v})^2 \quad \textbf{(4)}$$

Como

$$|\vec{u}\times\vec{v}|^2=\begin{vmatrix} y_1 & z_1 \\ y_2 & z_2 \end{vmatrix}^2+\begin{vmatrix} x_1 & z_1 \\ x_2 & z_2 \end{vmatrix}^2+\begin{vmatrix} x_1 & y_1 \\ x_2 & y_2 \end{vmatrix}^2$$
$$=(y_1z_2-y_2z_1)^2+(x_1z_2-x_2z_1)^2+(x_1y_2-x_2y_1)^2 \quad \textbf{(5)}$$

e

$$|\vec{u}|^2|\vec{v}|^2-(\vec{u}.\vec{v})^2=(x_1^2+y_1^2+z_1^2)(x_2^2+y_2^2+z_2^2)-(x_1x_2+y_1y_2+z_1z_2)^2 \quad \textbf{(6)}$$

a identidade **(4)** poderá ser verificada desenvolvendo-se os membros da direita de **(5)** e **(6)** e constatando sua igualdade (a cargo do leitor).

Tendo em vista que

$$\vec{u}\cdot\vec{v}=|\vec{u}||\vec{v}|\cos\theta$$

a igualdade **(4)** pode ser escrita como

$$|\vec{u}\times\vec{v}|^2=|\vec{u}|^2|\vec{v}|^2-|\vec{u}|^2|\vec{v}|^2\cos^2\theta$$
$$=|\vec{u}|^2|\vec{v}|^2(1-\cos^2\theta)$$
$$=|\vec{u}|^2|\vec{v}|^2\,\text{sen}^2\,\theta$$

Extraindo as raízes quadradas e notando que sen $\theta \geq 0$ (pois $0° \leq \theta \leq 180°$), obtemos

$$|\vec{u}\times\vec{v}|=|\vec{u}||\vec{v}|\,\text{sen}\,\theta$$

## INTERPRETAÇÃO GEOMÉTRICA DO MÓDULO DO PRODUTO VETORIAL

Observando que no paralelogramo determinado pelos vetores não nulos $\vec{u}$ e $\vec{v}$ (Figura 3.5), a medida da base é $|\vec{u}|$ e da altura é $|\vec{v}|\,\text{sen}\,\theta$, a área A deste paralelogramo é

$$A = (\text{base})\cdot(\text{altura}) = |\vec{u}||\vec{v}|\,\text{sen}\,\theta$$

ou seja,

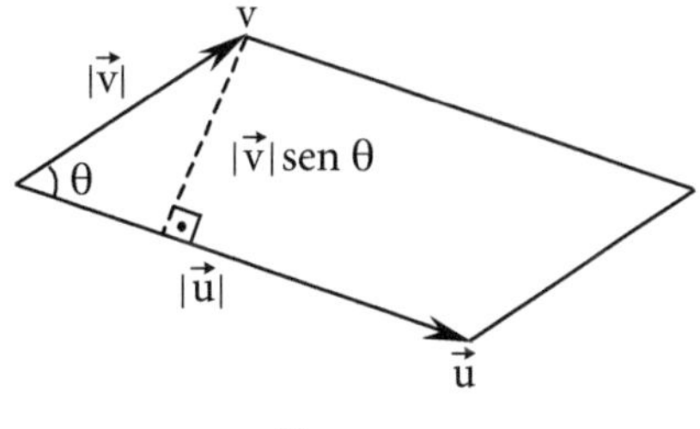


Figura 3.5

$$A=|\vec{u}\times\vec{v}| \quad \textbf{(7)}$$

O resultado dado em **(7)** poderá ser expresso por: "*a área do paralelogramo determinado pelos vetores $\vec{u}$ e $\vec{v}$ é numericamente igual ao comprimento do vetor $\vec{u}\times\vec{v}$*".

Vamos comprovar esse resultado por meio de um exemplo particular tomando os vetores $\vec{u}=2\vec{i}$ e $\vec{v}=3\vec{j}$. Temos, então,

$$\vec{u}\times\vec{v}=\begin{vmatrix}\vec{i} & \vec{j} & \vec{k}\\ 2 & 0 & 0\\ 0 & 3 & 0\end{vmatrix}=(0,0,6)=6\vec{k}$$

e

$$|\vec{u}\times\vec{v}|=6$$

A Figura 3.6 mostra claramente que o paralelogramo determinado por $\vec{u}$ e $\vec{v}$ tem 6 u.a. (unidades de área), e o vetor $\vec{u}\times\vec{v}$ tem 6 u.c. (unidades de comprimento). Numericamente essas medidas são iguais.

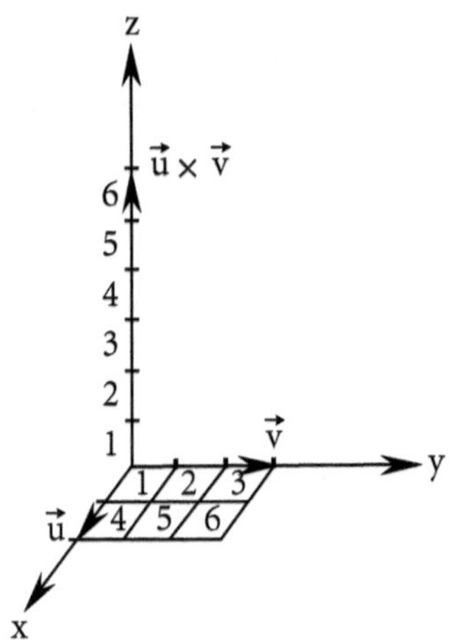

Figura 3.6

Para encerrar o estudo do produto vetorial, as conclusões finais são:

1) O produto vetorial *não é associativo*, ou seja, em geral é

$$(\vec{u}\times\vec{v})\times\vec{w}\neq\vec{u}\times(\vec{v}\times\vec{w})$$

Basta considerar, por exemplo,

$$(\vec{i}\times\vec{j})\times\vec{j}=\vec{k}\times\vec{j}=-\vec{i}$$

enquanto que

$$\vec{i}\times(\vec{j}\times\vec{j})=\vec{i}\times\vec{0}=\vec{0}$$

2) Para quaisquer vetores $\vec{u}$, $\vec{v}$, $\vec{w}$ e o escalar $\alpha$, são válidas as propriedades

I) $\vec{u}\times(\vec{v}+\vec{w})=(\vec{u}\times\vec{v})+(\vec{u}\times\vec{w})$ e
$(\vec{u}+\vec{v})\times\vec{w}=(\vec{u}\times\vec{w})+(\vec{v}\times\vec{w})$

II) $\alpha(\vec{u}\times\vec{v})=(\alpha\vec{u})\times\vec{v}=\vec{u}\times(\alpha\vec{v})$

III) $\vec{u}\cdot(\vec{v}\times\vec{w})=(\vec{u}\times\vec{v})\cdot\vec{w}$

As demonstrações dessas propriedades, todas ligadas à aplicação da definição **(1)** e de propriedades dos determinantes além das citadas no texto, deixamos a cargo do leitor como desafio.

## Exemplos



1. Determinar o vetor $\vec{x}$, tal que $\vec{x}$ seja ortogonal ao eixo dos y e $\vec{u}=\vec{x}\times\vec{v}$, sendo $\vec{u}=(1,1,-1)$ e $\vec{v}=(2,-1,1)$.

***Solução***

Como $\vec{x}\perp 0y$, ele pode ser expresso da forma $\vec{x}=(x,0,z)$.

Então, $\vec{u}=\vec{x}\times\vec{v}$ equivale a

$$(1,1,-1)=\begin{vmatrix} \vec{i} & \vec{j} & \vec{k} \\ x & 0 & z \\ 2 & -1 & 1 \end{vmatrix}$$

ou

$$(1,1,-1)=(z,-x+2z,-x)$$

Pela condição de igualdade de dois vetores resulta o sistema

$$\begin{cases} z=1 \\ -x+2z=1 \\ -x=-1 \end{cases}$$

cuja solução é $x = 1$ e $z = 1$.

Portanto, $\vec{x}=(1,0,1)$.

2. Sejam os vetores $\vec{u}=(1,-1,-4)$ e $\vec{v}=(3,2,-2)$. Determinar um vetor que seja

**a)** ortogonal a $\vec{u}$ e $\vec{v}$;

**b)** ortogonal a $\vec{u}$ e $\vec{v}$ e unitário;

**c)** ortogonal a $\vec{u}$ e $\vec{v}$ e tenha módulo 4;

**d)** ortogonal a $\vec{u}$ e $\vec{v}$ e tenha cota igual a 7.

***Solução***

**a)** Sabe-se que o vetor $\vec{u}\times\vec{v}$ é simultaneamente ortogonal a $\vec{u}$ e $\vec{v}$. Como multiplicar um vetor por um número real não altera a sua direção, todos os vetores do tipo $\alpha(\vec{u}\times\vec{v}), \alpha\in\mathbb{R}$, são também ortogonais a $\vec{u}$ e $\vec{v}$. Portanto, esse problema tem infinitas soluções.

$$\vec{u}\times\vec{v}=\begin{vmatrix}\vec{i} & \vec{j} & \vec{k}\\ 1 & -1 & -4\\ 3 & 2 & -2\end{vmatrix}=(10,-10,5)$$

Logo, as infinitas soluções são

$$\alpha(10,-10,5), \alpha\in\mathbb{R}$$

## Observação

Se chamarmos de $\vec{x}=(x,y,z)$ todos os vetores ortogonais a $\vec{u}$ e $\vec{v}$, essas mesmas soluções seriam obtidas resolvendo-se o sistema:

$$\begin{cases}\vec{x}\cdot\vec{u}=0\\ \vec{x}\cdot\vec{v}=0\end{cases} \text{ ou } \begin{cases}x-y-4z=0\\ 3x+2y-2z=0\end{cases}$$

**b)** A partir de $\vec{u}\times\vec{v}$ (ou de qualquer $\alpha(u\times v)$, $\alpha\neq 0$), obtém-se dois vetores unitários:

$$\vec{u}_1=\frac{\vec{u}\times\vec{v}}{|\vec{u}\times\vec{v}|}=\frac{(10,-10,5)}{15}=(\frac{2}{3},-\frac{2}{3},\frac{1}{3})$$

e

$$\vec{u}_2=-\vec{u}_1=(-\frac{2}{3},\frac{2}{3},-\frac{1}{3})$$

**c)** Para obter um vetor de módulo 4 que seja ortogonal a $\vec{u}$ e $\vec{v}$, basta multiplicar por 4 um vetor unitário:

$$4(\frac{2}{3},-\frac{2}{3},\frac{1}{3})=(\frac{8}{3},-\frac{8}{3},\frac{4}{3})$$

ou

$$4(-\frac{2}{3},\frac{2}{3},-\frac{1}{3})=(-\frac{8}{3},\frac{8}{3},-\frac{4}{3})$$

**d)** Entre as infinitas soluções $\alpha(10, -10, 5) = (10\alpha, -10\alpha, 5\alpha)$, deseja-se aquela cuja cota é 7. Então, $5\alpha = 7$, ou seja, $\alpha=\frac{7}{5}$. Logo, temos a solução

$$\frac{7}{5}(10,-10,5)=(14,-14,7)$$

3. Seja um triângulo equilátero ABC de lado 10. Calcular $|\vec{AB} \times \vec{AC}|$.

**Solução**

É uma aplicação direta da relação **(3)**:

$$|\vec{AB} \times \vec{AC}| = |\vec{AB}||\vec{AC}| \operatorname{sen} \hat{A}$$

Como $\hat{A} = 60°$ (Figura 3.7), vem

$$|\vec{AB} \times \vec{AC}| = (10)(10)(\frac{\sqrt{3}}{2}) = 50\sqrt{3}$$

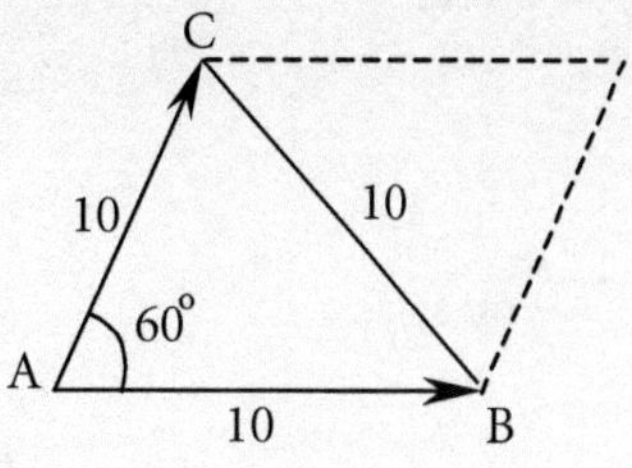

Figura 3.7

## Observação

Esse resultado representa a área do paralelogramo determinado pelos vetores $\vec{AB}$ e $\vec{AC}$.

Logo, a área do triângulo da figura é a metade dessa área, ou seja, $25\sqrt{3}$.

4. Dados os vetores $\vec{u} = (1,-1,1)$ e $\vec{v} = (2,-3,4)$, calcular:

**a)** a área do paralelogramo determinado por $\vec{u}$ e $\vec{v}$;

**b)** a altura do paralelogramo relativa à base definida pelo vetor $\vec{u}$.

**Solução**

**a)** Sabemos de **(7)** que a área A é dada por

$$A = |\vec{u} \times \vec{v}|$$

Como

$$\vec{u} \times \vec{v} = \begin{vmatrix} \vec{i} & \vec{j} & \vec{k} \\ 1 & -1 & 1 \\ 2 & -3 & 4 \end{vmatrix} = (-1,-2,-1)$$

tem-se

$$A = |(-1,-2,-1)| = \sqrt{1+4+1} = \sqrt{6} \text{ u.a (unidades de área).}$$

**b)** A Figura 3.8 ilustra novamente o significado geométrico de $|\vec{u} \times \vec{v}|$ e indica a altura h que se pretende calcular.

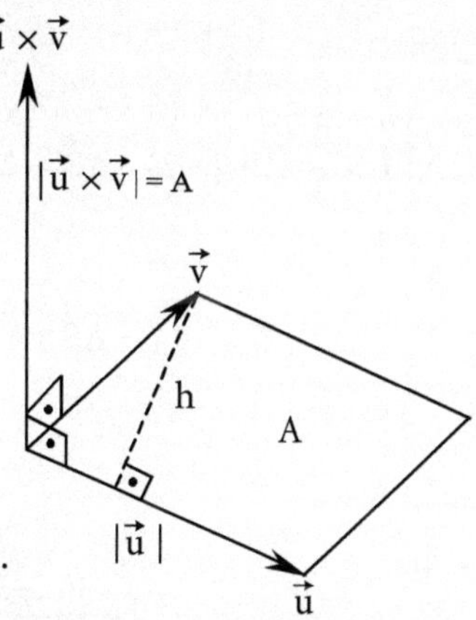

Figura 3.8

De

A = (base)(altura) = $|\vec{u}| \cdot h$

vem

$$h = \frac{A}{|\vec{u}|} = \frac{|\vec{u} \times \vec{v}|}{|\vec{u}|}$$

ou seja,

$$h = \frac{\sqrt{6}}{|(1,-1,1)|} = \frac{\sqrt{6}}{\sqrt{3}} = \sqrt{2} \text{ u.c. (unidades de comprimento)}$$

5. Determinar a distância do ponto P(5, 1, 2) à reta r que passa por A (3, 1, 3) e B (4, −1, 1).

**Solução**

Seja d a distância do ponto P à reta r (Figura 3.9). Os vetores $\overrightarrow{AB}$ e $\overrightarrow{AP}$ determinam um paralelogramo cuja altura relativa à base AB é a distância d de P a r.

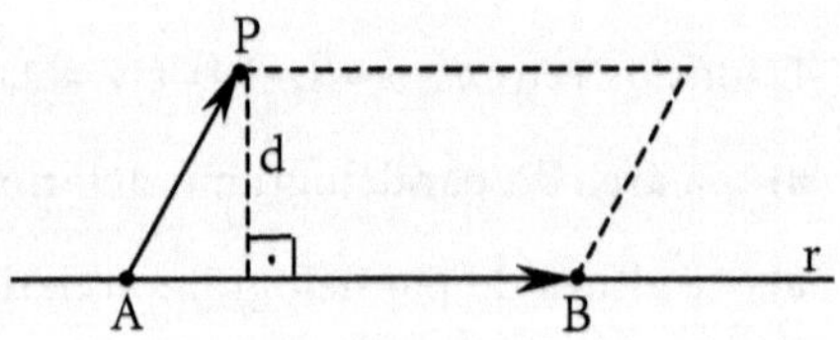


Figura 3.9

Logo, de acordo com o problema anterior, temos

$$d = \frac{|\overrightarrow{AB} \times \overrightarrow{AP}|}{|\overrightarrow{AB}|}$$

Como $\overrightarrow{AB} = (1,-2,-2)$, $\overrightarrow{AP} = (2,0,-1)$ e

$$\overrightarrow{AB} \times \overrightarrow{AP} = \begin{vmatrix} \vec{i} & \vec{j} & \vec{k} \\ 1 & -2 & -2 \\ 2 & 0 & -1 \end{vmatrix} = (2,-3,4)$$

vem

$$d = \frac{|(2,-3,4)|}{|(1,-2,-2)|} = \frac{\sqrt{4+9+16}}{\sqrt{1+4+4}} = \frac{\sqrt{29}}{3} \text{ u.c.}$$

6. Dados os vetores $\vec{u}=(2,1,-1)$ e $\vec{v}=(1,-1,a)$, calcular o valor de a para que a área do paralelogramo determinado por $\vec{u}$ e $\vec{v}$ seja igual a $\sqrt{62}$.

**Solução**

A área A do paralelogramo é dada por

$$A=|\vec{u}\times\vec{v}|$$

Deseja-se que

$$|\vec{u}\times\vec{v}|=\sqrt{62}$$

Mas,

$$\vec{u}\times\vec{v}=\begin{vmatrix}\vec{i} & \vec{j} & \vec{k}\\ 2 & 1 & -1\\ 1 & -1 & a\end{vmatrix}=(a-1,-2a-1,-3)$$

e

$$|(a-1,-2a-1,-3)|=\sqrt{62}$$

ou

$$\sqrt{(a-1)^2+(-2a-1)^2+(-3)^2}=\sqrt{62}$$

Elevando ambos os membros ao quadrado e ordenando os termos, vem

$$a^2-2a+1+4a^2+4a+1+9=62$$

$$5a^2+2a-51=0$$

em que

$$a=3 \quad \text{ou} \quad a=-\frac{17}{5}$$

7. Dados os pontos A(2, 1, 1), B(3, −1, 0) e C(4, 2, −2), determinar

**a)** a área do triângulo ABC;

**b)** a altura do triângulo relativa ao vértice C.

**Solução**

**a)** A Figura 3.10 mostra que, a partir do triângulo ABC, é possível construir um paralelogramo ABDC, cuja área é o dobro da área do triângulo.

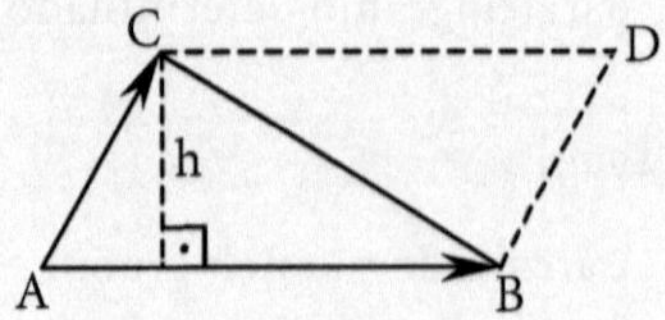

Figura 3.10

Como o paralelogramo é determinado pelos vetores $\overrightarrow{AB}$ e $\overrightarrow{AC}$, conclui-se que a área A do triângulo é

$$A_{\Delta} = \frac{1}{2}|\overrightarrow{AB} \times \overrightarrow{AC}|$$

Mas,

$$\overrightarrow{AB} = (1,-2,-1),\ \overrightarrow{AC} = (2,1,-3) \text{ e}$$

$$\overrightarrow{AB} \times \overrightarrow{AC} = \begin{vmatrix} \vec{i} & \vec{j} & \vec{k} \\ 1 & -2 & -1 \\ 2 & 1 & -3 \end{vmatrix} = (7,1,5)$$

Logo,

$$A_{\Delta} = \frac{1}{2}|(7,1,5)| = \frac{1}{2}\sqrt{49+1+25} = \frac{1}{2}\sqrt{75} = \frac{5}{2}\sqrt{3} \text{ u.a.}$$

**b)** A altura do triângulo indicada na figura é a mesma do paralelogramo de base AB. Como a área A do paralelogramo é

$$A = (\text{base})\cdot(\text{altura}) = b\cdot h \text{, vem}$$

$$h = \frac{A}{b} = \frac{|\overrightarrow{AB} \times \overrightarrow{AC}|}{|\overrightarrow{AB}|} = \frac{\sqrt{75}}{|(1,-2,-1)|} = \frac{5\sqrt{3}}{\sqrt{6}} = \frac{5}{2}\sqrt{2} \text{ u.c}$$

## UMA APLICAÇÃO NA FÍSICA

O produto vetorial é uma importante ferramenta matemática utilizada na Física. Entre algumas de suas aplicações pode-se citar o *torque*.

O torque é uma grandeza vetorial, representado por $\tau$, e está relacionada com a possibilidade de um corpo sofrer uma torção ou alterar seu movimento de rotação.

A equação para o cálculo do torque é

$$\vec{\tau} = \vec{r} \times \vec{F}$$

em que $|\vec{r}|$ é a distância do ponto de aplicação da força $\vec{F}$ ao eixo de rotação, ao qual o corpo está vinculado.

Lembrando o cálculo do módulo do produto vetorial visto em **(3)**, tem-se

$$|\vec{\tau}| = |\vec{r}||\vec{F}| \operatorname{sen}\theta$$

em que $\theta$ é o ângulo entre $\vec{r}$ e $\vec{F}$.

## Exemplo

Calcular o torque sobre a barra $\overrightarrow{AB}$ (Figura 3.11), na qual $\overrightarrow{AB} = \vec{r} = 2\vec{j}$ (em metros), $\vec{F} = 10\vec{i}$ (em newtons) e o eixo de rotação é o eixo z.

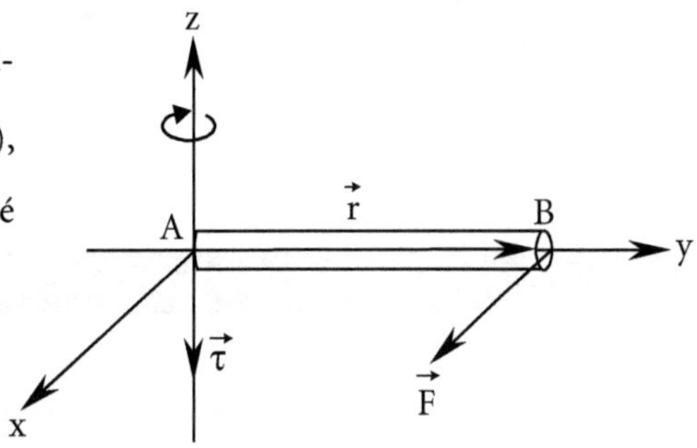


Figura 3.11

### *Solução*

O vetor torque, para o caso dessa figura, é dado por

$$\vec{\tau} = (0\vec{i} + 2\vec{j} + 0\vec{k})\text{m} \times (10\vec{i} + 0\vec{j} + 0\vec{k})\text{N}$$

ou

$$\vec{\tau} = (0\vec{i} + 0\vec{j} - 20\vec{k})\text{mN}$$

ou

$$\vec{\tau} = (-20\vec{k})\text{mN}$$

A intensidade (módulo) do torque pode ser calculada por

$$|\vec{\tau}| = |\vec{r}||\vec{F}| \operatorname{sen}\theta = (2\text{m})(10\text{N})(\operatorname{sen}90°) = 20\text{mN}$$

ou por

$$|\vec{\tau}| = \sqrt{(-20)^2} = 20\text{mN}$$

## Observação

Caso a força $\vec{F}$ seja invertida (Figura 3.12), ou seja, $\vec{F} = -10\vec{i}$ (em newtons), o torque é dado por

$$\vec{\tau}=(0\vec{i}+2\vec{j}+0\vec{k})m\times(-10\vec{i}+0\vec{j}+0\vec{k})N$$

ou

$$\vec{\tau}=(20\vec{k})mN$$

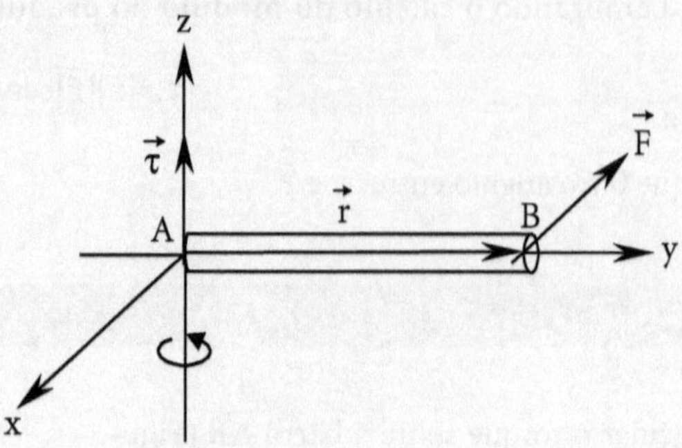


Figura 3.12

## Problemas propostos

**1.** Se $\vec{u}=3\vec{i}-\vec{j}-2\vec{k}, \vec{v}=2\vec{i}+4\vec{j}-\vec{k}$ e $\vec{w}=-\vec{i}+\vec{k}$, determinar

**a)** $|\vec{u}\times\vec{u}|$

**b)** $(2\vec{v})\times(3\vec{v})$

**c)** $(\vec{u}\times\vec{w})+(\vec{w}\times\vec{u})$

**d)** $(\vec{u}\times\vec{v})\times(\vec{v}\times\vec{u})$

**e)** $(\vec{u}-\vec{v})\times\vec{w}$

**f)** $(\vec{u}\times\vec{v})\times\vec{w}$

**g)** $\vec{u}\times(\vec{v}\times\vec{w})$

**h)** $\vec{u}\times(\vec{v}+\vec{w})$

**i)** $\vec{u}\times\vec{v}+\vec{u}\times\vec{w}$

**j)** $(\vec{u}\times\vec{v})\cdot\vec{v}$

**k)** $(\vec{u}\times\vec{v})\cdot\vec{w}$

**l)** $\vec{u}\cdot(\vec{v}\times\vec{w})$

**2.** Efetuar

**a)** $\vec{i}\times\vec{k}$

**b)** $\vec{j}\times(2\vec{i})$

**c)** $(3\vec{i})\times(2\vec{k})$

**d)** $\vec{i}\cdot(\vec{j}\times\vec{k})$

**e)** $(3\vec{i})\cdot(2\vec{j})$

**f)** $(3\vec{i})\times(2\vec{j})$

**g)** $\vec{i}\cdot(\vec{j}\times\vec{i})$

**h)** $\vec{j}\cdot(\vec{j}\times\vec{k})$

**i)** $(\vec{i}\times\vec{j})\times\vec{k}$

**j)** $(\vec{i}\times\vec{j})\times\vec{j}$

**k)** $\vec{i}\times(\vec{j}\times\vec{j})$

**l)** $(\vec{j}\times\vec{k})\cdot\vec{i}$

**3.** Dados os pontos A(2, 1, −1), B(3, 0, 1) e C(2, −1, −3), determinar o ponto D tal que $\overrightarrow{AD}=\overrightarrow{BC}\times\overrightarrow{AC}$.

**4.** Determinar o vetor $\vec{x}$ tal que $\vec{x}\cdot(1,4,-3)=-7$ e $\vec{x}\times(4,-2,1)=(3,5,-2)$.

**5.** Resolver os sistemas

**a)** $\begin{cases}\vec{x}\times\vec{j}=\vec{k}\\ \vec{x}\cdot(4\vec{i}-2\vec{j}+\vec{k})=10\end{cases}$

**b)** $\begin{cases}\vec{x}\times(2\vec{i}-\vec{j}+3\vec{k})=\vec{0}\\ \vec{x}\cdot(\vec{i}+2\vec{j}-2\vec{k})=12\end{cases}$

**6.** Dados os vetores $\vec{u}=(3,1,1)$, $\vec{v}=(-4,1,3)$ e $\vec{w}=(1,2,0)$, determinar $\vec{x}$ de modo que $\vec{x}\perp\vec{w}$ e $\vec{x}\times\vec{u}=\vec{v}$.

**7.** Considerando a Figura 3.13, calcular

**a)** $\overrightarrow{OF}\times\overrightarrow{OD}$

**b)** $\overrightarrow{AC}\times\overrightarrow{FA}$

**c)** $\overrightarrow{AB}\times\overrightarrow{AC}$

**d)** $\overrightarrow{EC}\times\overrightarrow{EA}$

**e)** $\overrightarrow{OA}\cdot(\overrightarrow{OC}\times\overrightarrow{OE})$

**f)** $\overrightarrow{GB}\times\overrightarrow{AF}$

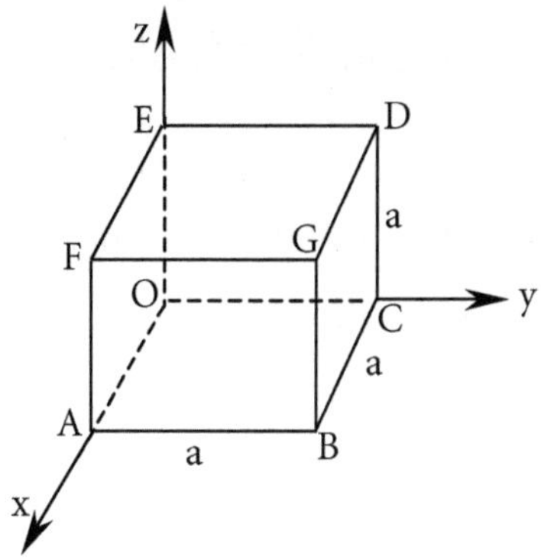

Figura 3.13

**8.** Sejam os vetores $\vec{u}=(1,-2,1)$, $\vec{v}=(1,1,1)$ e $\vec{w}=(1,0,-1)$.

**a)** Utilizar o produto escalar para mostrar que os vetores são, dois a dois, ortogonais.

**b)** Utilizar o produto vetorial para mostrar que o produto vetorial de quaisquer dois deles é paralelo ao terceiro vetor.

**c)** Mostrar que $\vec{u}\times(\vec{v}\times\vec{w})=\vec{0}$.

**9.** Determinar um vetor simultaneamente ortogonal aos vetores $\vec{u}+2\vec{v}$ e $\vec{v}-\vec{u}$, sendo $\vec{u}=(-3,2,0)$ e $\vec{v}=(0,-1,-2)$.

**10.** Obter um vetor ortogonal ao plano determinado pelos pontos A(2, 3, 1), B(1, −1, 1) e C(4, 1, −2).

**11.** Dado $\vec{v}_1=(1,-2,1)$, determinar vetores $\vec{v}_2$ e $\vec{v}_3$ de modo que os três sejam mutuamente ortogonais.

**12.** Dados os vetores $\vec{u}=(1,1,0)$ e $\vec{v}=(-1,1,2)$, determinar:

**a)** um vetor unitário simultaneamente ortogonal a $\vec{u}$ e $\vec{v}$;

**b)** um vetor de módulo 5 simultaneamente ortogonal a $\vec{u}$ e $\vec{v}$.

**13.** Determinar um vetor de módulo 2 ortogonal a $\vec{u}=(3,2,2)$ e a $\vec{v}=(0,1,1)$.

**14.** Com base na Figura 3.14, calcular

**a)** $|\overrightarrow{AB}\times\overrightarrow{AD}|$

**b)** $|\overrightarrow{BA}\times\overrightarrow{BC}|$

**c)** $|\overrightarrow{AB}\times\overrightarrow{DC}|$

**d)** $|\overrightarrow{AB}\times\overrightarrow{CD}|$

**e)** $|\overrightarrow{BD}\times\overrightarrow{AC}|$

**f)** $|\overrightarrow{BD}\times\overrightarrow{CD}|$

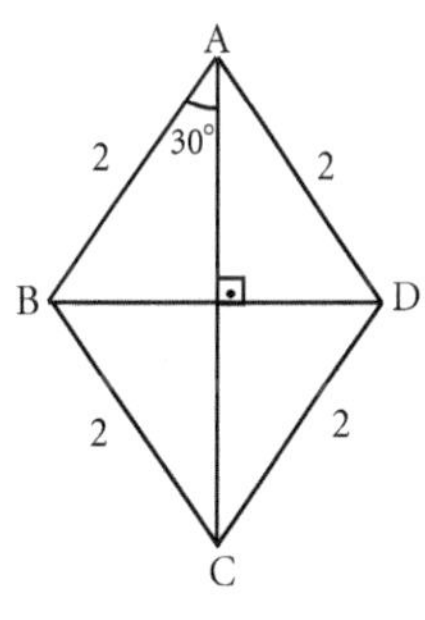

Figura 3.14

**15.** Sendo $|\vec{u}|=2\sqrt{2}$, $|\vec{v}|=4$ e 45° o ângulo entre $\vec{u}$ e $\vec{v}$, calcular

**a)** $|2\vec{u}\times\vec{v}|$

**b)** $\left|\frac{2}{5}\vec{u}\times\frac{1}{2}\vec{v}\right|$

**16.** Determinar $\vec{u}\cdot\vec{v}$, sabendo que $|\vec{u}\times\vec{v}|=12$, $|\vec{u}|=13$ e $\vec{v}$ é unitário.

**17.** Dados os vetores $\vec{u}=(3,-1,2)$ e $\vec{v}=(-2,2,1)$, calcular:

**a)** a área do paralelogramo determinado por $\vec{u}$ e $\vec{v}$;

**b)** a altura do paralelogramo relativa à base definida pelo vetor $\vec{v}$.

**18.** Mostrar que o quadrilátero ABCD de vértices A(4, 1, 2), B(5, 0, 1), C(−1, 2, −2) e D (−2, 3, −1) é um paralelogramo e calcular sua área.

**19.** Dois vértices consecutivos de um paralelogramo são A(2, −4, 0) e B(1, −3, −1), e o ponto médio das diagonais é M (3, 2, −2). Calcular a área do paralelogramo.

**20.** Calcular o valor de *m* para que a área do paralelogramo determinada por $\vec{u}=(m,-3,1)$ e $\vec{v}=(1,-2,2)$ seja igual a $\sqrt{26}$.

**21.** Sabendo que $|\vec{u}|=6$, $|\vec{v}|=4$ e 30° o ângulo entre $\vec{u}$ e $\vec{v}$, calcular:

**a)** a área do triângulo determinado por $\vec{u}$ e $\vec{v}$;

**b)** a área do paralelogramo determinado por $\vec{u}$ e $(-\vec{v})$;

**c)** a área do paralelogramo determinado por $\vec{u}+\vec{v}$ e $\vec{u}-\vec{v}$.

**22.** Calcular a área do paralelogramo determinado pelos vetores $\vec{u}$ e $\vec{v}$, sabendo que suas diagonais são $\vec{u}+\vec{v}=(-1,3,4)$ e $\vec{u}-\vec{v}=(1,-1,2)$.

**23.** Calcular a distância do ponto P(4, 3, 3) à reta que passa por A(1, 2, −1) e B(3, 1, 1).

**24.** Calcular a área do triângulo ABC e a altura relativa ao lado BC, dado que:

**a)** A(−4, 1, 1), B(1, 0, 1) e C(0, −1, 3);

**b)** A(4, 2, 1), B(1, 0, 1) e C(1, 2, 0).

**25.** Encontrar um vetor ortogonal ao plano determinado pelos pontos P, Q e R e calcular a área do triângulo PQR, dado que:

**a)** P(3, 0, 0), Q(0, 3, 0), R(0, 0, 2);

**b)** P(2, 3, 0), Q(0, 2, 1), R(2, 0, 2).

**26.** Calcular *z*, sabendo-se que A (2, 0, 0), B(0, 2, 0) e C(0, 0, *z*) são vértices de um triângulo de área 6.

**27.** Dados os pontos A(2, 1, −1) e B(0, 2, 1), determinar o ponto C do eixo Oy de modo que a área do triângulo ABC seja 1,5 u.a.

**28.** Sabendo que os pontos A(4, 0, 0), B(0, 0, 2), C(0, 3, 0) e D(4, 3, −2) são coplanares, calcular a área do quadrilátero ABCD.

**29.** Os pontos médios dos lados do triângulo ABC são M(0, 1, 3), N(3, −2, 2) e P(1, 0, 2). Determinar a área do triângulo ABC.



### *Respostas de problemas propostos*

**1.** **a)** 0 **b)** $\vec{0}$ **c)** $\vec{0}$ **d)** $\vec{0}$ **e)** (−5, 0, −5) **f)** (−1, −23, −1) **g)** (−6, −20, 1) **h)** (8, −2, 13) **i)** (8, −2, 13) **j)** 0 **k)** 5 **l)** 5

**2.** **a)** $-\vec{j}$ **b)** $-2\vec{k}$ **c)** $-6\vec{j}$ **d)** 1 **e)** 0 **f)** $6\vec{k}$ **g)** 0 **h)** 0 **i)** $\vec{0}$ **j)** $-\vec{i}$ **k)** $\vec{0}$ **l)** 1

**3.** D (−4, −1, 1)

**4.** $\vec{x}=(3,-1,2)$

**5.** **a)** $\vec{x}=(1,-3,0)$ **b)** $\vec{x}=(-4,2,-6)$

**6.** Não existe $\vec{x}$, pois $\vec{u}$ não é ortogonal a $\vec{v}$.

**7.** **a)** $(-a^2,-a^2,a^2)$ **b)** $(-a^2,-a^2,0)$ **c)** $(0,0,a^2)$ **d)** $(-a^2,-a^2,-a^2)$ **e)** $a^3$ **f)** $\vec{0}$

**9.** Um deles: $(\vec{u}+2\vec{v})\times(\vec{v}-\vec{u})=(-12,-18,9)$

**10.** Um deles: $\overrightarrow{AB}\times\overrightarrow{AC}=(12,-3,10)$

**11.** Uma das infinitas soluções: $\vec{v}_1=(1,-2,1)$, $\vec{v}_2=(1,1,1)$ e $\vec{v}_3=(-1,0,1)$

**12.** **a)** $(\frac{1}{\sqrt{3}},-\frac{1}{\sqrt{3}},\frac{1}{\sqrt{3}})$ ou $(-\frac{1}{\sqrt{3}},\frac{1}{\sqrt{3}},-\frac{1}{\sqrt{3}})$

**b)** $(\frac{5}{\sqrt{3}},-\frac{5}{\sqrt{3}},\frac{5}{\sqrt{3}})$ ou $(-\frac{5}{\sqrt{3}},\frac{5}{\sqrt{3}},-\frac{5}{\sqrt{3}})$

**13.** $(0,\sqrt{2},-\sqrt{2})$ ou $(0,-\sqrt{2},\sqrt{2})$

**14.** **a)** $2\sqrt{3}$ **d)** $0$

**b)** $2\sqrt{3}$ **e)** $4\sqrt{3}$

**c)** $0$ **f)** $2\sqrt{3}$

**15.** **a)** $16$ **b)** $\frac{8}{5}$

**16.** $5$ ou $-5$

**17.** **a)** $3\sqrt{10}$

**b)** $\sqrt{10}$

**18.** $\sqrt{122}$

**19.** $2\sqrt{74}$

**20.** $m = 0$ ou $m = 2$

**21.** **a)** $6$ **b)** $12$ **c)** $24$

**22.** $\sqrt{35}$

**23.** $\frac{\sqrt{65}}{3}$

**24.** **a)** $\sqrt{35}$ e $\frac{2\sqrt{35}}{\sqrt{6}}$ **b)** $\frac{7}{2}$ e $\frac{7}{\sqrt{5}}$

**25.** **a)** $t(2,2,3), t \in \mathbb{R}$ e $\frac{3\sqrt{17}}{2}$ **b)** $t(1,4,6), t \in \mathbb{R}$ e $\frac{\sqrt{53}}{2}$

**26.** $z = 4$ ou $z = -4$

**27.** $C(0,1,0)$ ou $C(0,\frac{5}{2},0)$

**28.** $2\sqrt{61}$

**29.** $4\sqrt{2}$

# PRODUTO MISTO 4

## DEFINIÇÃO

Chama-se *produto misto* dos vetores $\vec{u} = x_1\vec{i} + y_1\vec{j} + z_1\vec{k}$, $\vec{v} = x_2\vec{i} + y_2\vec{j} + z_2\vec{k}$ e $\vec{w} = x_3\vec{i} + y_3\vec{j} + z_3\vec{k}$, tomados nesta ordem, ao número real $\vec{u}\cdot(\vec{v}\times\vec{w})$.

O produto misto de $\vec{u}$, $\vec{v}$ e $\vec{w}$ também é indicado por $(\vec{u}, \vec{v}, \vec{w})$.

Tendo em vista que

$$\vec{v}\times\vec{w} = \begin{vmatrix} \vec{i} & \vec{j} & \vec{k} \\ x_2 & y_2 & z_2 \\ x_3 & y_3 & z_3 \end{vmatrix} = \begin{vmatrix} y_2 & z_2 \\ y_3 & z_3 \end{vmatrix}\vec{i} - \begin{vmatrix} x_2 & z_2 \\ x_3 & z_3 \end{vmatrix}\vec{j} + \begin{vmatrix} x_2 & y_2 \\ x_3 & y_3 \end{vmatrix}\vec{k}$$

vem

$$\vec{u}\cdot(\vec{v}\times\vec{w}) = x_1\begin{vmatrix} y_2 & z_2 \\ y_3 & z_3 \end{vmatrix} - y_1\begin{vmatrix} x_2 & z_2 \\ x_3 & z_3 \end{vmatrix} + z_1\begin{vmatrix} x_2 & y_2 \\ x_3 & y_3 \end{vmatrix}$$

e, portanto,

$$\vec{u}\cdot(\vec{v}\times\vec{w}) = \begin{vmatrix} x_1 & y_1 & z_1 \\ x_2 & y_2 & z_2 \\ x_3 & y_3 & z_3 \end{vmatrix} \qquad \textbf{(1)}$$

### Exemplo

Calcular o produto misto dos vetores $\vec{u} = 2\vec{i} + 3\vec{j} + 5\vec{k}$, $\vec{v} = -\vec{i} + 3\vec{j} + 3\vec{k}$ e $\vec{w} = 4\vec{i} - 3\vec{j} + 2\vec{k}$.

**Solução**

$$(\vec{u}, \vec{v}, \vec{w}) = \begin{vmatrix} 2 & 3 & 5 \\ -1 & 3 & 3 \\ 4 & -3 & 2 \end{vmatrix} = 27$$

# PROPRIEDADES DO PRODUTO MISTO

As propriedades do produto misto decorrem, em sua maioria, das propriedades dos determinantes.

**I)** O produto misto $(\vec{u},\vec{v},\vec{w})$ muda de sinal ao trocarmos a posição de dois vetores.

Em relação ao exemplo anterior, em que $(\vec{u},\vec{v},\vec{w})=27$, teríamos

$$(\vec{v},\vec{u},\vec{w})=-27 \quad \text{(permuta de } \vec{u} \text{ e } \vec{v}\text{)}$$

$$(\vec{w},\vec{v},\vec{u})=-27 \quad \text{(permuta de } \vec{u} \text{ e } \vec{w}\text{)}$$

$$(\vec{u},\vec{w},\vec{v})=-27 \quad \text{(permuta de } \vec{v} \text{ e } \vec{w}\text{)}$$

Se em qualquer um desses três últimos produtos efetuarmos nova permutação de dois vetores, o produto misto resultante volta a ser 27.

É o que acontece com $(\vec{v},\vec{w},\vec{u})=27$ , onde no primeiro deles permutamos $\vec{u}$ e $\vec{w}$.

Então, se em relação ao produto misto $(\vec{u},\vec{v},\vec{w})$ ocorrer

a) uma permutação – haverá troca de sinal;

b) duas permutações – não altera o valor.

Resulta dessa propriedade que os sinais $\cdot$ e $\times$ podem ser permutados, ou seja,

$$\vec{u}\cdot(\vec{v}\times\vec{w})=(\vec{u}\times\vec{v})\cdot\vec{w}$$

pois,

$$(\vec{u}\times\vec{v})\cdot\vec{w} = \vec{w}\cdot(\vec{u}\times\vec{v}) = (\vec{w},\vec{u},\vec{v}) = (\vec{u},\vec{v},\vec{w}) = \vec{u}\cdot(\vec{v}\times\vec{w})$$

**II)** $(\vec{u}+\vec{x},\vec{v},\vec{w})=(\vec{u},\vec{v},\vec{w})+(\vec{x},\vec{v},\vec{w})$

$$(\vec{u},\vec{v}+\vec{x},\vec{w})=(\vec{u},\vec{v},\vec{w})+(\vec{u},\vec{x},\vec{w})$$

$$(\vec{u},\vec{v},\vec{w}+\vec{x})=(\vec{u},\vec{v},\vec{w})+(\vec{u},\vec{v},\vec{x})$$

**III)** $(\alpha\vec{u},\vec{v},\vec{w})=(\vec{u},\alpha\vec{v},\vec{w})=(\vec{u},\vec{v},\alpha\vec{w})=\alpha(\vec{u},\vec{v},\vec{w})$

**IV)** $(\vec{u},\vec{v},\vec{w})=0$ se, e somente se, os três vetores forem coplanares.

Admitindo-se que $(\vec{u},\vec{v},\vec{w})=0$, ou seja, $\vec{u}\cdot(\vec{v}\times\vec{w})=0$, conclui-se que $(\vec{v}\times\vec{w})\perp\vec{u}$. Por outro lado, no estudo do produto vetorial vimos que o vetor $\vec{v}\times\vec{w}$ é também ortogonal a $\vec{v}$ e $\vec{w}$. Assim, como $\vec{v}\times\vec{w}$ é ortogonal aos três vetores $\vec{u}$, $\vec{v}$ e $\vec{w}$, estes são coplanares (Figura 4.1).

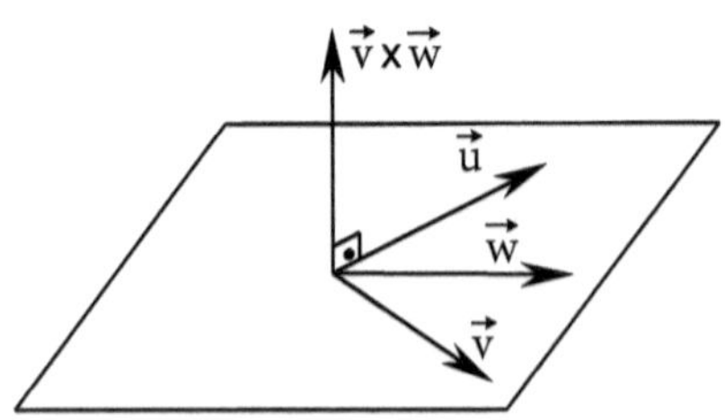


Figura 4.1

Reciprocamente, admitindo-se que $\vec{u}$, $\vec{v}$ e $\vec{w}$ sejam coplanares, o vetor $\vec{v}\times\vec{w}$, por ser ortogonal a $\vec{v}$ e $\vec{w}$, é também ortogonal a $\vec{u}$.

Ora, se $\vec{u}$ e $\vec{v}\times\vec{w}$ são ortogonais, o produto escalar deles é igual a zero, ou seja,

$$\vec{u}\cdot(\vec{v}\times\vec{w})=(\vec{u},\vec{v},\vec{w})=0$$

## Observação

A equivalência da propriedade IV continua válida em situações particulares, tais como:

a) *se pelo menos um dos vetores for nulo* (o determinante (1) é zero por ter uma fila de zeros e os três vetores são coplanares);

b) *se dois deles forem paralelos* (o determinante (1) é zero por apresentar duas filas de elementos proporcionais ou iguais e os três vetores são coplanares).

## Exemplos

1. Verificar se são coplanares os vetores $\vec{u}=(2,-1,1)$, $\vec{v}=(1,0,-1)$ e $\vec{w}=(2,-1,4)$.

**Solução**

Como

$$(\vec{u},\vec{v},\vec{w})=\begin{vmatrix}2 & -1 & 1\\ 1 & 0 & -1\\ 2 & -1 & 4\end{vmatrix}=3\neq 0$$

os vetores não são coplanares.

2. Qual deve ser o valor de m para que os vetores $\vec{u}=(2,m,0)$, $\vec{v}=(1,-1,2)$ e $\vec{w}=(-1,3,-1)$ sejam coplanares?

**Solução**

Para que $\vec{u}$, $\vec{v}$ e $\vec{w}$ sejam coplanares, deve-se ter $(\vec{u},\vec{v},\vec{w})=0$, ou seja,

$$\begin{vmatrix}2 & m & 0\\ 1 & -1 & 2\\ -1 & 3 & -1\end{vmatrix}=0$$

ou

$$2-2m-12+m=0$$

e, portanto,

$$m=-10$$

3. Verificar se os pontos A(1, 2, 4), B(−1, 0, −2), C (0, 2, 2) e D(−2, 1, −3) estão no mesmo plano.

**Solução**

Os quatro pontos dados são coplanares se forem coplanares os vetores $\overrightarrow{AB}$, $\overrightarrow{AC}$ e $\overrightarrow{AD}$ (Figura 4.2), e, para tanto, deve-se ter

$$(\overrightarrow{AB},\overrightarrow{AC},\overrightarrow{AD})=0$$

Como

$$(\overrightarrow{AB},\overrightarrow{AC},\overrightarrow{AD})=\begin{vmatrix}-2 & -2 & -6\\ -1 & 0 & -2\\ -3 & -1 & -7\end{vmatrix}=0$$

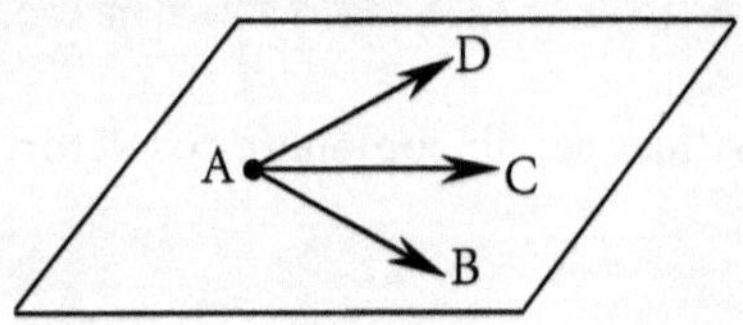


Figura 4.2

os pontos dados são coplanares.

# INTERPRETAÇÃO GEOMÉTRICA DO MÓDULO DO PRODUTO MISTO

Geometricamente, o produto misto $\vec{u}\cdot(\vec{v}\times\vec{w})$ é igual, em módulo, ao volume do paralelepípedo de arestas determinadas pelos vetores não coplanares $\vec{u}$, $\vec{v}$ e $\vec{w}$ (Figura 4.3).

A área da base do paralelepípedo é $|\vec{v}\times\vec{w}|$.

Seja θ o ângulo entre os vetores $\vec{u}$ e $\vec{v}\times\vec{w}$. Sendo $\vec{v}\times\vec{w}$ um vetor ortogonal à base, a altura será paralela a ele, e, portanto,

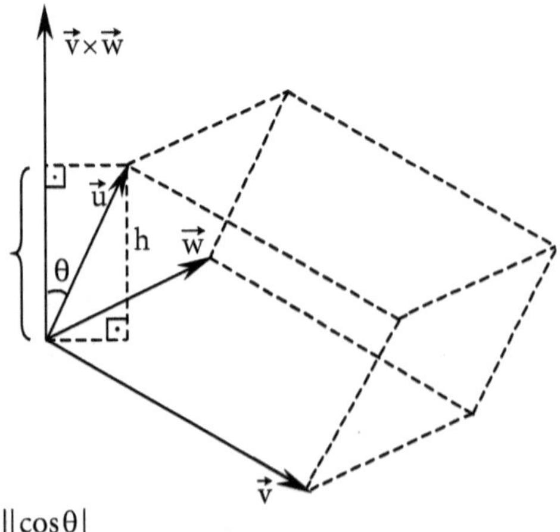


$$h=|\vec{u}||\cos\theta|$$

Figura 4.3

(É necessário considerar o valor absoluto $|\cos\theta|$, pois $\theta$ pode ser um ângulo obtuso.)

Então, o volume V do paralelepípedo é

$$V = (\text{área da base})(\text{altura})$$
$$= |\vec{v}\times\vec{w}||\vec{u}||\cos\theta|$$
$$= |\vec{u}||\vec{v}\times\vec{w}|\cos\theta|$$
$$= |\vec{u}\cdot(\vec{v}\times\vec{w})|$$

no qual a última igualdade decorre da relação (2) do Produto Escalar.

Portanto,

$$V = |(\vec{u},\vec{v},\vec{w})|$$

## Exemplo

Sejam os vetores $\vec{u}=(3,m,-2)$, $\vec{v}=(1,-1,0)$ e $\vec{w}=(2,-1,2)$. Calcular o valor de m para que o volume do paralelepípedo determinado por $\vec{u},\vec{v}$ e $\vec{w}$ seja 16 u.v. (unidades de volume).

### *Solução*

O volume do paralelepípedo é dado por

$$V = |(\vec{u},\vec{v},\vec{w})|$$

e, no caso presente, deve-se ter

$$|(\vec{u},\vec{v},\vec{w})| = 16$$

Sendo

$$(\vec{u},\vec{v},\vec{w}) = \begin{vmatrix} 3 & m & -2 \\ 1 & -1 & 0 \\ 2 & -1 & 2 \end{vmatrix} = -2m-8$$

vem

$$|-2m-8| = 16$$

que, pela definição de módulo, implica duas hipóteses:

$$-2m-8 = 16 \quad \text{ou} \quad -2m-8 = -16$$

e, portanto,

$$m = -12 \quad \text{ou} \quad m = 4$$

# VOLUME DO TETRAEDRO

Sejam A, B, C e D pontos não coplanares. Portanto, os vetores $\overrightarrow{AB}$, $\overrightarrow{AC}$ e $\overrightarrow{AD}$ também são não coplanares. Em consequência, esses vetores determinam um paralelepípedo (Figura 4.4) cujo volume é

$$V = |(\overrightarrow{AB}, \overrightarrow{AC}, \overrightarrow{AD})|$$

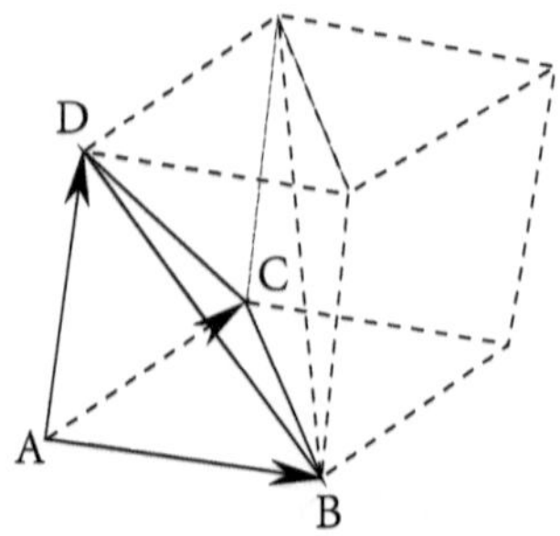

Figura 4.4

O paralelepípedo, por sua vez, pode ser repartido em dois prismas triangulares de mesmo tamanho (conforme figura) e, portanto, o volume $V_p$ de cada prisma é a metade do volume V do paralelepípedo $(V_p = \frac{1}{2}V)$.

Por outro lado, da Geometria Espacial sabemos que o prisma pode ser repartido em três pirâmides de mesmo volume, sendo uma delas o tetraedro ABCD. Assim, o volume $V_t$ do tetraedro é um terço do volume do prisma, ou seja,

$$V_t = \frac{1}{3}V_p = \frac{1}{3}(\frac{1}{2}V)$$

ou

$$V_t = \frac{1}{6}V$$

ou

$$V_t = \frac{1}{6}|(\overrightarrow{AB}, \overrightarrow{AC}, \overrightarrow{AD})|$$

## Exemplo

Sejam A(1, 2, −1), B(5, 0, 1), C(2, −1, 1) e D(6, 1, −3) vértices de um tetraedro. Calcular:

a) o volume do tetraedro;

b) a altura do tetraedro relativa ao vértice D.

### Solução

a) O volume do tetraedro é dado por

$$V_t = \frac{1}{6}|(\overrightarrow{AB}, \overrightarrow{AC}, \overrightarrow{AD})|$$

Mas

$$(\overrightarrow{AB},\overrightarrow{AC},\overrightarrow{AD})=\begin{vmatrix}4 & -2 & 2\\ 1 & -3 & 2\\ 5 & -1 & -2\end{vmatrix}=36$$

Portanto, o volume do tetraedro é

$$V_t=\frac{1}{6}\cdot 36=6 \text{ u.v.}$$

b) Observemos na Figura 4.4 que a altura do tetraedro traçada do vértice D é a própria altura do paralelepípedo de base determinada por $\overrightarrow{AB}$ e $\overrightarrow{AC}$. Como o volume V do paralelepípedo é dado por

$$V = (\text{área da base})(\text{altura})$$
$$=|\overrightarrow{AB}\times\overrightarrow{AC}|\cdot h$$

tem-se

$$h=\frac{V}{|\overrightarrow{AB}\times\overrightarrow{AC}|}$$

mas,

$$\overrightarrow{AB}\times\overrightarrow{AC}=\begin{vmatrix}\vec{i} & \vec{j} & \vec{k}\\ 4 & -2 & 2\\ 1 & -3 & 2\end{vmatrix}=(2,-6,-10)$$

e, portanto,

$$h=\frac{36}{|(2,-6,-10)|}=\frac{36}{\sqrt{4+36+100}}=\frac{36}{\sqrt{140}}=\frac{18}{\sqrt{35}} \text{ u.c.}$$

## Problemas propostos

**1.** Dados os vetores $\vec{u}=(3,-1,1)$, $\vec{v}=(1,2,2)$ e $\vec{w}=(2,0,-3)$, calcular

**a)** $(\vec{u},\vec{v},\vec{w})$ **b)** $(\vec{w},\vec{u},\vec{v})$

**2.** Sabendo que $(\vec{u},\vec{v},\vec{w})=-5$, calcular

**a)** $(\vec{w},\vec{v},\vec{u})$ **b)** $(\vec{v},\vec{u},\vec{w})$ **c)** $(\vec{w},\vec{u},\vec{v})$ **d)** $\vec{v}\cdot(\vec{w}\times\vec{u})$

**3.** Sabendo que $\vec{u}\cdot(\vec{v}\times\vec{w})=2$, calcular

**a)** $\vec{u}\cdot(\vec{w}\times\vec{v})$

**b)** $\vec{v}\cdot(\vec{w}\times\vec{u})$

**c)** $(\vec{v}\times\vec{w})\cdot\vec{u}$

**d)** $(\vec{u}\times\vec{w})\cdot(3\vec{v})$

**e)** $\vec{u}\cdot(2\vec{w}\times\vec{v})$

**f)** $(\vec{u}+\vec{v})\cdot(\vec{u}\times\vec{w})$

**4.** Sabendo que $(\vec{u},\vec{w},\vec{x})=2$ e $(\vec{v},\vec{w},\vec{x})=5$, calcular

**a)** $(\vec{u},\vec{x},-\vec{w})$

**b)** $(3\vec{u},3\vec{w},-2\vec{x})$

**c)** $(2\vec{u}+4\vec{v},\vec{w},\vec{x})$

**d)** $(5\vec{u}-3\vec{v},2\vec{w},\vec{x})$

**5.** Verificar se são coplanares os vetores

**a)** $\vec{u}=(1,-1,2)$, $\vec{v}=(2,2,1)$ e $\vec{w}=(-2,0,-4)$

**b)** $\vec{u}=(2,-1,3)$, $\vec{v}=(3,1,-2)$ e $\vec{w}=(7,-1,4)$

**6.** Determinar o valor de k para que sejam coplanares os vetores

**a)** $\vec{u}=(2,-1,k)$, $\vec{v}=(1,0,2)$ e $\vec{w}=(k,3,k)$

**b)** $\vec{u}=(2,k,1)$, $\vec{v}=(1,2,k)$ e $\vec{w}=(3,0,-3)$

**7.** Verificar se são coplanares os pontos

**a)** A(1, 1, 0), B(−2, 1, −6), C(−1, 2, −1) e D(2, −1, −4)

**b)** A(2, 1, 2), B(0, 1, −2), C(1, 0, −3) e D(3, 1, −2)

**8.** Para que valor de m os pontos A(m, 1, 2), B(2, −2, −3), C(5, −1, 1) e D(3, −2, −2) são coplanares?

**9.** Qual o volume do cubo determinado pelos vetores $\vec{i}$, $\vec{j}$ e $\vec{k}$?

**10.** Um paralelepípedo é determinado pelos vetores $\vec{u}=(3,-1,4)$, $\vec{v}=(2,0,1)$ e $\vec{w}=(-2,1,5)$. Calcular seu volume e a altura relativa à base definida pelos vetores $\vec{u}$ e $\vec{v}$.

**11.** Calcular o valor de m para que o volume do paralelepípedo determinado pelos vetores $\vec{v}_1=(0,-1,2)$, $\vec{v}_2=(-4,2,-1)$ e $\vec{v}_3=(3,m,-2)$ seja igual a 33. Calcular a altura desse paralelepípedo relativa à base definida por $\vec{v}_1$ e $\vec{v}_2$.

**12.** O ponto A(1, −2, 3) é um dos vértices de um paralelepípedo, e os três vértices adjacentes são B(2, −1, −4), C(0, 2, 0) e D(−1, m, 1). Determinar o valor de m para que o volume desse paralelepípedo seja igual ao 20 u.v. (unidades de volume).

**13.** Dados os pontos A(2, 1, 1), B(−1, 0, 1) e C(3, 2, −2), determinar o ponto D do eixo Oz para que o volume do paralelepípedo determinado por $\overrightarrow{AB}$, $\overrightarrow{AC}$ e $\overrightarrow{AD}$ seja 25 u.v.

14. Representar graficamente o tetraedro ABCD e calcular seu volume, sendo A(1, 1, 0), B(6, 4, 1), C(2, 5, 0) e D(0, 3, 3).

15. Calcular o volume do tetraedro de base ABC e vértice P, sendo A (2, 0, 0), B (2, 4, 0), C(0, 3, 0) e P(2, −2, 9). Qual é a altura do tetraedro relativa ao vértice P?

16. Sabendo que os vetores $\overrightarrow{AB}=(2,1,-4)$, $\overrightarrow{AC}=(m,-1,3)$ e $\overrightarrow{AD}=(-3,1,-2)$ determinam um tetraedro de volume 3, calcular o valor de m.

17. Três vértices de um tetraedro de volume 6 são A(−2, 4, −1), B(−3, 2, 3) e C(1, −2, −1). Determinar o quarto vértice D, sabendo que ele pertence ao eixo Oy.

18. Calcular a distância do ponto D(2, 5, 2) ao plano determinado pelos pontos A(3, 0, 0), B(0, −3, 0) e C(0, 0, 3).

19. Sendo $|\vec{u}|=3$, $|\vec{v}|=4$ e 120° o ângulo entre os vetores $\vec{u}$ e $\vec{v}$, calcular

   a) $|\vec{u}+\vec{v}|$

   b) $|\vec{u}\times(\vec{v}-\vec{u})|$

   c) o volume do paralelepípedo determinado por $\vec{u}\times\vec{v}$, $\vec{u}$ e $\vec{v}$.

20. Determinar m e n para que se tenha

   a) $(m,n,2)\cdot(4,-1,3)=-2$

   b) $(m,n,2)\times(4,-1,3)=(8,-1,-11)$

   c) $(m,n,2)\cdot((3,1,2)\times(0,1,-1))=9$

## *Respostas de problemas propostos*

1. a) −29 b) −29
2. a) 5 b) 5 c) −5 d) −5
3. a) −2 b) 2 c) 2 d) −6 e) −4 f) −2
4. a) 2 b) −36 c) 24 d) −10
5. a) Não b) Sim
6. a) 6 b) 2 ou −3
7. a) Sim b) Não
8. m = 4
9. 1

10. $17$ e $\frac{17}{\sqrt{30}}$

11. $m = 4$ ou $m = -\frac{17}{4}$ e $h = \frac{33}{\sqrt{89}}$

12. $m = 6$ ou $m = 2$

13. $D(0, 0, -10)$ ou $D(0, 0, 15)$

14. $V = \frac{19}{2}$ u.v.

15. $V = 12$ u.v. e $h = 9$ u.c.

16. $m = -\frac{17}{2}$ ou $m = \frac{19}{2}$

17. $D(0, 2, 0)$ ou $D(0, -4, 0)$

18. $\frac{4}{\sqrt{3}}$ u.c.

19. a) $\sqrt{13}$ b) $6\sqrt{3}$ c) $V = 108$ u.v.

20. a) $n = 4m + 8$ b) $m = 3$ e $n = 2$ c) $n = m + 1$

# 5 A RETA

## EQUAÇÃO VETORIAL DA RETA

Consideremos um ponto $A(x_1, y_1, z_1)$ e um vetor não nulo $\vec{v} = (a,b,c)$. Só existe uma reta r que passa por A e tem a direção de $\vec{v}$. Um ponto P(x, y, z) pertence a r se, e somente se, o vetor $\overrightarrow{AP}$ é paralelo a $\vec{v}$ (Figura 5.1), ou seja,

$$\overrightarrow{AP} = t\vec{v} \qquad \textbf{(1)}$$

para algum real t.

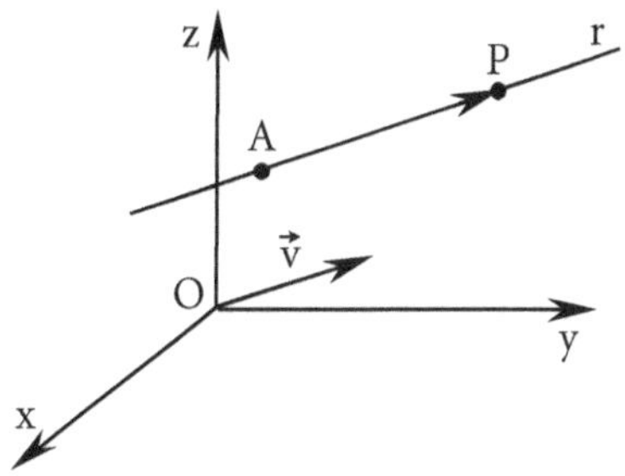


Figura 5.1

De **(1)**, vem

$$P - A = t\vec{v}$$

ou

$$P = A + t\vec{v} \qquad \textbf{(2)}$$

ou, em coordenadas,

$$(x,y,z) = (x_1, y_1, z_1) + t(a,b,c) \qquad \textbf{(3)}$$

Qualquer uma das equações **(1)**, **(2)** ou **(3)** é denominada *equação vetorial* de r.

O vetor $\vec{v}$ é chamado *vetor diretor* da reta r e t é denominado *parâmetro*.

### Exemplo

A reta r que passa por A(1, −1, 4) e tem a direção de $\vec{v} = (2,3,2)$ tem equação vetorial, de acordo com **(3)**:

$$r: (x,y,z) = (1,-1,4) + t(2,3,2) \qquad \textbf{(4)}$$

em que (x, y, z) representa um ponto qualquer de r.

Se desejarmos obter pontos de r, basta atribuir valores para t. Por exemplo, para t = 1, obtém-se (x, y, z) = (1, −1, 4) + 1(2, 3, 2) = (1, −1, 4) + (2, 3, 2) = (3, 2, 6) e, portanto, $P_1(3,2,6) \in r$.

De forma análoga, para t = 2, obtém-se (x, y, z) = (1, −1, 4) + 2(2, 3, 2) = (5, 5, 8) e, portanto, $P_2(5,5,8) \in r$;

para $t = 3$, obtém-se o ponto $P_3(7,8,10)$;

para $t = 0$, obtém-se o próprio ponto $A(1, -1, 4)$;

para $t = -1$, obtém-se o ponto $P_4(-1,-4,2)$;

e assim por diante. Se t assumir todos os valores reais, teremos todos os infinitos pontos da reta.

A Figura 5.2 mostra os pontos obtidos com seus correspondentes parâmetros.

De acordo com

$$P = A + t\vec{v}$$

tem-se

$$P_1 = A + (1)\vec{v}$$

$$P_2 = A + (2)\vec{v}$$

$$P_3 = A + (3)\vec{v}$$

$$P_4 = A + (-1)\vec{v}$$

$$A = A + (0)\vec{v}$$

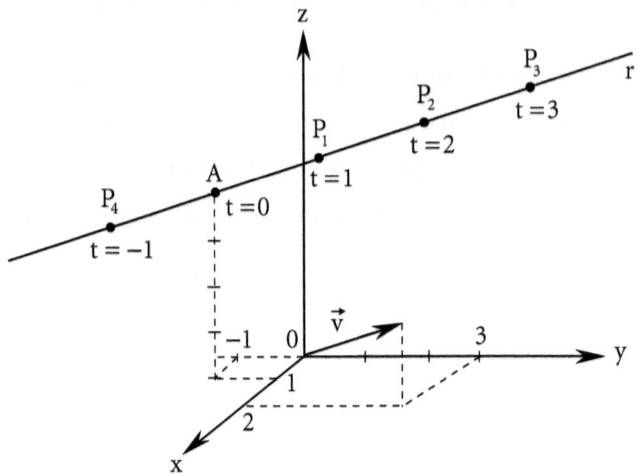


Figura 5.2

## Observações

a) Vimos que a cada real t corresponde um ponto $P \in r$. A recíproca também é verdadeira, ou seja, a cada $P \in r$ corresponde um número real t. Por exemplo, sabe-se que o ponto $P(5, 5, 8)$ pertence à reta

$$r : (x, y, z) = (1, -1, 4) + t(2, 3, 2)$$

Logo, o ponto $(5, 5, 8)$ é um particular $(x, y, z)$ na equação (4) e, portanto, é verdadeira a afirmação

$$(5, 5, 8) = (1, -1, 4) + t(2, 3, 2), \text{ para algum real } t.$$

Dessa igualdade, vem

$$(5, 5, 8) - (1, -1, 4) = t(2, 3, 2)$$

ou

$$(4, 6, 4) = t(2, 3, 2)$$

e, portanto, $t = 2$.

b) A equação (4) não é a única equação vetorial de r. Existem, na verdade, infinitas equações vetoriais de r, pois basta tomar outro ponto de r (em vez de A) ou outro vetor qualquer não nulo que seja múltiplo de $\vec{v}$. Por exemplo, a equação

$$(x, y, z) = (1, -1, 4) + t(4, 6, 4)$$

é outra equação vetorial de r na qual se utilizou o vetor $2\vec{v} = (4,6,4)$ como vetor diretor, em vez de $\vec{v} = (2,3,2)$.



## EQUAÇÕES PARAMÉTRICAS DA RETA

Da equação vetorial da reta

$$(x,y,z) = (x_1, y_1, z_1) + t(a,b,c)$$

ou, ainda,

$$(x,y,z) = (x_1 + at, y_1 + bt, z_1 + ct),$$

pela condição de igualdade, obtém-se

$$\begin{cases} x = x_1 + at \\ y = y_1 + bt \\ z = z_1 + ct \end{cases} \quad \textbf{(5)}$$

As equações (5) são chamadas *equações paramétricas* da reta.

### Exemplos

1. A reta r que passa pelo ponto A(3, −4, 2) e é paralela ao vetor $\vec{v} = (2,1,-3)$ e, de acordo com (5), tem equações paramétricas

$$r: \begin{cases} x = 3 + 2t \\ y = -4 + t \\ z = 2 - 3t \end{cases}$$

2. Dado o ponto A(2, 3, −4) e o vetor $\vec{v} = (1,-2,3)$, pede-se:

**a)** Escrever equações paramétricas da reta r que passa por A e tem a direção de $\vec{v}$.

**b)** Encontrar os pontos B e C de r de parâmetros t = 1 e t = 4, respectivamente.

**c)** Determinar o ponto de r cuja abscissa é 4.

**d)** Verificar se os pontos D(4, –1, 2) e E(5, –4, 3) pertencem a r.

**e)** Determinar para que valores de m e n o ponto F(m, 5, n) pertence a r.

**f)** Escrever outros dois sistemas de equações paramétricas de r.

**g)** Escrever equações paramétricas da reta s que passa por G(5, 2, –4) e é paralela a r.

**h)** Escrever equações paramétricas da reta s que passa por A e é paralela ao eixo dos y.

**Soluções**

a) De acordo com **(5)**, temos:

$$r: \begin{cases} x = 2 + t \\ y = 3 - 2t \\ z = -4 + 3t \end{cases}$$

b) Das equações anteriores tem-se:

$$\text{para } t = 1, \text{ vem } \begin{cases} x = 2 + (1) = 3 \\ y = 3 - 2(1) = 1 \\ z = -4 + 3(1) = -1 \end{cases} \quad \therefore\ B(3,1,-1) \in r$$

$$\text{para } t = 4, \text{ vem } \begin{cases} x = 2 + (4) = 6 \\ y = 3 - 2(4) = -5 \\ z = -4 + 3(4) = 8 \end{cases} \quad \therefore\ C(6,-5,8) \in r$$

c) Como o ponto tem abscissa 4 (x = 4), temos

$$4 = 2 + t \text{ (1ª equação de r) e, portanto, } t = 2.$$

Como

$$t = 2 \Rightarrow \begin{cases} y = 3 - 2(2) = -1 \\ z = -4 + 3(2) = 2 \end{cases}$$

o ponto procurado é (4, –1, 2).

d) Um ponto pertence à reta r se existe um real t que satisfaz as equações de r. Para D(4, –1, 2), as equações

$$\begin{cases} 4 = 2 + t \\ -1 = 3 - 2t \\ 2 = -4 + 3t \end{cases}$$

se verificam para t = 2 e, portanto, D ∈ r.

Para E(5, −4, −3), as equações

$$\begin{cases} 5=2+t \\ -4=3-2t \\ -3=-4+3t \end{cases}$$

não são satisfeitas para o mesmo valor de t (t = 3 satisfaz a primeira equação, mas não as duas outras). Logo, E $\notin$ r.

e) Como F $\in$ r, as equações

$$\begin{cases} m=2+t \\ 5=3-2t \\ n=-4+3t \end{cases} \quad \text{se verificam para algum real t.}$$

Da equação 5 = 3 − 2t, vem t = −1 e, portanto,

$$m=2+(-1)=1$$
$$n=-4+3(-1)=-7$$

f) Tomando o ponto B(3, 1, −1) $\in$ r (item b) e o vetor diretor $2\vec{v}=2(1,-2,3)=(2,-4,6)$, tem-se

$$r:\begin{cases} x=3+2t \\ y=1-4t \\ z=-1+6t \end{cases}$$

Para o ponto C(6, −5, 8) e o vetor diretor $-\vec{v}=(-1,2,-3)$, tem-se

$$r:\begin{cases} x=6-t \\ y=-5+2t \\ z=8-3t \end{cases}$$

g) Como s // r, os vetores diretores de s são os mesmos de r. Para $\vec{v}=(1,-2,3)$, tem-se

$$s:\begin{cases} x=5+t \\ y=2-2t \\ z=-4+3t \end{cases}$$

h) Como a reta s é paralela ao eixo y, um de seus vetores diretores é $\vec{j}=(0,1,0)$. Então,

$$s:\begin{cases} x=2+0\cdot t=2 \\ y=3+1\cdot t=3+t \\ z=-4+0\cdot t=-4 \end{cases} \quad \text{ou} \quad \begin{cases} x=2 \\ y=3+t \\ z=-4 \end{cases}$$

## RETA DEFINIDA POR DOIS PONTOS

A reta definida pelos pontos A e B é a reta que passa por A (ou B) e tem a direção do vetor $\vec{v} = \overrightarrow{AB}$.

### Exemplo

Escrever equações paramétricas da reta r que passa por A(3, –1, –2) e B(1, 2, 4).

#### *Solução*

Escolhendo o ponto A e o vetor $\vec{v} = \overrightarrow{AB} = B - A = (-2,3,6)$, tem-se

$$r: \begin{cases} x = 3 - 2t \\ y = -1 + 3t \\ z = -2 + 6t \end{cases}$$

## EQUAÇÕES PARAMÉTRICAS DE UM SEGMENTO DE RETA

Consideremos a reta r do exemplo anterior e nela o segmento AB (origem A e extremidade B) (Figura 5.3).

Figura 5.3

As equações paramétricas do segmento AB são as mesmas da reta r, porém, com $0 \leq t \leq 1$, ou seja,

$$AB: \begin{cases} x = 3 - 2t \\ y = -1 + 3t \\ z = -2 + 6t, \quad t \in [0,1] \end{cases}$$

Observemos que

para t = 0, obtém-se o ponto A;

para t = 1, obtém-se o ponto B;

e para t entre 0 e 1, obtém-se os pontos entre A e B.

Se considerássemos o segmento BA, a fim de manter o mesmo intervalo de variação de t, para ponto tomaríamos o B e para vetor diretor $\overrightarrow{BA} = A - B = (2,-3,-6)$. Então,

$$BA: \begin{cases} x = 1 + 2t \\ y = 2 - 3t \\ z = 4 - 6t, \quad t \in [0,1] \end{cases}$$

Notemos que as equações vetoriais dos segmentos AB e BA com $0 \le t \le 1$ são

$$P = A + t(B - A) \quad e \quad P = B + t(A - B),$$

respectivamente, em que P(x, y, z) representa um ponto qualquer do segmento.

### Observação

A equação P = A + t(B – A) pode também ser expressa por

$$P = t\,B + (1 - t)A$$

## EQUAÇÕES SIMÉTRICAS DA RETA

Das equações paramétricas

$$x = x_1 + at \qquad y = y_1 + bt \qquad z = z_1 + ct$$

supondo $abc \neq 0$, vem

$$t = \frac{x - x_1}{a} \qquad t = \frac{y - y_1}{b} \qquad t = \frac{z - z_1}{c}$$

Como para cada ponto da reta corresponde um só valor para t, obtemos as igualdades

$$\frac{x - x_1}{a} = \frac{y - y_1}{b} = \frac{z - z_1}{c} \qquad \textbf{(6)}$$

As equações (6) são denominadas *equações simétricas* da reta que passa pelo ponto $A(x_1, y_1, z_1)$ e tem a direção do vetor $\vec{v} = (a, b, c)$.

### Exemplo

A reta que passa pelo ponto A(3, 0, –5) e tem a direção do vetor $\vec{v} = (2, 2, -1)$ tem equações simétricas

$$\frac{x - 3}{2} = \frac{y}{2} = \frac{z + 5}{-1}$$

Se desejarmos obter outros pontos da reta, basta atribuirmos um valor qualquer a uma das variáveis. Por exemplo, para x = 5, tem-se

$$\frac{5 - 3}{2} = 1 = \frac{y}{2} = \frac{z + 5}{-1}$$

em que y = 2 e z = –6 e, portanto, o ponto (5, 2, –6) pertence à reta.

# EQUAÇÕES REDUZIDAS DA RETA

Em vez de realizar um tratamento genérico, tomaremos um caso particular.

Seja a reta r definida pelo ponto A(2, −4, −3) e pelo vetor diretor $\vec{v}=(1,2,-3)$, ela pode ser expressa pelas equações simétricas

$$r: \frac{x-2}{1}=\frac{y+4}{2}=\frac{z+3}{-3} \qquad \textbf{(7)}$$

A partir dessas equações, pode-se expressar duas variáveis em função da terceira. Isolando-se primeiro as variáveis y e z, e expressando-as em função de x, obtém-se

$$\frac{x-2}{1} = \frac{y+4}{2} \qquad \frac{x-2}{1} = \frac{z+3}{-3}$$

$$1(y+4) = 2(x-2) \qquad 1(z+3) = -3(x-2)$$

$$y+4 = 2x-4 \qquad z+3 = -3x+6$$

$$y = 2x-8 \qquad z = -3x+3 \qquad \textbf{(8)}$$

As duas últimas equações são *equações reduzidas* da reta r, na variável x.

## Observações

a) É fácil verificar que todo ponto $P \in r$ é do tipo $P(x, 2x-8, -3x+3)$, em que x pode assumir um valor qualquer. Por exemplo, para x = 3, tem-se o ponto $P_1(3,-2,-6) \in r$.

b) Equações reduzidas na variável x serão sempre da forma

$$\begin{cases} y = mx+n \\ z = px+q \end{cases}$$

c) Com procedimento idêntico, a partir das equações **(7)**, podem-se obter as equações

$$\begin{cases} x = \frac{1}{2}y+4 \\ z = -\frac{3}{2}y-9 \end{cases} \quad \text{(equações reduzidas na variável y)}$$

ou

$$\begin{cases} x = -\frac{1}{3}z+1 \\ y = -\frac{2}{3}z-6 \end{cases} \quad \text{(equações reduzidas na variável z)}$$

d) A reta r das equações **(7)** pode ser representada pelas equações paramétricas

$$\begin{cases} x = 2 + t \\ y = -4 + 2t \\ z = -3 - 3t \end{cases}$$

Da primeira equação obtém-se t = x – 2 que, substituindo nas outras duas, transforma-as em

$$y = -4 + 2(x - 2) = 2x - 8$$

$$z = -3 - 3(x - 2) = -3x + 3$$

que são as equações reduzidas de (8).

e) Para encontrar um vetor diretor da reta

$$r: \begin{cases} y = 2x - 8 \\ z = -3x + 3 \end{cases}$$

uma das formas é determinar dois pontos A e B de r e, posteriormente, encontrar o vetor $\overrightarrow{AB} = B - A$. Por exemplo,

para x = 0, obtém-se o ponto A(0, –8, 3)

para x = 1, obtém-se o ponto B(1, –6, 0)

Logo, $\overrightarrow{AB} = (1,2,-3)$ é um vetor diretor de r.

Outra maneira seria isolar a variável x nas duas equações, obtendo-se, desse modo, equações simétricas de r:

$$\frac{x}{1} = \frac{y+8}{2} = \frac{z-3}{-3}$$

na qual a leitura do vetor diretor (1, 2, –3) é imediata.

## RETAS PARALELAS AOS PLANOS COORDENADOS

Uma reta é paralela a um dos planos xOy, xOz ou yOz se seus vetores diretores forem paralelos ao correspondente plano. Nesse caso, *uma das componentes do vetor é nula.*

A Figura 5.4 mostra a reta r (r // xOy) que passa pelo ponto A(–1, 2, 4) e tem vetor diretor $\vec{v} = (2,3,0)$ (a 3ª componente é nula porque $\vec{v} \parallel xOy$).

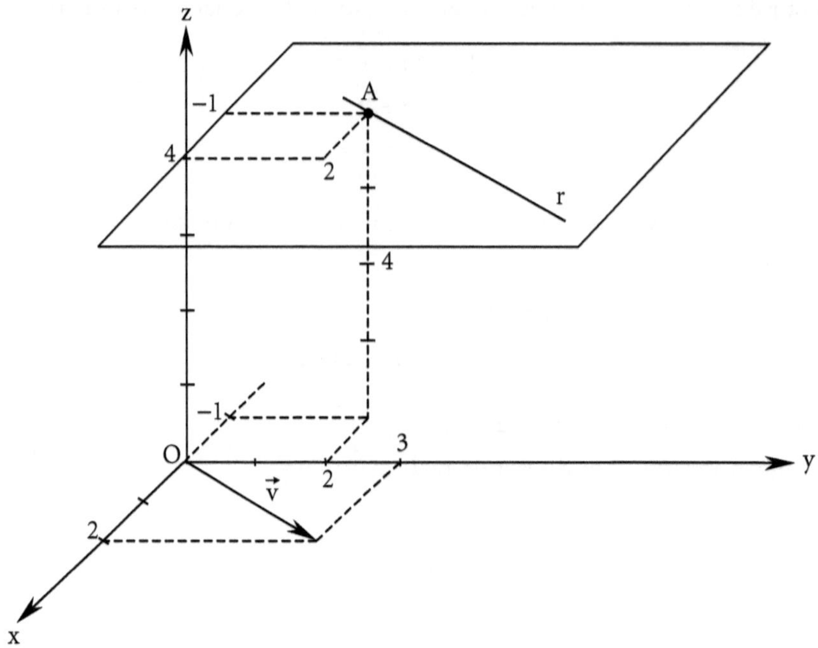


Figura 5.4

Um sistema de equações paramétricas de r é

$$\begin{cases} x = -1 + 2t \\ y = 2 + 3t \\ z = 4 \end{cases}$$

## Observação

Como todos os pontos de r são do tipo (x, y, 4), ou seja, são pontos de cota 4, todos eles *distam 4 unidades do plano* xOy e, por isso, r // xOy. Por outro lado, sendo $P_1(x_1, y_1, 4)$ e $P_2(x_2, y_2, 4)$ pontos distintos de r, o vetor diretor $\overrightarrow{P_1P_2} = (x_2 - x_1, y_2 - y_1, 0)$ sempre terá a 3ª componente nula.

Comentário idêntico faríamos para os casos de uma reta ser paralela aos outros dois planos.

A Figura 5.5 mostra a reta r que passa por A(1, 5, 3) e é paralela ao vetor $\vec{v} = (-1, 0, 2)$ e, portanto,

$$r: \begin{cases} x = 1 - t \\ y = 5 \\ z = 3 + 2t \end{cases}$$

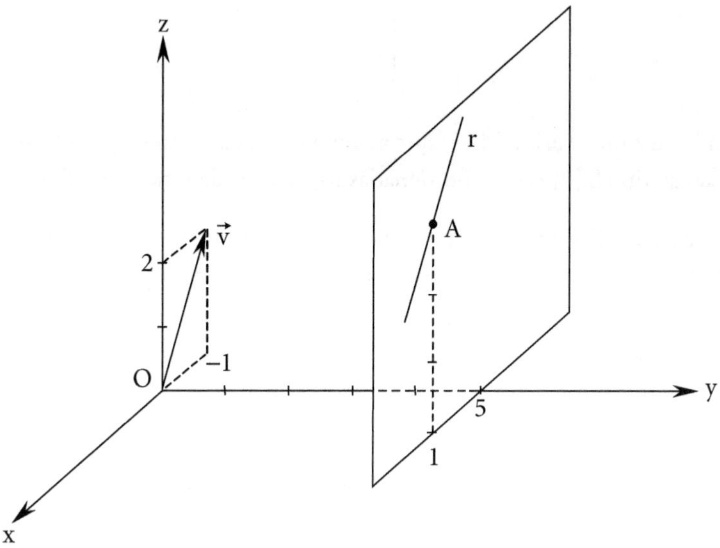


Figura 5.5

## RETAS PARALELAS AOS EIXOS COORDENADOS

Uma reta é paralela a um dos eixos Ox, Oy ou Oz se seus vetores diretores forem paralelos a $\vec{i}=(1,0,0)$ ou a $\vec{j}=(0,1,0)$ ou, ainda, a $\vec{k}=(0,0,1)$. Nesse caso, *duas das componentes do vetor são nulas.*

### Exemplo

Seja a reta r que passa por A(2, 3, 4) e tem a direção do vetor $\vec{v}=(0,0,3)$. Como a direção de $\vec{v}$ é a mesma de $\vec{k}$, pois $v=3\vec{k}$, a reta r é paralela ao eixo Oz (Figura 5.6).

A reta r pode ser representada pelas equações

$$\begin{cases} x=2 \\ y=3 \\ z=4+3t \end{cases}$$

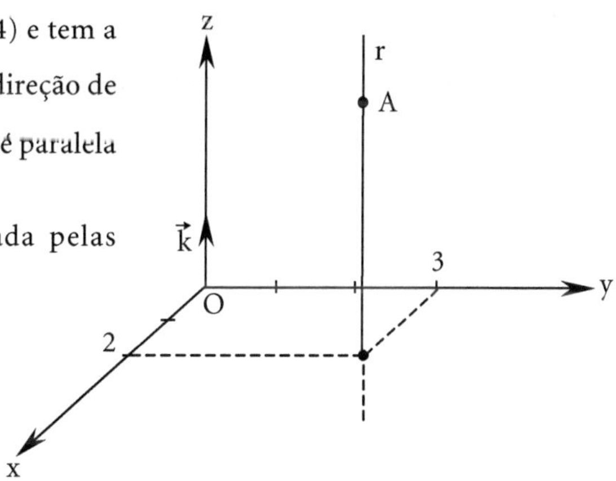


Figura 5.6

Para o caso particular da reta ser paralela a um eixo coordenado, costuma-se simplificar, e expressar as equações somente pelas constantes. Para o caso particular anterior, diz-se que as equações de r são

$$\begin{cases} x = 2 \\ y = 3 \end{cases}$$

subentendendo-se z uma variável livre que assume todos os valores reais. Ou seja, todos os pontos de r são do tipo $(2, 3, z)$ e as coordenadas constantes identificam perfeitamente a reta.

As Figuras 5.7 e 5.8 apresentam retas que passam por $A(x_1, y_1, z_1)$ e são paralelas aos eixos Oy e Ox, respectivamente. Logo, suas equações, já na forma simplificada, são

$$\begin{cases} x = x_1 \\ z = z_1 \end{cases} \quad e \quad \begin{cases} y = y_1 \\ z = z_1 \end{cases}, \text{ respectivamente.}$$

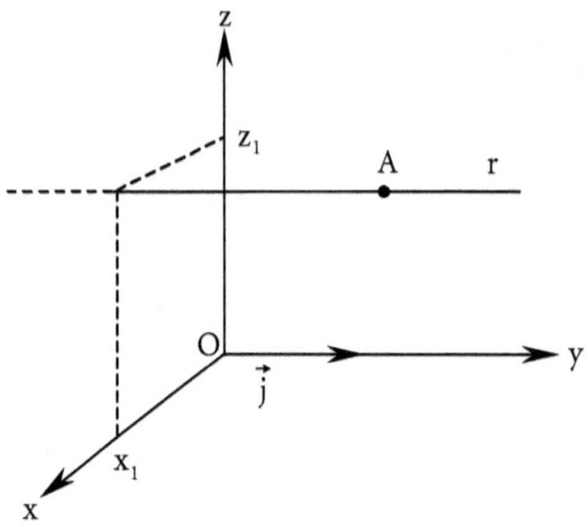


Figura 5.7

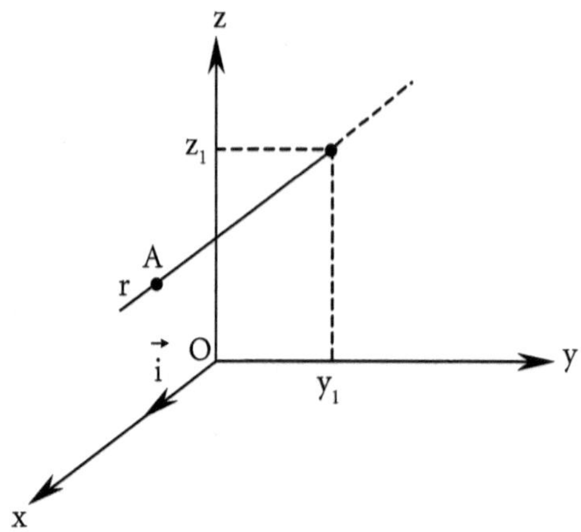


Figura 5.8

## Observação

Os eixos Ox, Oy e Oz são retas particulares. Todas passam pela origem O(0, 0, 0) e têm a direção de $\vec{i}, \vec{j}$ ou $\vec{k}$, respectivamente. Logo suas equações são:

$$\begin{cases} y = 0 \\ z = 0 \end{cases}, \quad \begin{cases} x = 0 \\ z = 0 \end{cases} \quad e \quad \begin{cases} x = 0 \\ y = 0 \end{cases}, \text{ nesta ordem.}$$

# ÂNGULO DE DUAS RETAS

Sejam as retas $r_1$ e $r_2$ com as direções de $\vec{v}_1$ e $\vec{v}_2$, respectivamente (Figura 5.9).

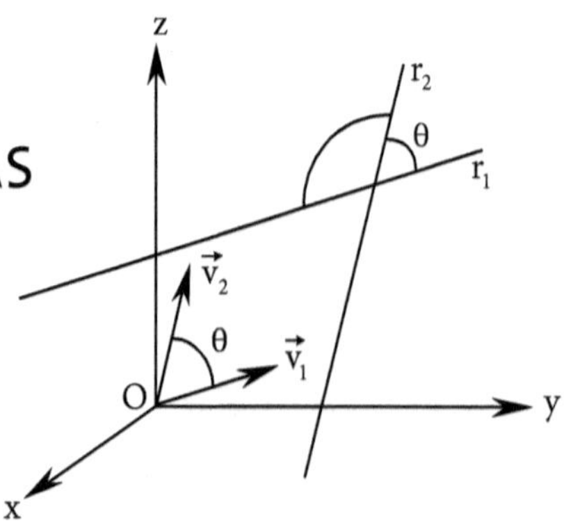


Figura 5.9

Chama-se *ângulo de duas retas* $r_1$ e $r_2$ o menor ângulo de um vetor diretor de $r_1$ e de um vetor diretor de $r_2$. Logo, sendo θ este ângulo, tem-se

$$\cos\theta = \frac{|\vec{v}_1 \cdot \vec{v}_2|}{|\vec{v}_1||\vec{v}_2|}, \text{ com } 0 \le \theta \le \frac{\pi}{2} \quad \textbf{(9)}$$

## Exemplo

Calcular o ângulo entre as retas

$$r_1: \begin{cases} x = 3 + t \\ y = t \\ z = -1 - 2t \end{cases} \quad \text{e} \quad r_2: \frac{x+2}{-2} = \frac{y-3}{1} = \frac{z}{1}$$

### Solução

Os vetores que definem as direções das retas $r_1$ e $r_2$ são, respectivamente,

$$\vec{v}_1 = (1,1,-2) \text{ e } \vec{v}_2 = (-2,1,1)$$

Pela fórmula **(9)**:

$$\cos\theta = \frac{|\vec{v}_1 . \vec{v}_2|}{|\vec{v}_1||\vec{v}_2|} = \frac{|(1,1,-2)\cdot(-2,1,1)|}{\sqrt{1^2+1^2+(-2)^2}\sqrt{(-2)^2+1^2+1^2}}$$

$$\cos\theta = \frac{|-2+1-2|}{\sqrt{1+1+4}\sqrt{4+1+1}} = \frac{|-3|}{\sqrt{6}\sqrt{6}} = \frac{3}{6} = \frac{1}{2}$$

Logo,

$$\theta = \arccos\left(\frac{1}{2}\right) = \frac{\pi}{3} \text{rad} = 60°$$

# RETAS ORTOGONAIS

Sejam as retas $r_1$ e $r_2$ com as direções de $\vec{v}_1$ e $\vec{v}_2$, respectivamente.

Então,

$$r_1 \perp r_2 \Leftrightarrow \vec{v}_1 \cdot \vec{v}_2 = 0$$

### Observação

Duas retas ortogonais podem ser concorrentes ou não. Na Figura 5.10, as retas $r_1$ e $r_2$ são ortogonais a r. Porém, $r_2$ e r são concorrentes. Nesse caso, diz-se que são *perpendiculares*.

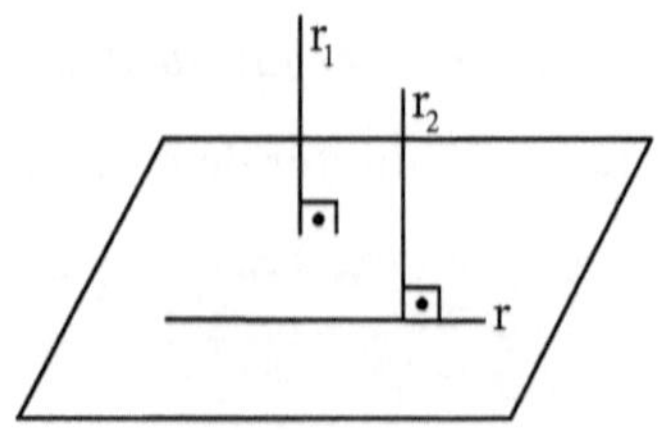

Figura 5.10

## Exemplo

As retas

$$r_1:\begin{cases} y=-2x+1 \\ z=4x \end{cases} \quad \text{e} \quad r_2:\begin{cases} x=3-2t \\ y=4+t \\ z=t \end{cases} \quad \text{são ortogonais.}$$

Sendo $\vec{v}_1=(1,-2,4)$ e $\vec{v}_2=(-2,1,1)$ vetores diretores de $r_1$ e $r_2$ e

$$\vec{v}_1\cdot\vec{v}_2=1(-2)-2(1)+4(1)=0$$

as retas $r_1$ e $r_2$ são ortogonais.

# RETA ORTOGONAL A DUAS RETAS

Sejam as retas $r_1$ e $r_2$ não paralelas, com as direções de $\vec{v}_1$ e $\vec{v}_2$, respectivamente. Toda reta r ortogonal a $r_1$ e $r_2$ terá a direção de um vetor $\vec{v}$ tal que

$$\begin{cases} \vec{v}\cdot\vec{v}_1=0 \\ \vec{v}\cdot\vec{v}_2=0 \end{cases} \qquad \textbf{(10)}$$

Em vez de tomarmos um vetor $\vec{v}\neq\vec{0}$ como uma solução particular do sistema **(10)**, poderíamos utilizar o produto vetorial (Capítulo 3), ou seja,

$$\vec{v}=\vec{v}_1\times\vec{v}_2$$

Definido um vetor diretor, a reta r estará determinada quando um de seus pontos for conhecido.

## Exemplo

Determinar equações paramétricas da reta r que passa pelo ponto A(3, 4, −1) e é ortogonal às retas

$$r_1:(x,y,z)=(0,0,1)+t(2,3,-4) \quad \text{e} \quad r_2:\begin{cases} x=5 \\ y=t \\ z=1-t \end{cases}$$

**Solução**

As direções de $r_1$ e $r_2$ são definidas pelos vetores $\vec{v}_1=(2,3,-4)$ e $\vec{v}_2=(0,1,-1)$. Então, a reta r tem a direção do vetor

$$\vec{v}_1\times\vec{v}_2=\begin{vmatrix}\vec{i} & \vec{j} & \vec{k}\\ 2 & 3 & -4\\ 0 & 1 & -1\end{vmatrix}=(1,2,2)$$

Logo,

$$r:\begin{cases}x=3+t\\ y=4+2t\\ z=-1+2t\end{cases}$$

# INTERSEÇÃO DE DUAS RETAS

## Exemplos

Determinar, caso exista, o ponto de interseção das retas $r_1$ e $r_2$:

1. $r_1:\begin{cases}x=3+h\\ y=1+2h\\ z=2-h\end{cases}$ e $r_2:\begin{cases}x=5+3t\\ y=-3-2t\\ z=4+t\end{cases}$

2. $r_1:\begin{cases}y=2x-3\\ z=-x\end{cases}$ e $r_2:\begin{cases}x=-t\\ y=4-t\\ z=2+2t\end{cases}$

3. $r_1:\begin{cases}y=-3x+2\\ z=2x-5\end{cases}$ e $r_2:\dfrac{x+2}{2}=\dfrac{y-1}{-6}=\dfrac{z}{4}$

**Solução**

Se existe um ponto I(x, y, z) comum às duas retas, suas coordenadas verificam todas as equações de $r_1$ e $r_2$, ou seja, o ponto I é solução única do sistema formado pelas equações das duas retas.

1. Igualando as expressões em x, y e z nas equações de $r_1$ e $r_2$, tem-se

$$\begin{cases}3+h=5+3t\\ 1+2h=-3-2t\\ 2-h=4+t\end{cases}\quad\text{ou}\quad\begin{cases}h-3t=2\\ 2h+2t=-4\\ -h-t=2\end{cases}$$

sistema cuja solução é $h=t=-1$. Substituindo $h=-1$ nas equações de $r_1$, obtém-se

$$x=3+(-1)=2\qquad y=1+2(-1)=-1\qquad z=2-(-1)=3$$

Portanto, o ponto de interseção é I(2, −1, 3).

O mesmo ponto seria obtido substituindo-se t = −1 nas equações de $r_2$.

2. Substituindo x, y e z das equações de $r_2$ nas equações de $r_1$, resulta o sistema

$$\begin{cases} 4-t=-2t-3 \\ 2+2t=t \end{cases}$$

Da primeira equação obtemos t = −7, e da segunda, t = −2. Como o sistema não tem solução, não existe ponto de interseção, ou seja , as retas $r_1$ e $r_2$ não são concorrentes.

3. Observando que $\vec{v}_1=(1,-3,2)$ e $\vec{v}_2=(2,-6,4)$ são vetores diretores de $r_1$ e $r_2$, respectivamente, e que $\vec{v}_2=2\vec{v}_1$, conclui-se que as retas são paralelas e não coincidentes (basta verificar que o ponto $A_1(0,2,-5)\in r_1$ e $A_1 \notin r_2$). Fica a cargo do leitor buscar a solução do sistema constituído pelas equações de $r_1$ e $r_2$ para concluir a não existência do ponto de interseção.

## Observações

a) Se duas retas, como no exemplo (1), se interceptam, elas são *coplanares*, ou seja, estão situadas no mesmo plano (Figura 5.11). Também são coplanares as retas paralelas do exemplo (3) (Figura 5.12).

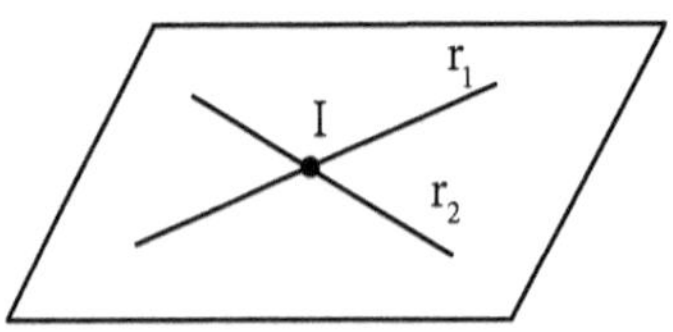

Figura 5.11

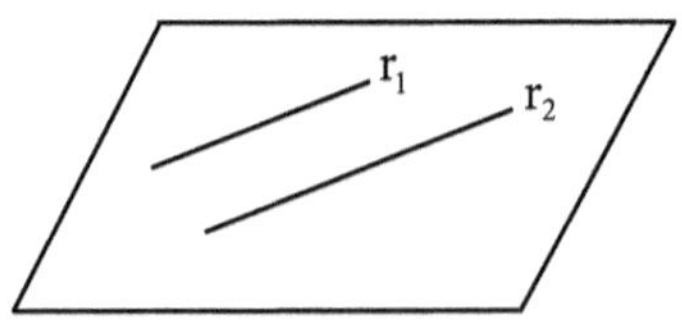

Figura 5.12

b) Se duas retas não são coplanares, elas são consideradas *reversas*. É o caso do exemplo (2) (Figura 5.13), pois as retas, além de não concorrentes, são não paralelas, e, portanto, não coplanares.

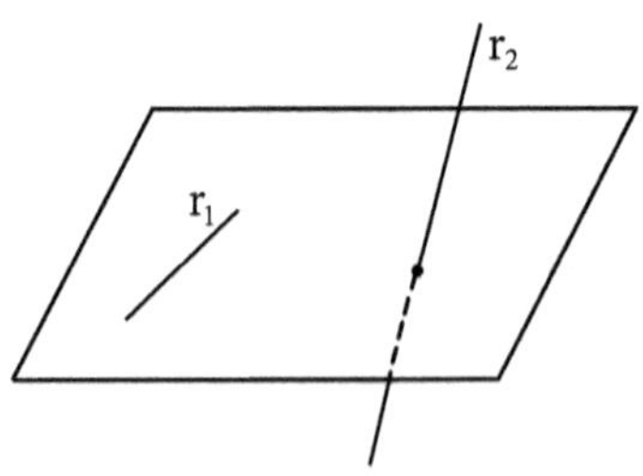

Figura 5.13

## Problemas propostos

**1.** Determinar uma equação vetorial da reta r definida pelos pontos A(2, –3, 4) e B(1, –1, 2) e verificar se os pontos $C(\frac{5}{2}, -4, 5)$ e D(–1, 3, 4) pertencem a r.

**2.** Dada a reta r:(x, y, z) = (–1, 2, 3) + t(2, –3, 0), escrever equações paramétricas de r.

**3.** Escrever equações paramétricas da reta que passa por A(1, 2, 3) e é paralela à reta

$$r : (x, y, z) = (1, 4, 3) + t(0, 0, 1)$$

**4.** Dada a reta

$$r: \begin{cases} x = 2 + t \\ y = 3 - t \\ z = -4 + 2t \end{cases}$$ , determinar o ponto de r tal que

**a)** a ordenada seja 6;

**b)** a abscissa seja igual à ordenada;

**c)** a cota seja o quádruplo da abscissa.

**5.** A reta r passa pelo ponto A(4,–3,–2) e é paralela à reta

$$s: \begin{cases} x = 1 + 3t \\ y = 2 - 4t \\ z = 3 - t \end{cases}$$

Se P(m, n, –5) ∈ r, determinar m e n.

**6.** Determinar as equações paramétricas da reta que passa pelos pontos A e B nos seguintes casos:

**a)** A(1, –1, 2) e B(2, 1, 0)

**b)** A(3, 1, 4) e B(3, –2, 2)

**c)** A(1, 2, 3) e B(1, 3, 2)

**d)** A(0, 0, 0) e B(0, 1, 0)

**7.** Com base na Figura 5.14, escrever equações paramétricas da reta por

**a)** A e B

**b)** C e D

**c)** A e D

**d)** B e C

**e)** D e E

**f)** B e D

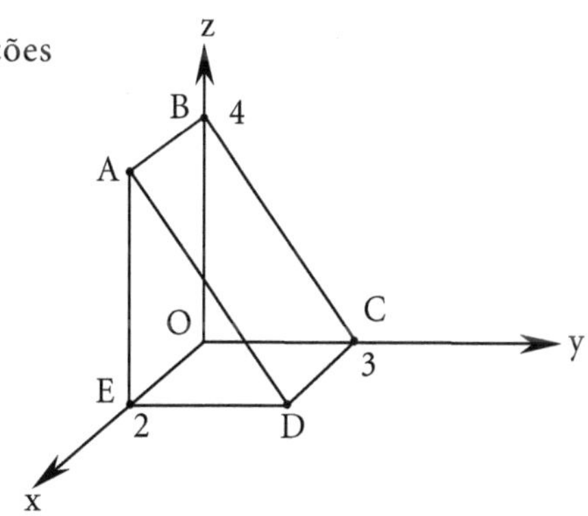


Figura 5.14

**8.** O ponto P(m, 1, n) pertence à reta que passa por A(3, −1, 4) e B(4, −3, −1). Determinar P.

**9.** Seja o triângulo de vértices A(−1, 4, −2), B(3, −3, 6) e C(2, −1, 4). Escrever equações paramétricas da reta que passa pelo ponto médio de lado AB e pelo vértice oposto C.

**10.** Os pontos $M_1(2,-1,3)$, $M_2(1,-3,0)$ e $M_3(2,1,-5)$ são pontos médios dos lados de um triângulo ABC. Obter equações paramétricas da reta que contém o lado cujo ponto médio é $M_1$.

**11.** Os vértices de um triângulo são os pontos A(−1, 1, 3), B(2, 1, 4) e C(3, −1, −1). Obter equações paramétricas dos lados AB, AC e BC, e da reta r que contém a mediana relativa ao vértice B.

**12.** Verificar se os pontos $P_1(5,-5,6)$ e $P_2(4,-1,12)$ pertencem à reta

$$r: \frac{x-3}{-1} = \frac{y+1}{2} = \frac{z-2}{-2}$$

**13.** Determinar o ponto da reta $r: \frac{x-1}{2} = \frac{y+3}{-1} = \frac{z}{4}$ que possui

**a)** abscissa 5;

**b)** ordenada 2.

**14.** Obter o ponto de abscissa 1 da reta $r: \frac{2x+1}{3} = \frac{3y-2}{2} = z+4$ e encontrar um vetor diretor de r que tenha ordenada 2.

**15.** Obter equações reduzidas na variável x, da reta

**a)** que passa por A(4, 0, −3) e tem a direção de $\vec{v} = (2,4,5)$;

**b)** pelos pontos A(1, −2, 3) e B(3, −1, −1);

**c)** pelos pontos A(−1, 2, 3) e B(2, −1, 3);

**d)** dada por $\begin{cases} x = 2-t \\ y = 3t \\ z = 4t-5. \end{cases}$

**16.** Escrever equações reduzidas na variável z da reta que passa por A(−1, 6, 3) e B(2, 2, 1).

**17.** Na reta $r: \begin{cases} y = 2x+3 \\ z = x-1 \end{cases}$, determinar o ponto de

**a)** ordenada igual a 9;

**b)** abscissa igual ao dobro da cota;

**c)** ordenada igual ao triplo da cota.

**18.** Representar graficamente as retas de equações

**a)** $\begin{cases} x=1-t \\ y=-1+2t \\ z=2+t \end{cases}$ **c)** $x=y=z$ **e)** $\begin{cases} y=4 \\ z=2x \end{cases}$ **g)** $\begin{cases} x=3 \\ y=-4 \end{cases}$

**b)** $\begin{cases} y=-x \\ z=3+x \end{cases}$ **d)** $\begin{cases} y=2x \\ z=3 \end{cases}$ **f)** $\begin{cases} y=3 \\ z=-1 \end{cases}$ **h)** $\begin{cases} x=-3 \\ z=3 \end{cases}$

**19.** Determinar as equações paramétricas e representar graficamente a reta que passa por

**a)** A(3, –2, 4) e é paralela ao eixo x;

**b)** A(2, 2, 4) e é perpendicular ao plano xOz;

**c)** A(–2, 3, 4) e é ortogonal ao mesmo tempo aos eixos x e y;

**d)** A(4, –1, 3) e tem a direção de $3\vec{i}-2\vec{j}$;

**e)** A(3, –1, 3) e B(3, 3, 4).

**20.** Escrever as equações paramétricas das retas que passam pelo ponto A(4, –5, 3) e são, respectivamente, paralelas aos eixos Ox, Oy e Oz.

**21.** Determinar o ângulo entre as seguintes retas:

**a)** $r_1: \begin{cases} x=-2-t \\ y=t \\ z=3-2t \end{cases}$ e $r_2: \dfrac{x}{2}=\dfrac{y+6}{1}=\dfrac{z-1}{1}$

**b)** $r_1: \begin{cases} y=-2x+3 \\ z=x-2 \end{cases}$ e $r_2: y=\dfrac{z+1}{-1};\ x=4$

**c)** $r_1: \begin{cases} x=1+\sqrt{2}t \\ y=t \\ z=5-3t \end{cases}$ e $r_2: \begin{cases} x=3 \\ y=2 \end{cases}$

**d)** $r_1: \dfrac{x-4}{2}=\dfrac{y}{-1}=\dfrac{z+1}{-2}$ e $r_2: \begin{cases} x=1 \\ \dfrac{y}{4}=\dfrac{z-2}{3} \end{cases}$

**22.** Determinar o valor de n para que seja de 30° o ângulo entre as retas

**a)** $r_1: \dfrac{x-2}{4}=\dfrac{y}{5}=\dfrac{z}{3}$ e $r_2: \begin{cases} y=nx+5 \\ z=2x-2 \end{cases}$

**b)** $r_1: \begin{cases} y=nx-1 \\ z=2x \end{cases}$ e $r_2$ : eixo Oy

**23.** Sabendo que as retas $r_1$ e $r_2$ são ortogonais, determinar o valor de m para os casos:

**a)** $r_1: \begin{cases} x = 2mt - 3 \\ y = 1 + 3t \\ z = -4t \end{cases}$ e $r_2: \begin{cases} x = 2y - 1 \\ z = -y + 4 \end{cases}$

**b)** $r_1: \begin{cases} y = mx + 3 \\ z = x - 1 \end{cases}$ $r_2$: reta por A(1, 0, m) e B(−2, 2m, 2m)

**24.** Encontrar equações paramétricas da reta que passa por A e é, simultaneamente, ortogonal às retas $r_1$ e $r_2$, nos casos:

**a)** A(3, 2, −1), $r_1: \begin{cases} x = 3 \\ y = -1 \end{cases}$ e $r_2: \begin{cases} y = x - 3 \\ z = -2x + 3 \end{cases}$

**b)** A(0, 0, 0), $r_1: \frac{x}{2} = \frac{y}{1} = \frac{z-3}{2}$ e $r_2: \begin{cases} x = 3t \\ y = -t + 1 \\ z = 2 \end{cases}$

**c)** A é a interseção de $r_1$ e $r_2$

$$r_1: x - 2 = \frac{y+1}{2} = \frac{z}{3} \quad \text{e} \quad r_2: \begin{cases} x = 1 - y \\ z = 2 + 2y \end{cases}$$

**25.** Determinar, caso exista, o ponto de interseção das retas $r_1$ e $r_2$:

**a)** $r_1: \begin{cases} y = 2x - 3 \\ z = -x + 5 \end{cases}$ e $r_2 \begin{cases} y = -3x + 7 \\ z = x + 1 \end{cases}$

**b)** $r_1: \frac{x-3}{2} = \frac{y+1}{-3} = \frac{z-2}{4}$ e $r_2: \begin{cases} x = -1 + t \\ y = 4 - t \\ z = -8 + 3t \end{cases}$

**c)** $r_1: \begin{cases} y = 2x - 3 \\ z = -x - 10 \end{cases}$ e $r_2: x = \frac{y-4}{3} = \frac{z+1}{-2}$

**d)** $r_1: \begin{cases} x = 2 - t \\ y = 3 - 5t \\ z = 6 - 6t \end{cases}$ e $r_2: \begin{cases} x = -3 + 6h \\ y = 1 + 7h \\ z = -1 + 13h \end{cases}$

**e)** $r_1: (x, y, z) = (2, 4, 1) + t(1, -2, 3)$ e $r_2: (x, y, z) = (-1, 2, 5) + t(4, 3, -2)$

**f)** $r_1: \begin{cases} x = 2 + t \\ y = 4 - t \\ z = -t \end{cases}$ e $r_2: \begin{cases} y = 6 - x \\ z = 2 - x \end{cases}$

**26.** Calcular o valor de m para que sejam concorrentes as seguintes retas:

**a)** $r_1: \begin{cases} y = 2x - 5 \\ z = -x + 2 \end{cases}$ e $r_2: x - 5 = \dfrac{y}{m} = z + 1$

**b)** $r_1: \begin{cases} x = m - t \\ y = 1 + t \\ z = 2t \end{cases}$ e $r_2: \dfrac{x-1}{3} = \dfrac{y+2}{1} = \dfrac{z}{-2}$

**27.** Dadas as retas

$$r_1: \frac{x-1}{2} = -y;\ z = 3 \qquad e \qquad r_2: \begin{cases} x = t \\ y = -1 + t \\ z = 2 + t \end{cases}$$

encontrar equações reduzidas na variável x da reta que passa por A(0, 1, 0) e pelo ponto de interseção de $r_1$ com $r_2$.

**28.** Determinar na reta $r: \begin{cases} x = 2 + t \\ y = t \\ z = -1 + 2t \end{cases}$ um ponto equidistante dos pontos A(2, –1, –2) e B(1,0,–1).

**29.** Determinar os pontos da reta

$$r: x = 2 + t, \quad y = 1 + 2t, \quad z = 3 + 2t \qquad \text{que}$$

**a)** distam 6 unidades do ponto A(2, 1, 3);

**b)** distam 2 unidades do ponto B(1, –1, 3).

**30.** Escrever equações reduzidas da reta que passa por A(1, 3, 5) e intercepta o eixo z perpendicularmente.

**31.** Escrever equações reduzidas na variável z de cada uma das retas que satisfazem às condições dadas:

**a)** passa por A(4, –2, 2) e é paralela à reta r: x = 2y = –2z;

**b)** passa pela origem e é ortogonal a cada uma das retas

$$r: \frac{2x-1}{3} = \frac{y+2}{-2} = 2z - 2 \qquad e \qquad s: x = -y = -z$$

**32.** Determinar o ângulo que a reta que passa por A(3, –1, 4) e B(1, 3, 2) forma com a sua projeção sobre o plano xy.

**33.** Apresentar equações paramétricas da projeção da reta $r: \begin{cases} y = 5x - 7 \\ z = -2x + 6 \end{cases}$ sobre o plano xy.

**34.** Dados o ponto A(3, 4, −2) e a reta

$$r: \begin{cases} x = 1 + t \\ y = 2 - t \\ z = 4 + 2t \end{cases}$$

**a)** determinar equações paramétricas da reta que passa por A e é perpendicular a r.

**b)** calcular a distância de A a r.

**c)** determinar o ponto simétrico de A em relação a r.

### Respostas de problemas propostos

**1.** (x, y, z) = (2, −3, 4) + t(−1, 2, −2), C ∈ r e D ∉ r.

**2.** x = −1 + 2t  y = 2 − 3t  z = 3

**3.** x = 1  y = 2  z = 3 + t

**4.** **a)** (−1, 6, −10)  **b)** $(\frac{5}{2}, \frac{5}{2}, -3)$  **c)** (−4, 9, −16)

**5.** m = 13, n = −15

**6.** **a)** x = 1 + t  y = −1 + 2t  z = 2 − 2t

**b)** x = 3  y = 1 − 3t  z = 4 − 2t

**c)** x = 1  y = 2 + t  z = 3 − t

**d)** x = 0  y = t  z = 0 (eixo Oy)

**7.** **a)** x = 2 + 2t  y = 0  z = 4

**b)** x = 2t  y = 3  z = 0

**c)** x = 2  y = 3t  z = 4 − 4t

**d)** x = 0  y = 3t  z = 4 − 4t

**e)** x = 2  y = 3 + 3t  z = 0

**f)** x = 2t  y = 3t  z = 4 − 4t

**8.** P(2, 1, 9)

**9.** x = 2 + t  $y = -1 - \frac{3}{2}t$  z = 4 + 2t

**10.** x = 2 + t  y = −1 + 4t  z = 3 − 5t

**11.** AB: x = −1 + 3t  y = 1  z = 3 + t  com t ∈ [0,1]

AC: x = −1 + 4t  y = 1 − 2t  z = 3 − 4t  com t ∈ [0,1]

BC: $x = 2 + t \quad y = 1 - 2t \quad z = 4 - 5t$ com $t \in [0,1]$

r: $x = 2 + t \quad y = 1 + t \quad z = 4 + 3t$

**12.** Apenas $P_1$

**13.** **a)** $(5, -5, 8)$ **b)** $(-9, 2, -20)$

**14.** $(1, \frac{4}{3}, -3)$ e $\vec{v} = (\frac{9}{2}, 2, 3)$

**15.** **a)** $y = 2x - 8$ e $z = \frac{5}{2}x - 13$ **c)** $y = -x + 1$ e $z = 3$

**b)** $y = \frac{x}{2} - \frac{5}{2}$ e $z = -2x + 5$ **d)** $y = -3x + 6$ e $z = -4x + 3$

**16.** $x = -\frac{3}{2}z + \frac{7}{2}$ e $y = 2z$

**17.** **a)** $(3, 9, 2)$ **b)** $(2, 7, 1)$ **c)** $(6, 15, 5)$

**19.** **a)** $\begin{cases} y = -2 \\ z = 4 \end{cases}$ **b)** $\begin{cases} x = 2 \\ z = 4 \end{cases}$ **c)** $\begin{cases} x = -2 \\ y = 3 \end{cases}$

**d)** $\begin{cases} x = 4 + 3t \\ y = -1 - 2t \\ z = 3 \end{cases}$ **e)** $\begin{cases} x = 3 \\ y = -1 + 4t \\ z = 3 + t \end{cases}$

**20.** $\begin{cases} y = -5 \\ z = 3 \end{cases}$ $\begin{cases} x = 4 \\ z = 3 \end{cases}$ $\begin{cases} x = 4 \\ y = -5 \end{cases}$

**21.** **a)** $60°$ **b)** $30°$ **c)** $30°$

**d)** $\theta = \arccos(\frac{2}{3}) \cong 48°11'$

**22.** **a)** 7 ou 1 **b)** $\pm\sqrt{15}$

**23.** **a)** $m = -\frac{7}{4}$ **b)** $m = 1$ ou $m = -\frac{3}{2}$

**24.** **a)** $x = 3 + t \quad y = 2 - t \quad z = -1$

**b)** $x = 2t \quad y = 6t \quad z = -5t$

**c)** $x = 2 + t \quad y = -1 - 5t \quad z = 3t$

**25.** **a)** $(2, 1, 3)$ **d)** $(3, 8, 12)$

**b)** $(1, 2, -2)$ **e)** reversas

**c)** reversas **f)** coincidentes

**26.** **a)** $m = -3$ **b)** $m = 4$

**27.** $\begin{cases} y = -x + 1 \\ z = 3x \end{cases}$

**28.** $(\frac{7}{4}, -\frac{1}{4}, -\frac{3}{2})$

**29.** **a)** $(4, 5, 7)$ e $(0, -3, -1)$ **b)** $(\frac{17}{9}, \frac{7}{9}, \frac{25}{9})$ e $(1, -1, 1)$

**30.** $y = 3x$, $z = 5$

**31.** **a)** $\begin{cases} x = -2z + 8 \\ y = -z \end{cases}$ **b)** $\begin{cases} x = 5z \\ y = 4z \end{cases}$

**32.** $\theta = \text{arc cos}(\frac{\sqrt{30}}{6})$

**33.** $x = 1 + t$ $y = -2 + 5t$ $z = 0$

**34.** **a)** $\begin{cases} x = 3 - 2h \\ y = 4 \\ z = -2 + h \end{cases}$ **b)** $\sqrt{20}$ **c)** $(-5, 4, 2)$

# O PLANO

# 6

## EQUAÇÃO GERAL DO PLANO

Seja $A(x_1, y_1, z_1)$ um ponto pertencente ao plano $\pi$ e $\vec{n}=(a,b,c)$, $\vec{n}\neq\vec{0}$, um vetor normal (ortogonal) ao plano (Figura 6.1).

Como $\vec{n}\perp\pi$, $\vec{n}$ é ortogonal a todo vetor representado em $\pi$. Então, um ponto $P(x, y, z)$ pertence a $\pi$ se, e somente se, o vetor $\overrightarrow{AP}$ é ortogonal a $\vec{n}$, ou seja,

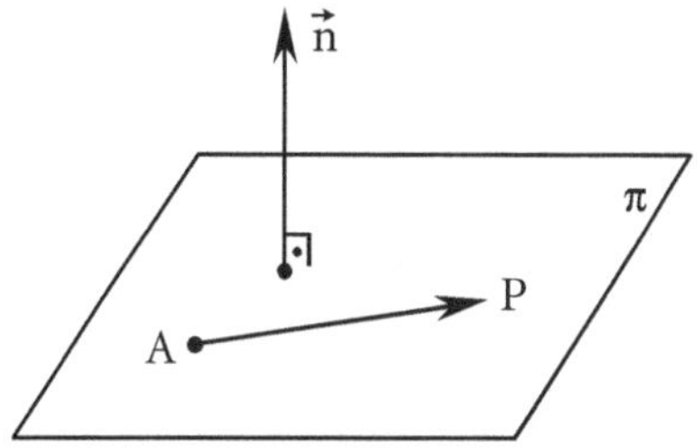


Figura 6.1

$$\vec{n}\cdot(P-A)=0$$

ou

$$(a,b,c)\cdot(x-x_1, y-y_1, z-z_1)=0$$

ou

$$a(x-x_1)+b(y-y_1)+c(z-z_1)=0$$

ou, ainda,

$$ax+by+cz-ax_1-by_1-cz_1=0$$

Fazendo $-ax_1-by_1-cz_1=d$, obtemos

$$ax+by+cz+d=0 \qquad \textbf{(1)}$$

Esta é a equação *geral* do plano $\pi$.

### Observações

a) Assim como $\vec{n}=(a,b,c)$ é um vetor normal a $\pi$, qualquer vetor $k\vec{n}$, $k\neq 0$, é também vetor normal ao plano.

b) É importante notar que os três coeficientes a, b e c da equação **(1)** representam as componentes de um vetor normal ao plano.

Por exemplo, se um plano $\pi$ é dado por

$$\pi : 3x + 2y - z + 1 = 0$$

um de seus vetores normais é $\vec{n} = (3,2,-1)$.

c) Para obter pontos de um plano dado por uma equação geral, basta atribuir valores arbitrários a duas das variáveis e calcular o valor da outra na equação dada.

Assim, por exemplo, se na equação anterior fizermos $x = 4$ e $y = -2$, teremos:

$$3(4)+2(-2)-z+1=0$$
$$12-4-z+1=0$$
$$z=9$$

e, portanto, o ponto A(4,–2,9) pertence a este plano.

## Exemplos

1. Obter uma equação geral do plano $\pi$ que passa pelo ponto A(2, –1, 3) e tem $\vec{n} = (3,2,-4)$ como um vetor normal.

**Solução**

Como $\vec{n}$ é normal a $\pi$, sua equação é do tipo

$$3x + 2y - 4z + d = 0$$

e sendo A um ponto do plano, suas coordenadas devem verificar a equação, ou seja,

$$3(2)+2(-1)-4(3)+d=0$$
$$6-2-12+d=0$$
$$d=8$$

Logo, uma equação geral do plano $\pi$ é

$$3x + 2y - 4z + 8 = 0$$

### Observação

Esse exemplo, como outro qualquer que envolva determinação de equação do plano, pode ser resolvido de modo análogo à dedução da equação, pois um vetor normal ao plano é suficiente para caracterizar sua direção. Em nosso estudo utilizaremos sempre a equação geral em vez de apelar para a sua dedução. O leitor poderá optar entre uma ou outra maneira.

2. Escrever uma equação geral do plano π que passa pelo ponto A(2, 1, 3) e é paralelo ao plano

$$\pi_1 : 3x - 4y - 2z + 5 = 0.$$

**Solução**

É imediato que "um vetor normal a um plano é também normal a qualquer plano paralelo a este".

Então, como $\pi \, // \, \pi_1$, o vetor $\vec{n_1} = (3, -4, -2)$ normal a $\pi_1$ é também normal a π. Logo, uma equação de π é da forma

$$3x - 4y - 2z + d = 0$$

Tendo em vista que $A \in \pi$, suas coordenadas devem verificar a equação:

$$3(2) - 4(1) - 2(3) + d = 0$$

e d = 4; portanto, uma equação de π é

$$3x - 4y - 2z + 4 = 0$$

3. A reta

$$r: \begin{cases} x = 5 + 3t \\ y = -4 + 2t \\ z = 1 + t \end{cases}$$

é ortogonal ao plano π que passa pelo ponto A(2, 1, −2). Determinar uma equação geral de π e representá-la graficamente.

**Solução**

Como $r \perp \pi$, qualquer vetor diretor de r é um vetor normal ao plano. Sendo $\vec{n} = (3, 2, 1)$ um desses vetores, uma equação de π é da forma

$$3x + 2y + z + d = 0$$

Como $A \in \pi$, deve-se ter

$$3(2) + 2(1) + (-2) + d = 0$$

e d = −6; portanto, uma equação de π é

$$3x + 2y + z - 6 = 0$$

Para a representação gráfica do plano, obteremos três de seus pontos. Se nessa equação fizermos

$y = 0 \quad \text{e} \quad z = 0, \quad \text{vem } x = 2$

$x = 0 \quad \text{e} \quad z = 0, \quad \text{vem } y = 3$

$x = 0 \quad \text{e} \quad y = 0, \quad \text{vem } z = 6$

Obtemos, assim, os pontos $A_1(2,0,0)$, $A_2(0,3,0)$ e $A_3(0,0,6)$ nos quais o plano intercepta os eixos coordenados. A Figura 6.2 mostra o referido plano.

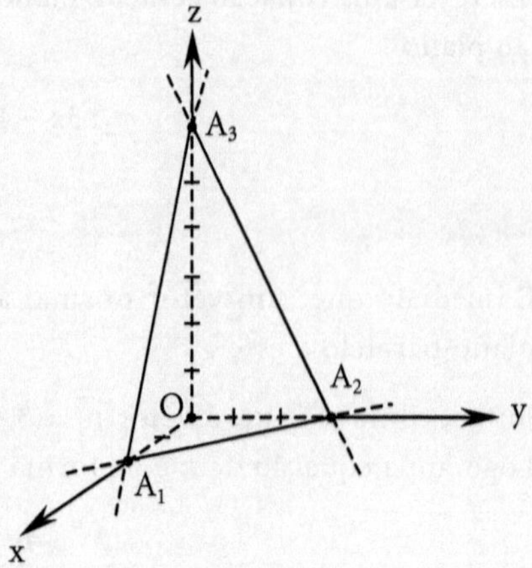


Figura 6.2

## Observação

Se um plano $\pi$ intercepta os eixos coordenados nos pontos (p, 0, 0), (0, q, 0) e (0, 0, r) com $p \cdot q \cdot r \neq 0$, então, $\pi$ admite a equação

$$\frac{x}{p} + \frac{y}{q} + \frac{z}{r} = 1$$

denominada *equação segmentária* do plano $\pi$.

Para o caso do problema anterior, em que os pontos são $A_1(2,0,0)$, $A_2(0,3,0)$ e $A_3(0,0,6)$, a equação segmentária do plano é

$$\frac{x}{2} + \frac{y}{3} + \frac{z}{6} = 1 \qquad \textbf{(2)}$$

que é equivalente à equação $3x + 2y + z - 6 = 0$, ao eliminarmos os denominadores e ordenarmos os termos.

Reciprocamente, se escrevermos esta última equação como $3x + 2y + z = 6$ e dividirmos ambos os membros por 6, voltaremos a ter a equação segmentária **(2)**.

# EQUAÇÃO VETORIAL E EQUAÇÕES PARAMÉTRICAS DO PLANO

Seja $A(x_0, y_0, z_0)$ um ponto pertencente a um plano $\pi$ e $\vec{u} = (a_1, b_1, c_1)$ e $\vec{v} = (a_2, b_2, c_2)$ dois vetores paralelos a $\pi$ (Figura 6.3), e $\vec{u}$ e $\vec{v}$ não paralelos.

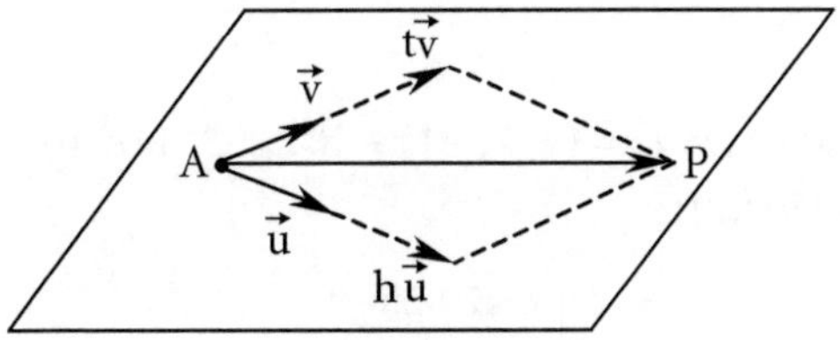


Figura 6.3

Para todo ponto P do plano, os vetores $\overrightarrow{AP}$, $\vec{u}$ e $\vec{v}$ são coplanares. Um ponto P(x, y, z) pertence a π se, e somente se, existirem números reais h e t tais que

$$P - A = h\vec{u} + t\vec{v}$$

ou

$$P = A + h\vec{u} + t\vec{v}$$

ou, em coordenadas:

$$(x,y,z) = (x_0, y_0, z_0) + h(a_1, b_1, c_1) + t(a_2, b_2, c_2), \quad h, t \in \mathbb{R} \qquad \textbf{(3)}$$

Essa equação é denominada *equação vetorial* do plano π. Os vetores $\vec{u}$ e $\vec{v}$ são *vetores diretores* de π.

Da equação **(3)** obtém-se

$$(x,y,z) = (x_0 + a_1h + a_2t, \; y_0 + b_1h + b_2t, \; z_0 + c_1h + c_2t)$$

que, pela condição de igualdade, vem

$$\begin{cases} x = x_0 + a_1h + a_2t \\ y = y_0 + b_1h + b_2t \\ z = z_0 + c_1h + c_2t, \quad h, t \in \mathbb{R} \end{cases}$$

Essas equações são chamadas *equações paramétricas* de π, e h e t são variáveis auxiliares denominadas *parâmetros*.

## Exemplos

1. Seja o plano π que passa pelo ponto A(2, 2, −1) e é paralelo aos vetores $\vec{u} = (2,-3,1)$ e $\vec{v} = (-1,5,-3)$. Obter uma equação vetorial, um sistema de equações paramétricas e uma equação geral de π.

**Solução**

a) *Equação vetorial:* (x, y, z) = (2, 2, −1) + h(2, −3, 1) + t(−1, 5, −3)

b) *Equações paramétricas:*

$$\begin{cases} x = 2 + 2h - t \\ y = 2 - 3h + 5t \\ z = -1 + h - 3t \end{cases}$$

## Observação

Se quisermos algum ponto desse plano, basta arbitrar valores reais para h e t. Por exemplo, para h = 0 e t = 1, vem

$$x = 1, \quad y = 7 \quad e \quad z = -4$$

e, portanto, B(1, 7, −4) é um ponto do plano π.

c) *Equação geral*

Como o vetor

$$\vec{u} \times \vec{v} = \begin{vmatrix} \vec{i} & \vec{j} & \vec{k} \\ 2 & -3 & 1 \\ -1 & 5 & -3 \end{vmatrix} = (4,5,7)$$

é simultaneamente ortogonal a $\vec{u}$ e $\vec{v}$, ele é um vetor $\vec{n}$ normal ao plano π (Figura 6.4). Então, uma equação geral de π é da forma

$$4x + 5y + 7z + d = 0$$

e, como A ∈ π, tem-se

$$4(2) + 5(2) + 7(-1) + d = 0$$

e d = −11; portanto,

$$4x + 5y + 7z - 11 = 0$$

é uma equação geral de π.

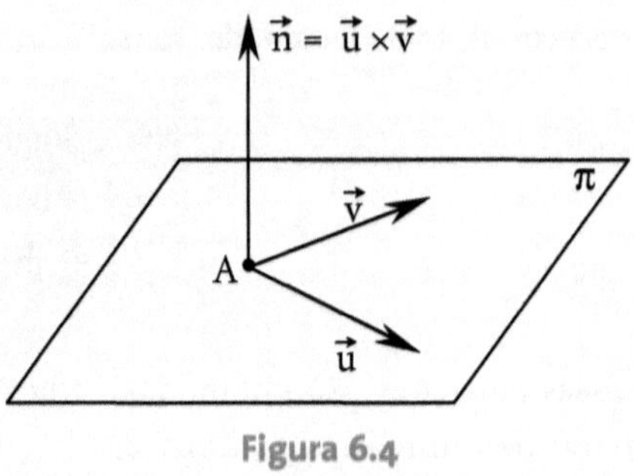


Figura 6.4

## Observação

Existe outra maneira de obter uma equação geral de π: como P(x, y, z) representa um ponto qualquer do plano, os vetores $\overrightarrow{AP}$, $\vec{u}$ e $\vec{v}$ são coplanares (Figura 6.5) e, portanto, o produto misto deles é nulo, ou seja,

$$(\overrightarrow{AP},\vec{u},\vec{v})=0$$

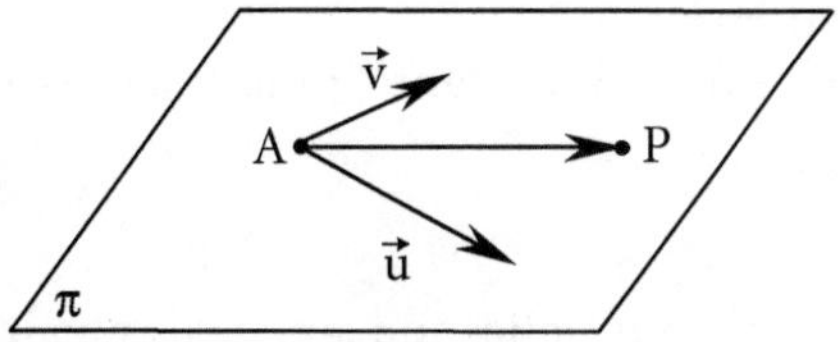

Figura 6.5

Assim, obtém-se uma equação geral do plano desenvolvendo o 1º membro da igualdade

$$\begin{vmatrix} x-2 & y-2 & z+1 \\ 2 & -3 & 1 \\ -1 & 5 & -3 \end{vmatrix}=0$$

que é equivalente à equação $4x + 5y + 7z - 11 = 0$

2. Dado o plano π determinado pelos pontos A(1, −1, 2), B(2, 1, −3) e C(−1, −2, 6), obter um sistema de equações paramétricas e uma equação geral de π.

**Solução**

a) *Equações paramétricas*

Sabe-se que existe apenas um plano que contém três pontos não em linha reta. Os vetores não paralelos

$$\vec{u}=\overrightarrow{AB}=(1,2,-5) \text{ e } \vec{v}=\overrightarrow{AC}=(-2,-1,4)$$

são vetores diretores de π (Figura 6.6) e, portanto, as equações (utilizando o ponto A)

$$\begin{cases} x=1+h-2t \\ y=-1+2h-t \\ z=2-5h+4t \end{cases}$$

são equações paramétricas do plano.

b) *Equação geral*.

Como no problema anterior, sendo $\vec{u}$ e $\vec{v}$ vetores diretores de π, o vetor

$$\vec{n}=\vec{u}\times\vec{v}=\begin{vmatrix} \vec{i} & \vec{j} & \vec{k} \\ 1 & 2 & -5 \\ -2 & -1 & 4 \end{vmatrix}=(3,6,3)$$

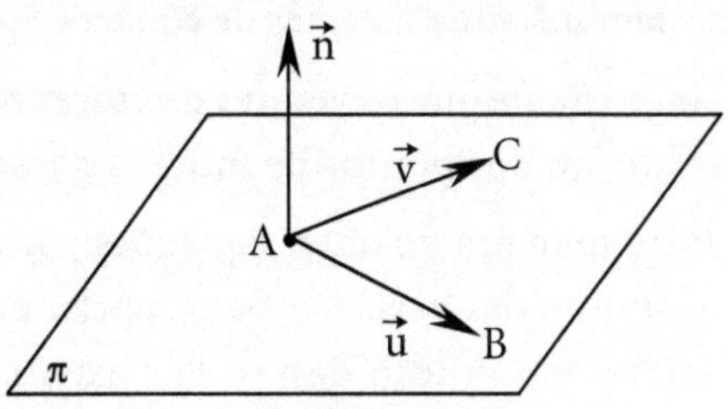

Figura 6.6

é um vetor normal a π (Figura 6.6).

Então, uma equação geral é da forma

$$3x + 6y + 3z + d = 0$$

Como A ∈ π (poderíamos tomar B ou C):

$$3(1) + 6(-1) + 3(2) + d = 0$$

e d = −3; portanto, uma equação geral de π é

$$3x + 6y + 3z - 3 = 0$$

ou, multiplicando ambos os membros da equação por $\frac{1}{3}$:

$$x + 2y + z - 1 = 0$$

3. Dado o plano π de equação $2x - y - z + 4 = 0$, determinar um sistema de equações paramétricas de π.

**Solução**

Basta tomar três pontos A, B e C não alinhados de π e proceder como no problema anterior.
Fazendo

$$x = y = 0, \text{ vem } z = 4 \therefore A(0, 0, 4) \in \pi$$

$$x = 1 \text{ e } y = 0, \text{ vem } z = 6 \therefore B(1, 0, 6) \in \pi$$

$$x = 0 \text{ e } y = 1, \text{ vem } z = 3 \therefore C(0, 1, 3) \in \pi$$

Como $\overrightarrow{AB} = (1,0,2)$ e $\overrightarrow{AC} = (0,1,-1)$ são vetores diretores de π, as equações

$$\begin{cases} x = 0 + 1 \cdot h + 0 \cdot t \\ y = 0 + 0 \cdot h + 1 \cdot t \\ z = 4 + 2 \cdot h - 1 \cdot t \end{cases} \quad \text{ou} \quad \begin{cases} x = h \\ y = t \\ z = 4 + 2h - t \end{cases}$$

são equações paramétricas de π.

## Observações

a) Como é possível encontrar infinitos ternos A, B e C de pontos não alinhados em π, existem infinitos sistemas de equações paramétricas que representam o *mesmo* plano.

b) É importante que os vetores diretores sejam não paralelos. Se ocorrer $\overrightarrow{AB} \parallel \overrightarrow{AC}$, basta trocar um dos pontos de modo a garantir $\overrightarrow{AB}$ e $\overrightarrow{AC}$ não paralelos.

c) Outra maneira de obter equações paramétricas, a partir da equação geral, é substituir duas das variáveis pelos parâmetros h e t e, posteriormente, isolar a terceira variável em função destes. Por exemplo, se na equação geral $2x - y - z + 4 = 0$, fizermos $y = h$ e $z = t$, teremos $2x - h - t + 4 = 0$. Isolando x, resulta $x = -2 + \frac{1}{2}h + \frac{1}{2}t$.

Então,

$$\begin{cases} x = -2 + \frac{1}{2}h + \frac{1}{2}t \\ y = h \\ z = t \end{cases}$$

são equações paramétricas do plano.

De modo análogo obteríamos outros sistemas:

$$\begin{cases} x = h \\ y = t \\ z = 4 + 2h - t \end{cases} \quad \text{e} \quad \begin{cases} x = h \\ y = 4 + 2h - t \\ z = t \end{cases}$$

4. Determinar uma equação geral do plano π que contém as retas

$$r_1: \begin{cases} y = x + 1 \\ z = -3x - 2 \end{cases} \quad \text{e} \quad r_2: \begin{cases} x = 2t \\ y = 2t + 3 \\ z = -6t + 1 \end{cases}$$

**Solução**

Observemos que as direções das retas são dadas pelos vetores $\vec{v}_1 = (1,1,-3)$ e $\vec{v}_2 = (2,2,-6)$. Como $\vec{v}_2 = 2\vec{v}_1$, as retas $r_1$ e $r_2$ são paralelas e os vetores $\vec{v}_1$ e $\vec{v}_2$ *não* são vetores diretores do plano procurado. Tendo em vista que os pontos $A_1(0,1,-2) \in r_1$ e $A_2(0,3,1) \in r_2$ também pertencem a π, o vetor $\overrightarrow{A_1A_2} = (0,2,3)$ está representado neste plano. Então, $\vec{v}_1$ e $\overrightarrow{A_1A_2}$ (ou $\vec{v}_2$ e $\overrightarrow{A_1A_2}$) são vetores diretores de π e um de seus vetores normais (Figura 6.7) será

$$\vec{n} = \vec{v}_1 \times \overrightarrow{A_1A_2} = \begin{vmatrix} \vec{i} & \vec{j} & \vec{k} \\ 1 & 1 & -3 \\ 0 & 2 & 3 \end{vmatrix} = (9,-3,2)$$

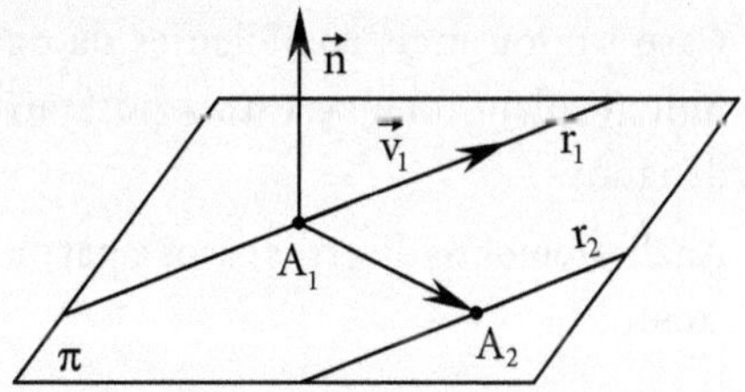

Figura 6.7

Portanto, uma equação geral de π é da forma

$$9x - 3y + 2z + d = 0$$

e, como $A_1 \in \pi$, tem-se

$$9(0) - 3(1) + 2(-2) + d = 0$$

e d = 7; logo,

$$\pi: 9x - 3y + 2z + 7 = 0$$

## EQUAÇÃO VETORIAL DE UM PARALELOGRAMO

Dados os pontos A, B e C não em linha reta, os vetores $\overrightarrow{AB}$ e $\overrightarrow{AC}$ determinam o paralelogramo (Figura 6.8) cuja equação vetorial é

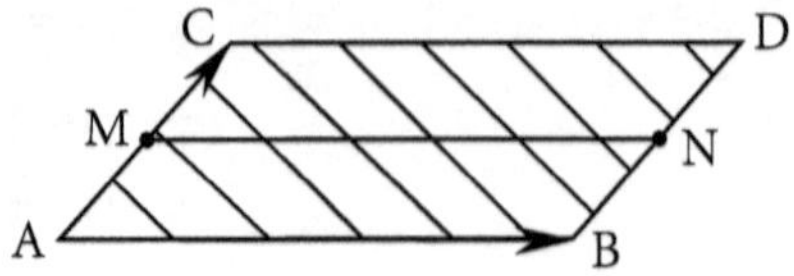


Figura 6.8

$$P = A + h(\overrightarrow{AB}) + t(\overrightarrow{AC})$$

ou

$$P = A + h(B - A) + t(C - A) \text{ com } h, t \in [0, 1]$$

em que P representa um ponto qualquer deste paralelogramo.

Observemos que

para h = t = 0, obtém-se o ponto A (P = A)

para h = 1 e t = 0, obtém-se o ponto B (P = B)

para h = 0 e t = 1, obtém-se o ponto C (P = C)

para h = t = 1, obtém-se o ponto D (P = D)

para $t = \frac{1}{2}$ e $h \in [0,1]$, obtém-se o segmento MN, onde M e N são pontos médios de AC e BD, respectivamente, e assim por diante

para h e t entre 0 e 1, obtêm-se todos os pontos do paralelogramo.

## CASOS PARTICULARES DA EQUAÇÃO GERAL DO PLANO

Caso um ou mais coeficientes da equação geral do plano ax + by + cz + d = 0 seja nulo, o plano ocupará uma posição particular em relação aos eixos ou planos coordenados.

Analisaremos os diversos casos a partir de uma equação completa ax + by + cz + d = 0. Por exemplo

$$3x + 4y + 2z - 12 = 0 \qquad \textbf{(4)}$$

em que a = 3, b = 4, c = 2 e d = −12. O plano que essa equação representa intercepta os três eixos coordenados em (4, 0, 0), (0, 3, 0) e (0, 0, 6) (Figura 6.9).

1º) Se d = 0, a equação **(4)** seria

$$3x + 4y + 2z = 0$$

e representaria um plano paralelo ao da Figura 6.9, porém, passando pela origem O(0, 0, 0), pois as coordenadas deste ponto verificam a equação:

$$3(0) + 4(0) + 2(0) = 0$$

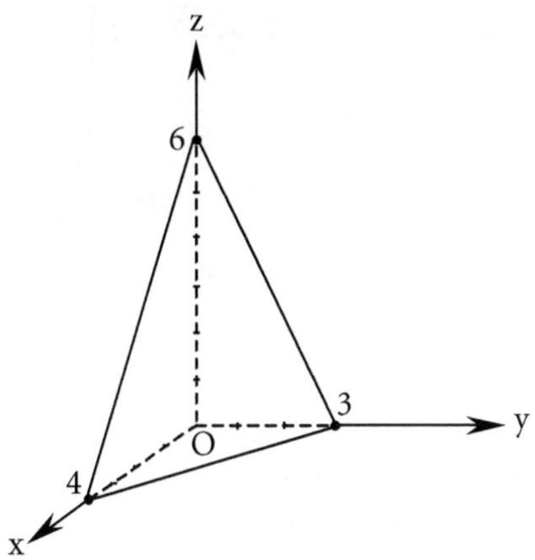


Figura 6.9

2º) Se a = 0, a equação **(4)** seria

$$4y + 2z - 12 = 0 \text{ (ou: } 0x + 4y + 2z - 12 = 0) \qquad \textbf{(5)}$$

e representaria um plano paralelo ao eixo x, interceptando os outros dois eixos ainda em (0, 3, 0) e (0, 0, 6) (Figura 6.10).

Observemos, ainda, que nenhum ponto do tipo (x, 0, 0) satisfaz a equação **(5)**, pois

$$0(x) + 4(0) + 2(0) - 12 = 0 \text{ é falso.}$$

Ora, se nenhum ponto do eixo dos x verifica a equação **(5)**, significa que o plano não tem ponto em comum com esse eixo e, portanto, só pode ser paralelo a ele.

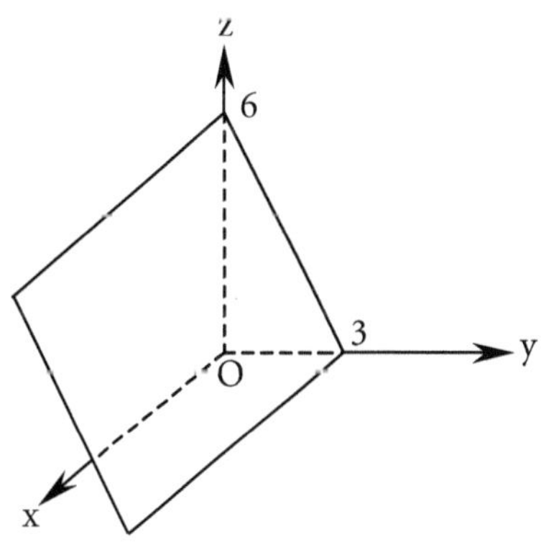


Figura 6.10

Dessa análise ainda se conclui que o plano é paralelo ao eixo da variável ausente na equação.

Se em **(5)** d = 0, a equação resultante

$$4y + 2z = 0$$

representa um plano pela origem, e, portanto, contém o eixo Ox (Figura 6.11).

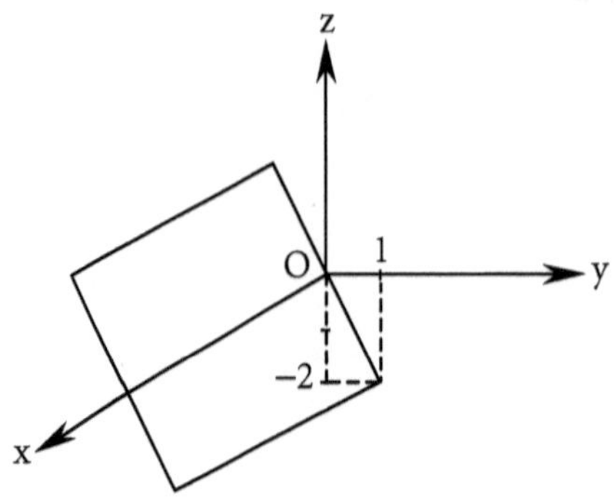


Figura 6.11

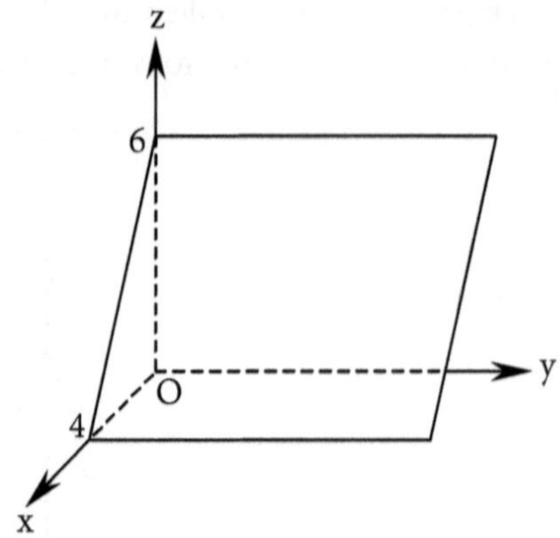


Figura 6.12

Comentários idênticos faríamos para os casos b = 0 ou c = 0, quando a equação **(4)** seria

$$3x + 2z - 12 = 0 \text{ (Figura 6.12)}$$

ou

$$3x + 4y - 12 = 0 \text{ (Figura 6.13)}$$

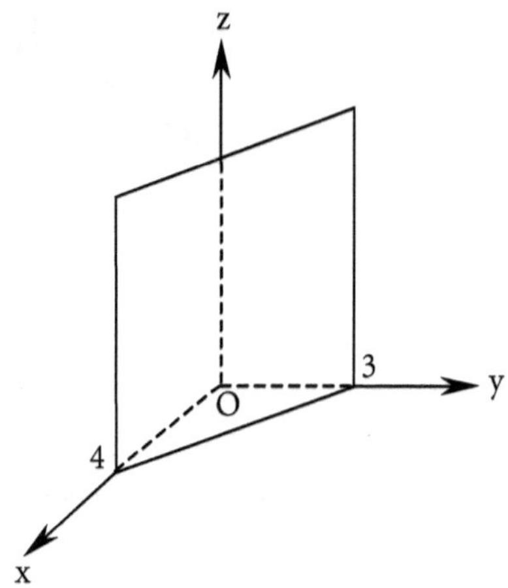


Figura 6.13

3º) Se a = b = 0, a equação **(4)** seria

$$2z - 12 = 0 \text{ (ou: } 0x + 0y + 2z - 12 = 0) \qquad \textbf{(6)}$$

ou, simplesmente,

$$z = 6$$

Observemos que todos os pontos do tipo (x, y, 6) verificam a equação **(6)**. Ora, se todos os pontos deste plano têm cota 6, significa que todos estão 6 unidades afastados do plano xOy. Portanto, trata-se de um plano paralelo a xOy e que intercepta o eixo Oz perpendicularmente em (0, 0, 6).

Assim, concluímos que toda equação de forma

$$z = k$$

representa plano paralelo ao plano xOy e intercepta o eixo Oz em (0, 0, k).

Na Figura 6.14 estão representados os planos de equação z = 6 e z = 0 (plano xOy).

Raciocínio análogo leva-nos a concluir que

y = k representa plano paralelo a xOz e

x = k representa plano paralelo a yOz.

Na Figura 6.15 estão representados os planos de equação y = 3 e y = 0 (plano xOz), e na Figura 6.16 os planos de equação x = 4 e x = 0 (plano yOz).

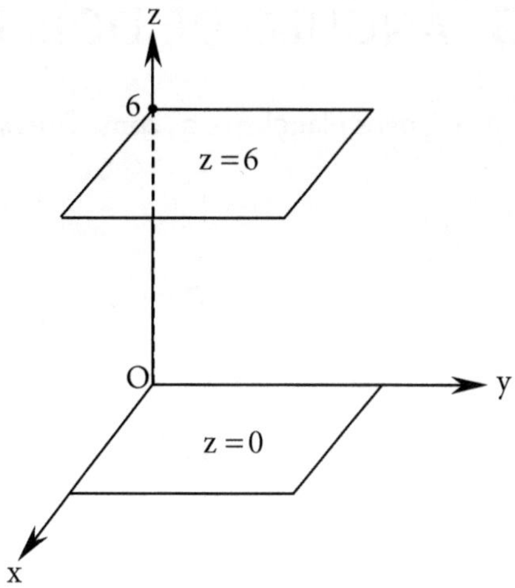


Figura 6.14

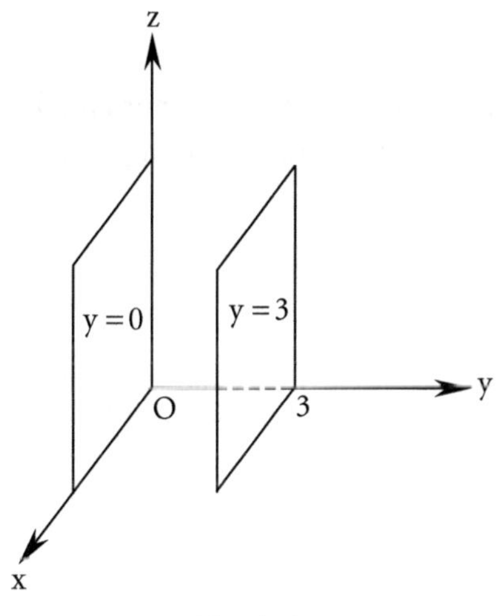


Figura 6.15

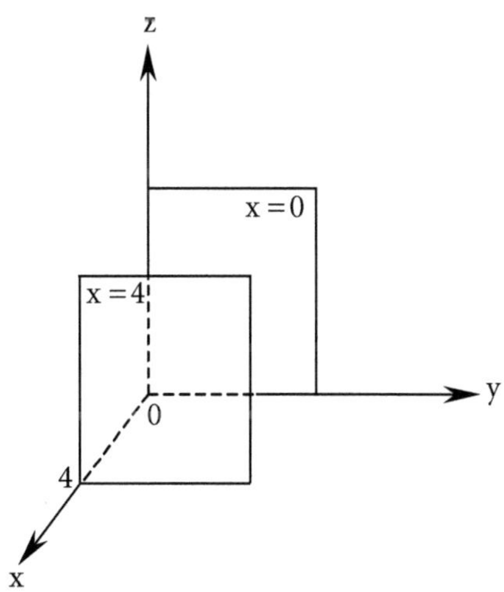


Figura 6.16

# ÂNGULO DE DOIS PLANOS

Sejam os planos $\pi_1$ e $\pi_2$ com vetores normais $\vec{n}_1$ e $\vec{n}_2$, respectivamente (Figura 6.17).

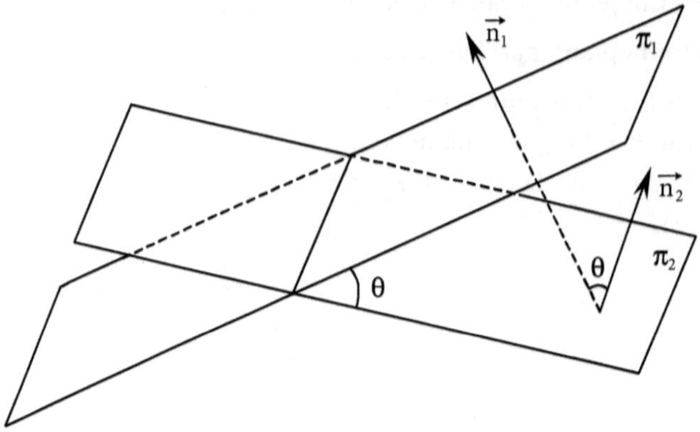


Figura 6.17

Chama-se ângulo de dois planos $\pi_1$ e $\pi_2$ o menor ângulo que um vetor normal a $\pi_1$ forma com um vetor normal a $\pi_2$. Sendo θ esse ângulo, tem-se

$$\cos\theta = \frac{|\vec{n}_1 \cdot \vec{n}_2|}{|\vec{n}_1||\vec{n}_2|}, \text{ com } 0 \leq \theta \leq \frac{\pi}{2} \qquad \textbf{(7)}$$

Como $\cos\theta \geq 0$ quando $0 \leq \theta \leq \frac{\pi}{2}$, o numerador de **(7)** deve ser positivo, razão pela qual tomou-se o produto escalar em módulo, pois este poderá ser negativo quando o ângulo entre os vetores for o suplementar de θ.

## Exemplo

Determinar o ângulo entre os planos

$$\pi_1: 2x + y - z + 3 = 0 \qquad \text{e} \qquad \pi_2: x + y - 4 = 0$$

### Solução

Sendo $\vec{n}_1 = (2,1,-1)$ e $\vec{n}_2 = (1,1,0)$ vetores normais a $\pi_1$ e $\pi_2$, de acordo com **(7)** tem-se

$$\cos\theta = \frac{|(2,1,-1)\cdot(1,1,0)|}{\sqrt{2^2+1^2+(-1)^2}\,\sqrt{1^2+1^2}} = \frac{|2+1+0|}{\sqrt{6}\sqrt{2}} = \frac{3}{\sqrt{12}} = \frac{3}{2\sqrt{3}} = \frac{\sqrt{3}}{2}$$

Logo,

$$\theta = \text{arc}\cos\left(\frac{\sqrt{3}}{2}\right) = \frac{\pi}{6}$$

## PLANOS PERPENDICULARES

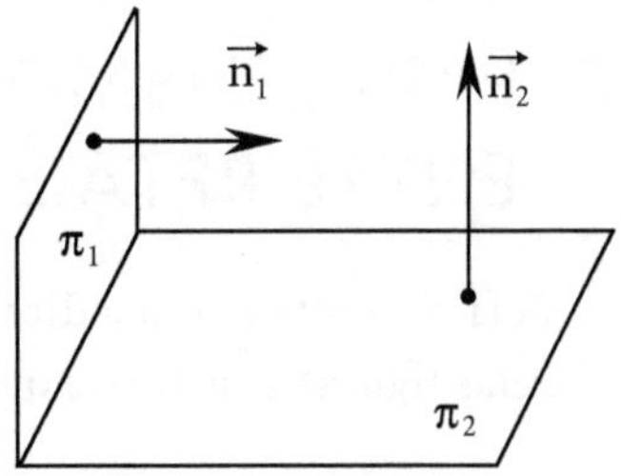

Figura 6.18

Consideremos dois planos $\pi_1$ e $\pi_2$, e sejam $\vec{n}_1$ e $\vec{n}_2$ vetores normais a $\pi_1$ e $\pi_2$, respectivamente. Pela Figura 6.18 conclui-se que:

$$\pi_1 \perp \pi_2 \Leftrightarrow \vec{n}_1 \perp \vec{n}_2 \Leftrightarrow \vec{n}_1 \cdot \vec{n}_2 = 0$$

### Exemplo

Verificar se $\pi_1$ e $\pi_2$ são planos perpendiculares:

**a)** $\pi_1$: $3x + y - 4z + 2 = 0$ e $\pi_2$: $2x + 6y + 3z = 0$

**b)** $\pi_1$: $x + y - 4 = 0$ e $\pi_2: \begin{cases} x = 2 - h + 2t \\ y = h + t \\ z = t \end{cases}$

#### Solução

**a)** Sendo $\vec{n}_1 = (3,1,-4)$ e $\vec{n}_2 = (2,6,3)$ vetores normais a $\pi_1$ e $\pi_2$, respectivamente, e como $\vec{n}_1 \cdot \vec{n}_2 = 3(2) + 1(6) - 4(3) = 0$, conclui-se que $\pi_1$ e $\pi_2$ são perpendiculares.

**b)** O vetor $\vec{n}_1 = (1,1,0)$ é um vetor normal a $\pi_1$. Teremos de encontrar um vetor $\vec{n}_2$ normal a $\pi_2$. Como $\vec{u} = (-1,1,0)$ e $\vec{v} = (2,1,1)$ são vetores diretores de $\pi_2$, podemos considerar

$$\vec{n}_2 = \vec{u} \times \vec{v} = \begin{vmatrix} \vec{i} & \vec{j} & \vec{k} \\ -1 & 1 & 0 \\ 2 & 1 & 1 \end{vmatrix} = (1,1,-3)$$

Tendo em vista que

$$\vec{n}_1 \cdot \vec{n}_2 = (1,1,0) \cdot (1,1,-3) = 1(1) + 1(1) + 0(-3) = 2 \neq 0$$

os planos $\pi_1$ e $\pi_2$ não são perpendiculares.

# PARALELISMO E PERPENDICULARISMO ENTRE RETA E PLANO

Seja uma reta r com a direção do vetor $\vec{v}$ e um plano $\pi$, sendo $\vec{n}$ um vetor normal a $\pi$. Pelas figuras conclui-se que:

$$r \parallel \pi \Leftrightarrow \vec{v} \perp \vec{n} \Leftrightarrow \vec{v} \cdot \vec{n} = 0$$ **Figura 6.19 (a)**

$$r \perp \pi \Leftrightarrow \vec{v} \parallel \vec{n} \Leftrightarrow \vec{v} = \alpha\vec{n}$$ **Figura 6.19 (b)**

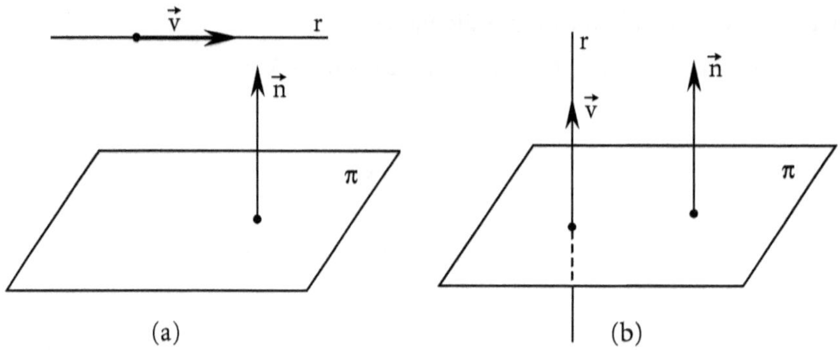


Figura 6.19

## Exemplo

A reta $r: \begin{cases} x = 1 + 2t \\ y = -3t \\ z = t \end{cases}$ é paralela ao plano $\pi$: $5x + 2y - 4z - 1 = 0$, pois o vetor diretor $\vec{v} = (2,-3,1)$ de r é ortogonal ao vetor normal $\vec{n} = (5,2,-4)$ de $\pi$, ou seja,

$$\vec{v} \cdot \vec{n} = (2,-3,1) \cdot (5,2,-4) = 2(5) - 3(2) + 1(-4) = 0$$

Essa mesma reta, por sua vez, é perpendicular ao plano $\pi_1$: $4x - 6y + 2z - 5 = 0$, pois o vetor diretor $\vec{v} = (2,-3,1)$ de r é paralelo ao vetor normal $\vec{n}_1 = (4,-6,2)$ de $\pi_1$, ou seja,

$$\vec{v} = \frac{1}{2}\vec{n_1}$$

ou, de modo equivalente,

$$\frac{2}{4} = \frac{-3}{-6} = \frac{1}{2}$$

## RETA CONTIDA EM UM PLANO

Uma reta r está contida no plano π (Figura 6.20) se

I) dois pontos A e B de r forem também de π ou

II) $\vec{v} \cdot \vec{n} = 0$, em que $\vec{v}$ é um vetor diretor de r e $\vec{n}$ um vetor normal a π e A ∈ π, sendo A ∈ r.

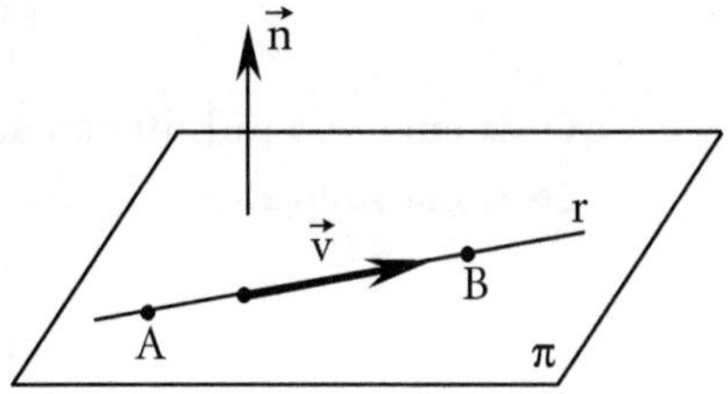


Figura 6.20

### Exemplo

Determinar os valores de m e n para que a reta

$$r: \begin{cases} x = 3 + t \\ y = -1 - t \\ z = -2 - t \end{cases}$$

esteja contida no plano π: $2x + my + nz - 5 = 0$.

**Solução**

Utilizando o primeiro critério exposto anteriormente, sejam A(3, −1, −2) e B(4, −2, −3) os pontos de r. Como r ⊂ π, as coordenadas de A e B devem satisfazer a equação de π, ou seja,

$$\begin{cases} 2(3) + m(-1) + n(-2) - 5 = 0 \\ 2(4) + m(-2) + n(-3) - 5 = 0 \end{cases} \quad \text{ou} \quad \begin{cases} -m - 2n + 1 = 0 \\ -2m - 3n + 3 = 0 \end{cases}$$

de onde m = 3 e n = −1.

## INTERSEÇÃO DE DOIS PLANOS

Sejam os planos não paralelos

$$\pi_1: 5x - y + z - 5 = 0 \qquad \text{e} \qquad \pi_2: x + y + 2z - 7 = 0$$

A interseção de dois planos não paralelos é uma reta r cujas equações se deseja determinar. Para tanto, entre os vários procedimentos, apresentaremos dois.

1) Como r está contida nos dois planos, as coordenadas de qualquer ponto (x,y,z) ∈ r devem satisfazer, simultaneamente, as equações dos dois planos. Logo, os pontos de r constituem a solução do sistema:

$$r: \begin{cases} 5x - y + z - 5 = 0 \\ x + y + 2z - 7 = 0 \end{cases} \qquad \textbf{(8)}$$

O sistema tem infinitas soluções (são os infinitos pontos de r) e, em termos de x, sua solução é

$$r: \begin{cases} y = 3x - 1 \\ z = -2x + 4 \end{cases}$$

que são equações reduzidas de r.

2) Outra maneira de obter equações de r é determinar um de seus pontos e um vetor diretor.

Por exemplo, determinar o ponto $A \in r$ que tem abscissa zero. Então, fazendo $x = 0$ nas equações do sistema **(8)**, resulta o sistema

$$\begin{cases} -y + z - 5 = 0 \\ y + 2z - 7 = 0 \end{cases}$$

cuja solução é $y = -1$ e $z = 4$. Logo, $A(0,-1,4)$.

Como um vetor diretor $\vec{v}$ de r é simultaneamente ortogonal a $\vec{n}_1 = (5,-1,1)$ e $\vec{n}_2 = (1,1,2)$, normais aos planos $\pi_1$ e $\pi_2$, respectivamente (Figura 6.21), o vetor $\vec{v}$ pode ser dado por

$$\vec{v} = \vec{n}_1 \times \vec{n}_2 = \begin{vmatrix} \vec{i} & \vec{j} & \vec{k} \\ 5 & -1 & 1 \\ 1 & 1 & 2 \end{vmatrix} = (-3,-9,6)$$

ou também $-\frac{1}{3}(-3,-9,6) = (1,3,-2)$

Escrevendo equações paramétricas de r, temos

$$r: \begin{cases} x = t \\ y = -1 + 3t \\ z = 4 - 2t \end{cases}$$

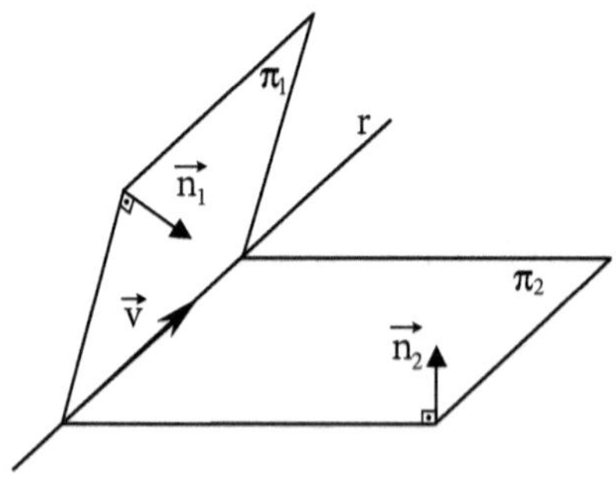


Figura 6.21

# INTERSEÇÃO DE RETA COM PLANO



## Exemplos

1. Determinar o ponto de interseção da reta r com o plano π, em que

$$r:\begin{cases} x=-1+2t \\ y=5+3t \\ z=3-t \end{cases} \quad \text{e} \quad \pi: 2x-y+3z-4=0$$

**Solução**

Qualquer ponto de r é da forma $(x, y, z) = (-1 + 2t, 5 + 3t, 3 - t)$. Se um deles é comum com o plano π, suas coordenadas verificam a equação de π

$$2(-1+2t)-(5+3t)+3(3-t)-4=0$$

e daí resulta $t = -1$.
Substituindo esse valor nas equações de r obtém-se

$$x=-1+2(-1)=-3 \qquad y=5+3(-1)=2 \qquad z=3-(-1)=4$$

Logo, a interseção de r e π é o ponto $(-3, 2, 4)$.

2. Determinar a interseção da reta

$$r:\begin{cases} x-2y-2z+2=0 \\ 2x+y-z=0 \end{cases} \quad \text{com o plano } \pi: x+3y+2z-5=0$$

**Solução**

Se existir um ponto $I(x, y, z) \in r$ que também pertence a π, suas coordenadas devem verificar as equações dos três planos dados. Logo, I será a solução do sistema

$$\begin{cases} x-2y-2z+2=0 \\ 2x+y-z=0 \\ x+3y+z-2=0 \end{cases}$$

Resolvendo o sistema, obtém-se $x = 2$, $y = -1$ e $z = 3$. Logo, $I(2, -1, 3)$ é a interseção de r e π, ou seja, é a interseção dos três planos.

## Problemas propostos

**Os Problemas 1 a 48 estão de acordo com a ordem do texto, e os demais se constituem ótimo reforço.**

1. Seja o plano

$$\pi: 3x + y - z - 4 = 0$$

Calcular:

a) o ponto de $\pi$ que tem abscissa 1 e ordenada 3;

b) o ponto de $\pi$ que tem abscissa 0 e cota 2;

c) o valor de k para que o ponto P(k, 2, k − 1) pertença a $\pi$;

d) o ponto de abscissa 2 e cuja ordenada é o dobro da cota;

e) o valor de k para que o plano $\pi_1$: $kx - 4y + 4z - 7 = 0$ seja paralelo a $\pi$.

**Nos Problemas 2 a 4, determinar uma equação geral do plano**

2. Paralelo ao plano $\pi$: $2x-3y-z+5=0$ e que contenha o ponto A(4,−2,1).

3. Perpendicular à reta

$$r:\begin{cases} x = 2+2t \\ y = 1-3t \\ z = 4t \end{cases}$$

e que contenha o ponto A(−1, 2, 3).

4. Que passa pelo ponto médio do segmento de extremos A(5,−1,4) e B(−1,−7,1) e é perpendicular a ele.

5. Dada a equação geral do plano $\pi$: $3x - 2y - z - 6 = 0$, determinar um sistema de equações paramétricas de $\pi$.

6. Sendo

$$\begin{cases} x = 1+h-2t \\ y = 1-t \\ z = 4+2h-2t \end{cases}$$

equações paramétricas de um plano $\pi$, obter uma equação geral.

**Nos Problemas 7 a 11, escrever uma equação geral e um sistema de equações paramétricas do plano determinado pelos pontos:**

7. A(1, 0, 2), B(−1, 2, −1) e C(1, 1, −1).

8. A(0, 0, 0), B(1, 1, 5) e C(−1, 1, 1).

9. A(2, 0, −1), B(−2, 6, 3) e C(0, 3, 4).

10. $A(2, 1, 0)$, $B(-4, -2, -1)$ e $C(0, 0, 1)$.

11. $A(2, 1, 3)$, $B(-3, -1, 3)$ e $C(4, 2, 3)$.

12. Determinar o valor de $\alpha$ para que os pontos $A(\alpha, 1, 9)$, $B(2, 3, 4)$, $C(-4, -1, 6)$ e $D(0, 2, 4)$ sejam coplanares.

**Nos Problemas 13 a 18, determinar uma equação geral do plano nos seguintes casos:**

13. O plano passa por $A(2, 0, -2)$ e é paralelo aos vetores $\vec{u} = \vec{i} - \vec{j} + \vec{k}$ e $\vec{v} = 2\vec{i} + 3\vec{j}$.

14. O plano passa pelos pontos $A(-3, 1, -2)$ e $B(-1, 2, 1)$ e é paralelo à reta

$$r: \frac{x}{2} = \frac{z}{-3};\ y = 4$$

15. O plano contém os pontos $A(1, -2, 2)$ e $B(-3, 1, -2)$ e é perpendicular ao plano

$$\pi_1: 2x + y - z + 8 = 0$$

16. O plano contém os pontos $A(2, 1, 2)$ e $B(1, -1, 4)$ e é perpendicular ao plano xOy.

17. O plano contém a reta

$$r: \begin{cases} x = 2 + t \\ y = 1 - t \\ z = 3 + 2t \end{cases}$$

e é perpendicular ao plano $\pi_1: 2x + 2y - 3z = 0$.

18. O plano contém o ponto $A(4, 1, 1)$ e é perpendicular aos planos $\pi_1: 2x + y - 3z = 0$ e $\pi_2: x + y - 2z - 3 = 0$.

**Nos Problemas 19 a 22, os pares de retas $r_1$ e $r_2$ são paralelas ou concorrentes. Encontrar uma equação geral do plano que as contém.**

19. $r_1: \begin{cases} y = 2x - 3 \\ z = -x + 2 \end{cases}$ e $r_2: \begin{cases} \dfrac{x-1}{3} = \dfrac{z-1}{-1} \\ y = -1 \end{cases}$

20. $r_1: \begin{cases} x = 1 + 2t \\ y = -2 + 3t \\ z = 3 - t \end{cases}$ e $r_2: \begin{cases} x = 1 - 2t \\ y = -2 - t \\ z = 3 + 2t \end{cases}$

21. $r_1: \begin{cases} x = -2 + t \\ y = -t \\ z = -3 \end{cases}$ e $r_2: \begin{cases} y = -x - 1 \\ z = 3 \end{cases}$

**22.** $r_1: \begin{cases} x = z \\ y = -3 \end{cases}$ e $r_2: \begin{cases} x = -t \\ y = 1 \\ z = 2 - t \end{cases}$

**Nos Problemas 23 e 24, determinar uma equação geral do plano que contenha o ponto e a reta dados:**

**23.** A(4, 3, 2) e $r: \begin{cases} x = t \\ y = 2 - t \\ z = 3 + 2t \end{cases}$

**24.** A(1, –1, 2) e o eixo dos z

**Nos Problemas 25 a 30, obter uma equação geral do plano:**

**25.** paralelo ao eixo z e que contenha os pontos A(0, 3, 4) e B(2, 0, –2).

**26.** paralelo ao eixo x e que contenha os pontos A(–2, 0, 2) e B(0, –2, 1).

**27.** paralelo ao eixo y e que contenha os pontos A(2, 3, 0) e B(0, 4, 1).

**28.** paralelo ao plano xOy e que contenha o ponto A(5, –2, 3).

**29.** perpendicular ao eixo y e que contenha o ponto A(3, 4, –1).

**30.** que contenha o ponto A(1, –2, 1) e o eixo x.

**31.** Representar graficamente os planos de equações:

**a)** $3x + 4y + 2z - 12 = 0$
**b)** $6x + 4y - 3z - 12 = 0$
**c)** $x + y - 3 = 0$
**d)** $2x + 3y - 6 = 0$
**e)** $3y + 4z + 12 = 0$
**f)** $2z - 5 = 0$
**g)** $y + 4 = 0$
**h)** $2x - y = 0$

**32.** Determinar o ângulo entre os seguintes planos:

**a)** $\pi_1: x - 2y + z - 6 = 0$ e $\pi_2: 2x - y - z + 3 = 0$

**b)** $\pi_1: x - y + 4 = 0$ e $\pi_2: 2x - y - z = 0$

**c)** $\pi_1: x + 2y - 6 = 0$ e $\pi_2: y = 0$

**d)** $\pi_1: \begin{cases} x = 1 + h - t \\ y = h + 2t \\ z = h \end{cases}$ e $\pi_2: \begin{cases} x = 2 + t \\ y = -2h \\ z = h + t \end{cases}$

**33.** Determinar o valor de m para que seja de 30° o ângulo entre os planos

$$\pi_1: x + my + 2z - 7 = 0 \quad \text{e} \quad \pi_2: 4x + 5y + 3z + 2 = 0$$

**34.** Determinar m de modo que os planos $\pi_1$ e $\pi_2$ sejam perpendiculares:

**a)** $\pi_1: mx + y - 3z - 1 = 0$ e $\pi_2: 2x - 3my + 4z + 1 = 0$

b) $\pi_1: \begin{cases} x=2-h+2t \\ y=2h+3 \\ z=t-2h+1 \end{cases}$ e $\pi_2: 2mx + 4y - z - 1 = 0$

**35.** Dados a reta r e o plano $\pi$, determinar o valor de m para que se tenha $r//\pi$ e $r\perp\pi$, nos casos:

a) r: $x = -3 + t$ $y = -1 + 2t$ $z = 4t$ e $\pi: mx - y - 2z - 3 = 0$

b) r: $(x, y, z) = (1, 2, 0) + t(2, m, -1)$ e $\pi: 3x + 2y + mz = 0$

**36.** Verificar se a reta r está contida no plano $\pi$:

a) $r: \begin{cases} y=4x+1 \\ z=2x-1 \end{cases}$ e $\pi: 2x + y - 3z - 4 = 0$

b) $r: x-2=\frac{y+2}{2}=z+3$ e $\pi: \begin{cases} x=h+t \\ y=-1+2h-3t \\ z=-3+h-t \end{cases}$

**Nos Problemas 37 a 39, calcular os valores de m e n para que a reta r esteja contida no plano $\pi$:**

**37.** $r: \begin{cases} x=-2+t \\ y=3-2t \\ z=2t \end{cases}$ e $\pi: mx + 2y - 3z + n = 0$

**38.** $r: \begin{cases} y=2x-1 \\ z=-x+m \end{cases}$ e $\pi: 5x - ny + z + 2 = 0$

**39.** $r: \begin{cases} x=1+3t \\ y=-2+mt \\ z=n-4t \end{cases}$ e $\pi: 3x - 3y + z - 7 = 0$

**Nos Problemas 40 a 42,estabelecer equações reduzidas na variável x da reta de interseção dos planos:**

**40.** $\pi_1: 3x - y + 2z - 1 = 0$ e $\pi_2: x + 2y - 3z - 4 = 0$

**41.** $\pi_1: 3x - 2y - z - 1 = 0$ e $\pi_2: x + 2y - z - 7 = 0$

**42.** $\pi_1: x + y - z + 2 = 0$ e $\pi_2: x + y + 2z - 1 = 0$

**Nos Problemas 43 e 44,encontrar equações paramétricas da reta de interseção dos planos:**

**43.** $\pi_1: 3x + y - 3z - 5 = 0$ e $\pi_2: x - y - z - 3 = 0$

**44.** $\pi_1: 2x + y - 4 = 0$ e $\pi_2: z = 5$

**Nos Problemas 45 a 47, determinar o ponto de interseção da reta r com o plano $\pi$.**

**45.** r: $x = 3t$, $y = 1 - 2t$, $z = -t$ e $\pi: 2x + 3y - 2z - 7 = 0$

**46.** $r: \begin{cases} y = x - 10 \\ z = -x + 1 \end{cases}$ e $\pi: 2x - y + 3z - 9 = 0$

**47.** $r: \begin{cases} x = 4 + k \\ y = 3 + 2k \\ z = -2 - 3k \end{cases}$ e $\pi: \begin{cases} x = 2 + h + 2t \\ y = -3 - h - t \\ z = 1 + 3h - 3t \end{cases}$

**48.** Sejam a reta r e o plano π dado por

$$r: \begin{cases} y = 2x - 3 \\ z = -x + 2 \end{cases} \quad e \quad \pi: 2x + 4y - z - 4 = 0$$

Determinar:

**a)** o ponto de interseção de r com o plano xOz;

**b)** o ponto de interseção de r com π;

**c)** equações da reta interseção de π com o plano xOy.

**49.** Dado o ponto P(5, 2, 3) e o plano $\pi: 2x + y + z - 3 = 0$, determinar:

**a)** equações paramétricas da reta que passa por P e é perpendicular a π;

**b)** a projeção ortogonal de P sobre o plano π;

**c)** o ponto P′ simétrico de P em relação a π;

**d)** a distância de P ao plano π.

**50.** Determinar equações reduzidas na variável x da reta que passa pelo ponto A(3, −2, 4) e é perpendicular ao plano $\pi: x - 3y + 2z - 5 = 0$.

**51.** Obter equações paramétricas das retas nos casos em que

**a)** a reta passa por A(−1, 0, 2) e é paralela a cada um dos planos $\pi_1: 2x + y + z + 1 = 0$ e $\pi_2: x - 3y - z - 5 = 0$;

**b)** a reta passa pela origem, é ortogonal à reta $r: 2x = y = 3z$ e paralela ao plano $\pi: x - y - z + 2 = 0$.

**52.** Escrever uma equação geral do plano que passa por A(−1, 2, −1) e é paralelo a cada uma das retas $r_1: y = x, z = 1 - 3x$ e $r_2: 2x = y = 3z$.

**53.** Encontrar equações paramétricas da reta r que passa por A, é paralela ao plano π e concorrente com a reta s, nos casos:

**a)** A(2, 1, −4), $\pi: x - y + 3z - 5 = 0$, $s: x = 1 + 3t, \quad y = 3 - t, \quad z = -2 - 2t$

**b)** A(3, −2, −4), $\pi: 3x - 2y - 3z + 5 = 0$, $s: x = 2 + t, \quad y = -4 - 2t, \quad z = 1 + 3t$

Determinar ainda o ponto de interseção entre r e s.

**54.** Dada a reta $r: x = 3 + t, y = 1 - 2t$ e $z = -1 + 2t$, determinar equações reduzidas das projeções de r sobre os planos xOy e xOz.

**55.** Encontrar equações paramétricas da reta que passa por A(3, 6, 4), intercepta o eixo Oz e é paralela ao plano $\pi$: $x - 3y + 5z - 6 = 0$.

**Nos problemas 56 a 62 apresentar uma equação geral dos planos em que**

**56.** O plano passa por A(−1, 2, −4) e é perpendicular aos planos $\pi_1 : x + z = 2$ e $\pi_2 : y - z = 0$.

**57.** O plano que intercepta os eixos coordenados nos pontos de abscissa, ordenada e cota iguais a −3, 6 e −5, respectivamente.

**58.** O plano passa por A(1,−3,4) e intercepta os três semi-eixos de mesmo sinal a igual distância à origem do sistema.

**59.** O plano paralelo ao eixo z que intercepta o eixo x em −3 e o y em 4.

**60.** O plano paralelo ao plano xOz e que intercepta o eixo y em −7.

**61.** O plano passa pela origem e é paralelo às retas $r_1$: $y = -x$, $z = 2$ e $r_2$: $(x, y, z) = (2, -1, 4) + t(1, 3, -3)$.

**62.** O plano passa por A(−1, 2, 5) e é perpendicular à interseção dos planos $\pi_1$: $2x - y + 3z - 4 = 0$ e $\pi_2$: $x + 2y - 4z + 1 = 0$.

**63.** Estabelecer equações dos planos bissetores dos ângulos formados pelos planos xOz e yOz.

**64.** Calcular os valores de m e n para que a reta r esteja contida no plano $\pi$:

**a)** r: $x = 2 - 2t$, $y = -1 - t$, $z = 3$ e $\pi : 2mx - ny - z + 4 = 0$

**b)** r: $(x, y, z) = t(2, m, n) + (n, 2, 0)$ e $\pi : x - 3y + z = 1$

**65.** Calcular k de modo que a reta determinada por A(1, −1, 0) e B(k, 1, 2) seja paralela ao plano $\pi$: $x = 1 + 3h$, $y = 1 + 2h + t$, $z = 3 + 3t$.

**Nos Problemas 66 e 67, obter uma equação geral do plano que contenha o ponto e a reta dados:**

**66.** A(3, −2, −1) e $r: \begin{cases} x + 2y + z - 1 = 0 \\ 2x + y - z + 7 = 0 \end{cases}$

**67.** A(1, 2, 1) e a reta interseção do plano $x - 2y + z - 3 = 0$ com o plano yOz.

**68.** Mostrar que as retas

$$r_1 : \begin{cases} 3x - y - z = 0 \\ 8x - 2y - 3z + 1 = 0 \end{cases} \quad \text{e} \quad r_2 : \begin{cases} x - 3y + z + 3 = 0 \\ 3x - y - z + 5 = 0 \end{cases}$$

são paralelas e encontrar uma equação geral do plano determinado por essas retas.

**69.** Determinar o ponto P de interseção dos planos $2x - y + z - 8 = 0$, $x + 2y - 2z + 6 = 0$ e $3x - z - 3 = 0$ e uma equação geral do plano determinado por P e pela reta $r : x = y$, $z = 2y$.

**70.** Dadas as retas $r_1$: $y = -2x$, $z = x$ e $r_2$: $x = 2 - t$, $y = -1 + t$, $z = 4 - 2t$, determinar:

**a)** o ponto P′ simétrico de P(1, 0, 5) em relação à reta $r_1$;

**b)** o ponto O′ simétrico de O(0, 0, 0) em relação à reta $r_2$.

**71.** Encontrar o ponto N, projeção ortogonal do ponto P(3, −1, −4) no plano determinado pelos pontos A(2, −2, 3), B(4, −3, −2) e C(0, −4, 5). Qual é o ponto simétrico de P em relação a esse plano?

**72.** O plano π: $3x + 2y + 4z - 12 = 0$ intercepta os eixos cartesianos nos pontos A, B e C. Calcular:

**a)** a área do triângulo ABC;

**b)** a altura desse triângulo relativa à base que está no plano xOz;

**c)** o volume do tetraedro limitado pelo plano π e pelos planos coordenados.

### *Respostas de problemas propostos*

**1.** **a)** (1, 3, 2) **d)** (2, −4, −2)

**b)** (0, 6, 2) **e)** $k = -12$

**c)** $k = \frac{1}{2}$

**2.** $2x - 3y - z - 13 = 0$

**3.** $2x - 3y + 4z - 4 = 0$

**4.** $4x + 4y + 2z + 3 = 0$

**5.** Um deles é: $x = t$, $y = h$, $z = -6 + 3h - 2t$. Existem infinitos.

**6.** $2x - 2y - z + 4 = 0$

**7.** $3x + 6y + 2z - 7 = 0$ e $\begin{cases} x = 1 - 2h \\ y = 2h + t \\ z = 2 - 3h - 3t \end{cases}$

**8.** $2x + 3y - z = 0$ e $\begin{cases} x = h - t \\ y = h + t \\ z = 5h + t \end{cases}$

**9.** $3x + 2y - 6 = 0$ e $\begin{cases} x = 2 - 4h - 2t \\ y = 6h + 3t \\ z = -1 + 4h + 5t \end{cases}$

**10.** $x - 2y = 0$ e $\begin{cases} x = 2 - 6h - 2t \\ y = 1 - 3h - t \\ z = -h + t \end{cases}$

11. $z-3=0$ e $\begin{cases} x=2-5h+2t \\ y=1-2h+t \\ z=3 \end{cases}$

12. $\alpha = 3$

13. $3x - 2y - 5z - 16 = 0$

14. $3x - 12y + 2z + 25 = 0$

15. $x - 12y - 10z - 5 = 0$

16. $2x - y - 3 = 0$

17. $x - 7y - 4z + 17 = 0$

18. $x + y + z - 6 = 0$

19. $x + y + 3z - 3 = 0$

20. $5x - 2y + 4z - 21 = 0$

21. $6x + 6y - z + 9 = 0$

22. $2x + y - 2z + 3 = 0$

23. $x - 9y - 5z + 33 = 0$

24. $x + y = 0$

25. $3x + 2y - 6 = 0$

26. $y - 2z + 4 = 0$

27. $x + 2z - 2 = 0$

28. $z = 3$

29. $y = 4$

30. $y + 2z = 0$

32. **a)** $\frac{\pi}{3}$ **c)** $\text{arc cos } \frac{2}{\sqrt{5}}$

**b)** $\frac{\pi}{6}$ **d)** $\text{arc cos } \frac{3}{\sqrt{14}}$

33. $m = 1$ ou $7$

34. **a)** $m = -12$

**b)** $m = 2$

**35.** **a)** $m = 10$ e $m = -\frac{1}{2}$ **b)** $m = -6$ e não existe valor para m

**36.** **a)** sim **b)** sim

**37.** $m = 10$ e $n = 14$

**38.** $m = -4$ e $n = 2$

**39.** $m = \frac{5}{3}$ e $n = -2$

**40.** $\begin{cases} y = -11x + 11 \\ z = -7x + 6 \end{cases}$

**41.** $\begin{cases} y = \frac{1}{2}x + \frac{3}{2} \\ z = 2x - 4 \end{cases}$

**42.** $\begin{cases} y = -x - 1 \\ z = 1 \end{cases}$

**43.** $\begin{cases} x = t \\ y = -1 \\ z = t - 2 \end{cases}$

**44.** $\begin{cases} x = t \\ y = 4 - 2t \\ z = 5 \end{cases}$

**45.** $(6, -3, -2)$

**46.** $(2, -8, -1)$

**47.** $(1, -3, 7)$

**48.** **a)** $(\frac{3}{2}, 0, \frac{1}{2})$ **b)** $(\frac{18}{11}, \frac{3}{11}, \frac{4}{11})$ **c)** $\begin{cases} y = -\frac{1}{2}x + 1 \\ z = 0 \end{cases}$

**49.** **a)** $x = 5 + 2t, y = 2 + t, \quad z = 3 + t$ **c)** $(-3, -2, -1)$

**b)** $(1, 0, 1)$ **d)** $2\sqrt{6}$

**50.** $y = -3x + 7, z = 2x - 2$

**51.** **a)** $x = 2t - 1, y = 3t, z = -7t + 2$ **b)** $x = 4t, y = -5t, z = 9t$

**52.** $20x - 11y + 3z + 45 = 0$

**53.** **a)** $x = 2 + 7t, y = 1 + t, z = -4 - 2t$ e $(\frac{11}{2}, \frac{3}{2}, -5)$

**b)** $x = 3 - 2t, y = -2 + 3t, z = -4 - 4t$ e $(-5, 10, -20)$

**54.** **a)** $y = -2x + 7, z = 0$ e $z = 2x - 7, y = 0$

**55.** $x = 3 + t, y = 6 + 2t, z = 4 + t$

**56.** $x - y - z - 1 = 0$

**57.** $10x - 5y + 6z + 30 = 0$

**58.** $x + y + z - 2 = 0$

**59.** $4x - 3y + 12 = 0$

**60.** $y = -7$

**61.** $3x + 3y + 4z = 0$

**62.** $2x - 11y - 5z + 49 = 0$

**63.** $x + y = 0$ e $x - y = 0$

**64.** **a)** $m = -\frac{1}{8}, n = -\frac{1}{2}$ **b)** $m = 3, n = 7$

**65.** $k = 3$

**66.** $2x + 3y + z + 1 = 0$

**67.** $6x - 2y + z - 3 = 0$

**68.** $4x + 2y - 3z + 5 = 0$

**69.** $P(2, -1, 3)$ e $5x + y - 3z = 0$

**70.** **a)** $P'(1, -4, -3)$ **b)** $O'(\frac{1}{3}, \frac{5}{3}, \frac{2}{3})$

**71.** $N(5, -2, -3)$ e $(7, -3, -2)$

**72.** **a)** $3\sqrt{29}$ u.a. **b)** $\frac{6\sqrt{29}}{5}$ u.c. **c)** 12 u.v.

# 7 DISTÂNCIAS

## DISTÂNCIA ENTRE DOIS PONTOS

Dados os pontos $P_1(x_1,y_1,z_1)$ e $P_2(x_2,y_2,z_2)$, a distância *d* entre eles é $|\overrightarrow{P_1P_2}|$.
Como

$$\overrightarrow{P_1P_2} = P_2 - P_1 = (x_2 - x_1, y_2 - y_1, z_2 - z_1)$$

tem-se

$$d(P_1,P_2) = \sqrt{(x_2 - x_1)^2 + (y_2 - y_1)^2 + (z_2 - z_1)^2} \qquad \textbf{(1)}$$

### Exemplo

Calcular a distância entre $P_1(2,-1,3)$ e $P_2(1,1,5)$.

**Solução**

Como $\overrightarrow{P_1P_2} = P_2 - P_1 = (1,1,5) - (2,-1,3) = (-1,2,2)$, de acordo com **(1)**, tem-se

$$d(P_1,P_2) = \sqrt{(-1)^2 + 2^2 + 2^2} = \sqrt{9} = 3 \text{ u.c. (unidades de comprimento)}$$

## DISTÂNCIA DE UM PONTO A UMA RETA

Dado um ponto P do espaço e uma reta r, quer-se calcular a distância d(P, r) de P a r. Consideremos na reta r um ponto A e um vetor diretor $\vec{v}$. Os vetores $\vec{v}$ e $\overrightarrow{AP}$ determinam um paralelogramo cuja altura corresponde à distância d(P, r) (Figura 7.1).

A área A do paralelogramo é dada por

a) $A = (\text{base})(\text{altura}) = |\vec{v}| \cdot d$ ou também por

b) $A = |\vec{v} \times \overrightarrow{AP}|$ (Capítulo 3)

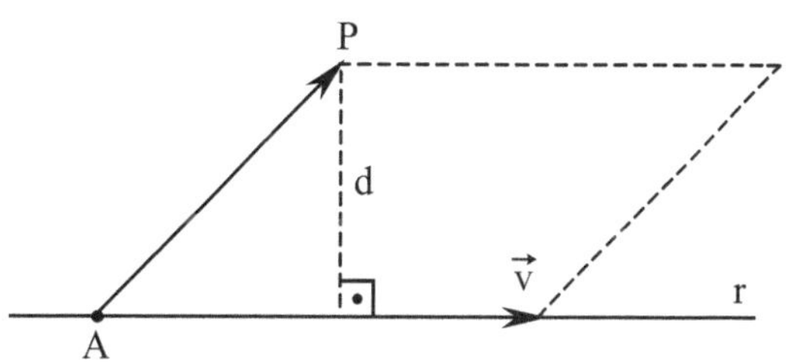


Figura 7.1

Comparando a) e b), vem

$$d = d(P,r) = \frac{|\vec{v} \times \overrightarrow{AP}|}{|\vec{v}|} \qquad \textbf{(2)}$$

## Exemplo

Calcular a distância do ponto P(2, 1, 4) à reta

$$r: \begin{cases} x = -1 + 2t \\ y = 2 - t \\ z = 3 - 2t \end{cases}$$

### Solução

A reta r passa pelo ponto A(−1, 2, 3) e tem direção do vetor $\vec{v} = (2, -1, -2)$. Seja ainda o vetor $\overrightarrow{AP} = P - A = (3, -1, 1)$. Calculemos

$$\vec{v} \times \overrightarrow{AP} = \begin{vmatrix} \vec{i} & \vec{j} & \vec{k} \\ 2 & -1 & -2 \\ 3 & -1 & 1 \end{vmatrix} = (-3, -8, 1)$$

De acordo com **(2)**, temos

$$d(P,r) = \frac{|(-3,-8,1)|}{|(2,-1,-2)|} = \frac{\sqrt{(-3)^2 + (-8)^2 + 1^2}}{\sqrt{2^2 + (-1)^2 + (-2)^2}} = \frac{\sqrt{74}}{3} \text{ u.c.}$$

## Observação

Outra forma de calcular essa distância consiste em:

1) encontrar uma equação geral do plano π que passa por P e é perpendicular à reta r (um vetor normal a π é um vetor diretor de r);
2) determinar o ponto I de interseção de π e r;
3) calcular a distância por $d(P,r) = |\overrightarrow{PI}|$.

A Figura 7.2 ilustra esse procedimento.

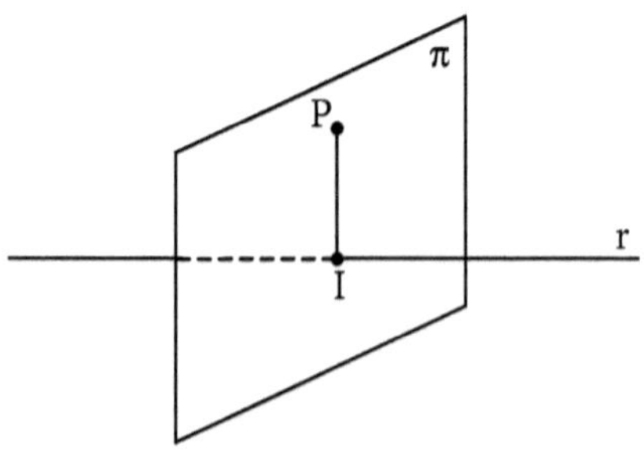

Figura 7.2

# DISTÂNCIA DE PONTO A PLANO



Dado um ponto $P_0$ e um plano $\pi$, calcular a distância $d(P_0,\pi)$ de $P_0$ a $\pi$. Seja A um ponto qualquer de $\pi$ e $\vec{n}$ um vetor normal a $\pi$. A Figura 7.3 esclarece que a distância $d(P_0,\pi)$ é o módulo da projeção de $\overrightarrow{AP_0}$ na direção de $\vec{n}$.

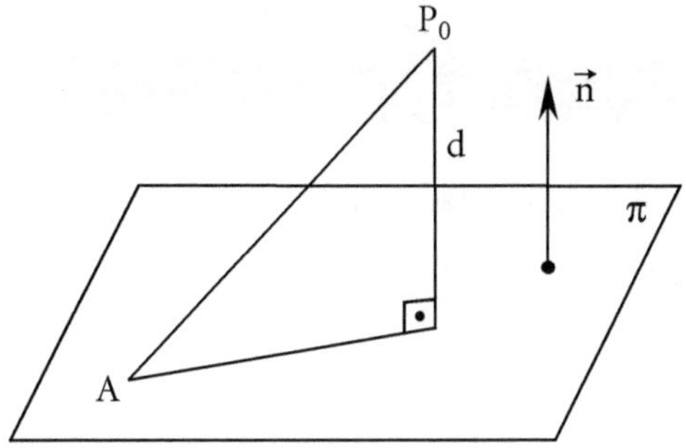


Figura 7.3

De acordo com o Capítulo 2, tem-se

$$d(P_0,\pi)=\left|\text{proj}_{\vec{n}}\overrightarrow{AP_0}\right|=\left|\overrightarrow{AP_0}\cdot\frac{\vec{n}}{|\vec{n}|}\right| \quad \textbf{(3)}$$

Admitindo-se, então, que $P_0(x_0, y_0, z_0)$, $\pi$: $ax + by + cz + d = 0$ e $A(x_1, y_1, z_1) \in \pi$, como

$\overrightarrow{AP_0} = (x_0 - x_1, y_0 - y_1, z_0 - z_1)$ e $\dfrac{\vec{n}}{|\vec{n}|} = \dfrac{(a,b,c)}{\sqrt{a^2+b^2+c^2}}$ pela fórmula **(3)** vem

$$d(P_0,\pi)=\left|(x_0-x_1,\ y_0-y_1,\ z_0-z_1)\,.\,\frac{(a,b,\ c)}{\sqrt{a^2+b^2+c^2}}\right|$$

$$=\left|\frac{a(x_0-x_1)+b(y_0-y_1)+c(z_0-z_1)}{\sqrt{a^2+b^2+c^2}}\right|$$

$$=\frac{|ax_0+by_0+cz_0-ax_1-by_1-cz_1|}{\sqrt{a^2+b^2+c^2}}$$

Como $A \in \pi$, suas coordenadas satisfazem a equação de $\pi$, ou seja,

$$ax_1+by_1+cz_1+d=0$$

e

$$d=-ax_1-by_1-cz_1$$

Logo,

$$d(P_0,\pi)=\frac{|ax_0+by_0+cz_0+d|}{\sqrt{a^2+b^2+c^2}} \quad \textbf{(4)}$$

Observemos que a expressão $ax_0 + by_0 + cz_0 + d$ se obtém substituindo x, y e z no primeiro membro da equação geral de $\pi$ pelas coordenadas do ponto $P_0$.

## Exemplo

Calcular a distância do ponto $P_0(4,2,-3)$ ao plano $\pi$: $2x + 3y - 6z + 3 = 0$.

**Solução**

$$d(P_0,\pi) = \frac{|2(4)+3(2)-6(-3)+3|}{\sqrt{2^2+3^2+(-6)^2}} = \frac{|8+6+18+3|}{\sqrt{4+9+36}} = \frac{35}{7} = 5$$

## Observações

a) Outra forma de calcular essa distância consiste em:

1) encontrar equações da reta r que passa por $P_0$ e é perpendicular ao plano $\pi$ (um vetor diretor de r é um vetor normal a $\pi$);

2) determinar o ponto I de interseção de r e $\pi$;

3) calcular a distância por $d(P_0,\pi) = |\overrightarrow{PI}|$.

A Figura 7.4 ilustra este procedimento.

b) A fórmula **(4)** é também aplicada se tivermos dados:

$b_1$) *dois planos $\pi_1$ e $\pi_2$ paralelos.*

Neste caso:

$d(\pi_1,\pi_2) = d(P_0,\pi_2)$, com $P_0 \in \pi_1$

ou

$d(\pi_1,\pi_2) = d(P_0,\pi_1)$, com $P_0 \in \pi_2$

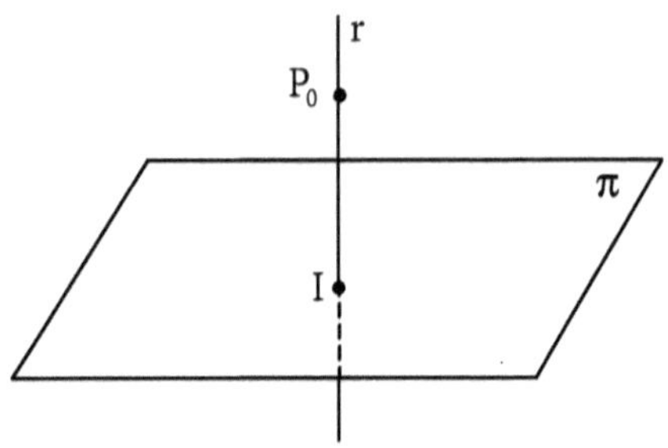


Figura 7.4

$b_2$) *uma reta r e um plano $\pi$ paralelos.*

Neste caso: $d(r, \pi) = d(P, \pi)$, com $P \in r$

## Exemplo

Calcular a distância da reta

$$r: \begin{cases} y = 2x+3 \\ z = 2x+1 \end{cases} \quad \text{ao plano } \pi: 4x - 4y + 2z - 7 = 0$$

**Solução**

Observemos primeiro que r // π, pois

$$\vec{v}\cdot\vec{n}=(1,2,2)\cdot(4,-4,2)=4-8+4=0$$

sendo $\vec{v}$ vetor diretor de r e $\vec{n}$ um vetor normal a π. Então, tomando $P(0,3,1) \in r$, por **(4)** tem-se

$$d(r,\pi)=d(P,\pi)=\frac{|4(0)-4(3)+2(1)-7|}{\sqrt{4^2+(-4)^2+2^2}}=\frac{|-12+2-7|}{\sqrt{36}}=\frac{17}{6}$$

# DISTÂNCIA ENTRE DUAS RETAS

Dadas as retas $r_1$ e $r_2$, quer-se calcular a distância $d(r_1,r_2)$. Podemos ter os seguintes casos:

1) $r_1$ e $r_2$ *são concorrentes.*

   Neste caso: $d(r_1,r_2)=0$

2) $r_1$ e $r_2$ *são paralelas.*

   Neste caso:

$$d(r_1,r_2)=d(P,r_2)\text{ , com } P\in r_1$$

ou

$$d(r_1,r_2)=d(P,r_1) \text{ com } P\in r_2$$

A Figura 7.5 ilustra a situação, que se reduz ao cálculo da distância de ponto à reta.

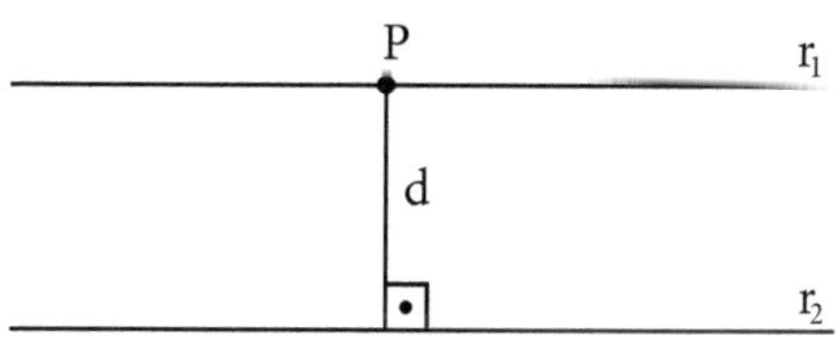


Figura 7.5

3) $r_1$ e $r_2$ *são reversas*

Seja $r_1$ a reta definida pelo ponto $A_1$ e pelo vetor diretor $\vec{v}_1$ e a reta $r_2$ pelo ponto $A_2$ e pelo vetor diretor $\vec{v}_2$.

Os vetores $\vec{v}_1, \vec{v}_2$ e $\overrightarrow{A_1A_2}$, por serem não coplanares, determinam um paralelepípedo (Figura 7.6) cuja altura é a distância $d(r_1,r_2)$ que se quer calcular (a reta $r_2$ é paralela ao plano da base do paralelepípedo definida por $\vec{v}_1$ e $\vec{v}_2$).

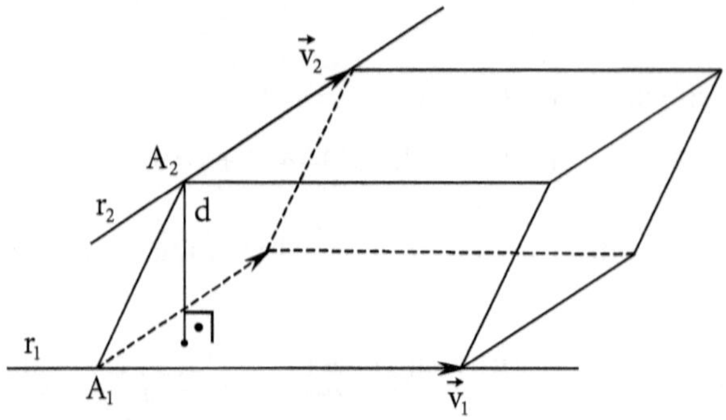


Figura 7.6

O volume V do paralelepípedo é dado por

a) $V = (\text{área da base}) \cdot (\text{altura}) = |\vec{v}_1 \times \vec{v}_2| \cdot d$ ou também por

b) $V = |(\vec{v}_1, \vec{v}_2, \overrightarrow{A_1A_2})|$ (Capítulo 4)

Comparando a) e b) vem

$$d = d(r_1, r_2) = \frac{|(\vec{v}_1, \vec{v}_2, \overrightarrow{A_1A_2})|}{|\vec{v}_1 \times \vec{v}_2|} \quad (5)$$

## Exemplo

Calcular a distância entre as retas

$$r_1: \begin{cases} x = -1 + t \\ y = 3 - 2t \\ z = -1 - t \end{cases} \quad \text{e} \quad r_2: \begin{cases} y = x - 3 \\ z = -x + 1 \end{cases}$$

### Solução

A reta $r_1$ passa pelo ponto $A_1(-1,3,-1)$ e tem a direção de $\vec{v}_1 = (1,-2,-1)$ e a reta $r_2$ pelo ponto $A_2(0,-3,1)$ e tem a direção de $\vec{v}_2 = (1,1,-1)$.

Então, $\overrightarrow{A_1A_2} = A_2 - A_1 = (1,-6,2)$ e

$$(\vec{v}_1, \vec{v}_2, \overrightarrow{A_1A_2}) = \begin{vmatrix} 1 & -2 & -1 \\ 1 & 1 & -1 \\ 1 & -6 & 2 \end{vmatrix} = 9$$

$$\vec{v}_1 \times \vec{v}_2 = \begin{vmatrix} \vec{i} & \vec{j} & \vec{k} \\ 1 & -2 & -1 \\ 1 & 1 & -1 \end{vmatrix} = (3,0,3)$$

De acordo com **(5)** temos

$$d(r_1,r_2) = \frac{|9|}{|(3,0,3)|} = \frac{9}{\sqrt{3^2+3^2}} = \frac{9}{\sqrt{18}} = \frac{3}{\sqrt{2}}$$

## Observação

Outra forma de calcular esta distância consiste em:

1) encontrar uma equação geral do plano $\pi$ definido pelo ponto $A_1$ e pelos vetores diretores $\vec{v}_1$ e $\vec{v}_2$ (o vetor normal a $\pi$ é dado por $\vec{n} = \vec{v}_1 \times \vec{v}_2$). Como $\vec{v}_2$ é vetor diretor de $\pi$, a reta $r_2$ é paralela a $\pi$ (Figura 7.7).

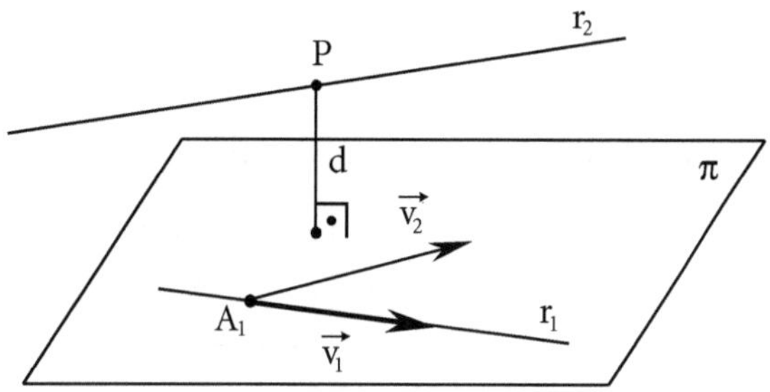

Figura 7.7

2) calcular a distância por

$$d(r_1,r_2) = d(r_2,\pi) = d(P,\pi), P \in r_2$$

aplicando a fórmula **(4)**.

# Problemas propostos

**Achar a distância de $P_1$ a $P_2$ nos casos:**

**1.** $P_1(-2,0,1)$ e $P_2(1,-3,2)$

**2.** $P_1(1,0,1)$ e $P_2(2,-1,0)$

**Achar a distância do ponto P à reta r nos casos:**

**3.** $P(2, 3, -1)$ $\quad r: x = 3 + t \quad y = -2t \quad z = 1 - 2t$

**4.** $P(1, -1, 0)$ $\quad r: x = 2 - t \quad y = 0 \quad z = t$

**5.** $P(3, 2, 1)$ $\quad r: y = 2x \quad z = x + 3$

6. P(0, 0, 0) $\quad r: \begin{cases} 2x-y+z-3=0 \\ x+y-2z+1=0 \end{cases}$

7. P(3, –1, 1) $\quad r: (x, y, z) = (2, 3, -1) + t(1, -4, 2)$

8. P(1, 2, 3) $\quad$ r : eixo Ox

9. P(1, 2, 3) $\quad$ r : eixo Oz

10. P(1, 2, 3) $\quad r: x = 1 \quad z = -1$

**Achar a distância do ponto P ao plano $\pi$ nos casos:**

11. P(2, –1, 2) $\quad \pi: 2x - 2y - z + 3 = 0$

12. P(3, –1, 4) $\quad \pi: x + y + z = 0$

13. P(1, 3, –6) $\quad \pi: 4x - y + z + 5 = 0$

14. P(0, 0, 0) $\quad \pi: 3x - 4y + 20 = 0$

15. P(1, 1, 1) $\quad \pi: \begin{cases} x=2+2h+3t \\ y=-1+h+t \\ z=2-h \end{cases}$

16. Calcular a distância entre os planos paralelos

$$\pi_1: x+y+z=4 \quad \text{e} \quad \pi_2: 2x+2y+2z=5$$

**Achar a distância da reta r ao plano $\pi$ nos casos:**

17. $r: x = 4 + 3t \quad y = -1 + t \quad z = t \quad$ e $\quad \pi: x - y - 2z + 4 = 0$

18. $r: \begin{cases} x=3 \\ y=4 \end{cases}$ e $\quad \pi: x + y - 12 = 0$

19. $r: \begin{cases} x=3 \\ y=4 \end{cases}$ e $\quad \pi: y = 0$

**Achar a distância entre $r_1$ e $r_2$ nos casos:**

20. $r_1: x=2-t \quad y=3+t \quad z=1-2t$
$r_2: x=t \quad y=-1-3t \quad z=2t$

21. $r_1: x=y=z \quad r_2: y=x+1 \quad z=2x-1$

22. $r_1: y=2x \quad z=3 \quad r_2: (x,y,z)=(2,-1,2)+t(1,-1,3)$

23. $r_1: x=t+1 \quad y=t+2 \quad z=-2t-2$
$r_2: y=3x+1 \quad z=-4x$

**24.** $r_1 : x = 3 \quad y = 2 \qquad r_2 : x = 1 \quad y = 4$

**25.** $r_1 : x = 3 \quad y = 4 \qquad r_2 :$ eixo dos z



### *Respostas de problemas propostos*

**1.** $\sqrt{19}$

**2.** $\sqrt{3}$

**3.** $\frac{\sqrt{117}}{3}$

**4.** $\frac{\sqrt{6}}{2}$

**5.** $\sqrt{\frac{7}{2}}$

**6.** $\sqrt{\frac{54}{35}}$

**7.** 0

**8.** $\sqrt{13}$

**9.** $\sqrt{5}$

**10.** 4

**11.** $\frac{7}{3}$

**12.** $2\sqrt{3}$

**13.** 0

**14.** 4

**15.** $\frac{6}{\sqrt{11}}$

**16.** $\frac{\sqrt{3}}{2}$

**17.** $\frac{9}{\sqrt{6}}$

**18.** $\frac{5}{\sqrt{2}}$

**19.** 4

**20.** $\frac{3}{\sqrt{5}}$

**21.** $\frac{1}{\sqrt{2}}$

**22.** $\sqrt{6}$

**23.** 0

**24.** $2\sqrt{2}$

**25.** 5

# 8 CÔNICAS

## AS SEÇÕES CÔNICAS

Sejam duas retas *e* e *g* concorrentes em O e não perpendiculares. Conservemos fixa a reta *e* e façamos *g* girar 360° em torno de *e* mantendo constante o ângulo entre as retas. Nessas condições, a reta *g* gera uma superfície cônica circular infinita formada por duas folhas separadas pelo vértice O (Figura 8.1).

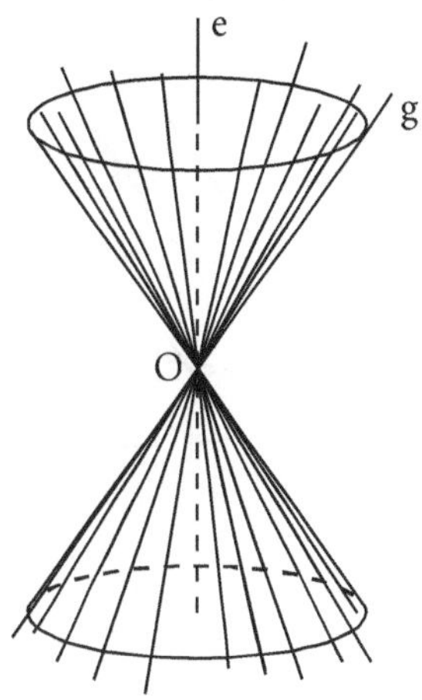

Figura 8.1

A reta *g* é chamada *geratriz* da superfície cônica, e a reta *e*, *eixo* da superfície.

Chama-se *seção cônica*, ou simplesmente *cônica*, o conjunto de pontos que formam a interseção de um plano com a superfície cônica.

Quando uma superfície cônica é seccionada por um plano $\pi$ qualquer que não passa pelo vértice O, a cônica será:

a) uma *parábola*, se $\pi$ for paralelo a uma geratriz da superfície (Figura 8.2(a));

b) uma *elipse*, se $\pi$ não for paralelo a uma geratriz e intercepta apenas uma das folhas da superfície (Figura 8.2(b)) (ou uma circunferência, se $\pi$ for perpendicular ao eixo).

c) uma *hipérbole*, se $\pi$ não é paralelo a uma geratriz e intercepta as duas folhas da superfície (Figura 8.2(c)). A hipérbole deve ser vista como uma curva só, constituída de dois ramos, um em cada folha da superfície.

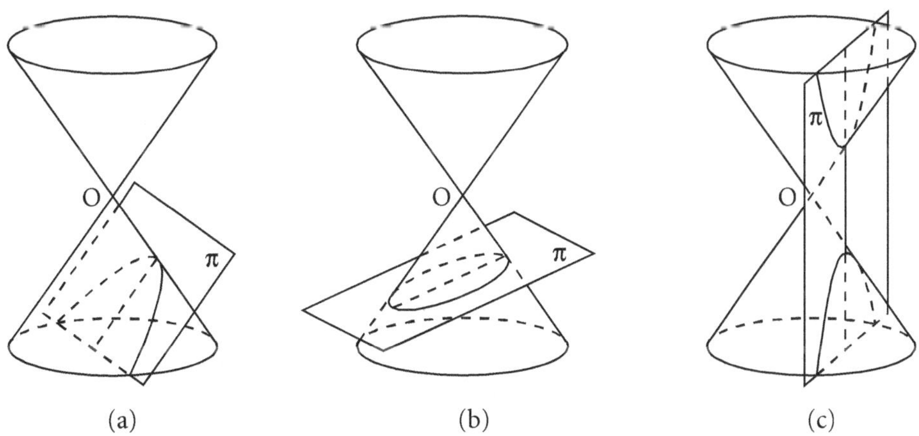

Figura 8.2

## Observação

As superfícies cônicas apresentadas nas Figuras 8.2 e 8.3 devem ser e consideradas como ilimitadas, ou seja, constituídas de duas folhas que se estendem indefinidamente em ambos os sentidos.

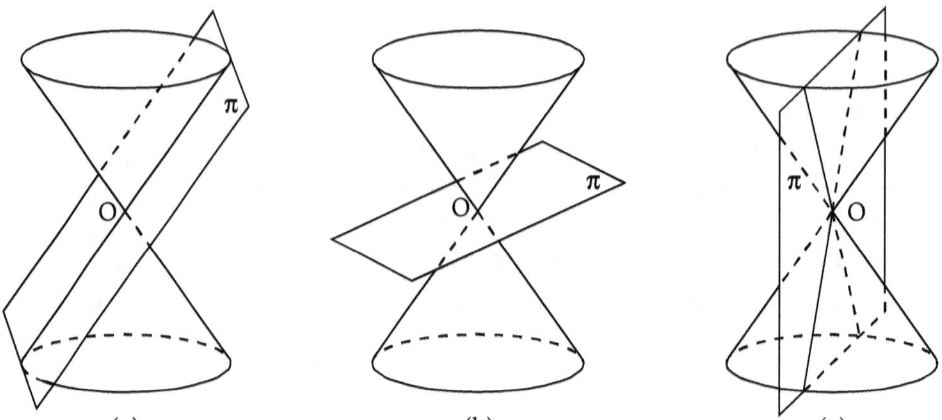


Figura 8.3

Se cada um dos planos secantes da Figura 8.2 forem transladados paralelamente até chegarem ao vértice O, obteremos as respectivas cônicas "degeneradas" da Figura 8.3:

a) uma reta

b) um ponto

c) duas retas

As *cônicas* foram de fundamental importância para o desenvolvimento da astronomia, sendo descritas na antiguidade por Apolônio de Perga, um geômetra grego.

Mais tarde, Kepler e Galileu mostraram que essas curvas ocorrem em fenômenos naturais, como nas trajetórias de um projétil ou de um planeta. No final deste capítulo estão descritas as *propriedades de reflexão* para cada uma das cônicas, com algumas de suas aplicações.

No Museu de Ciências e Tecnologia da Pontifícia Universidade Católica do Rio Grande do Sul encontra-se um experimento que diz respeito às propriedades da reflexão anteriormente referidas, chamado *reflexão sonora*. Trata-se das *parábolas acústicas*. Na verdade, são paraboloides constituídas por duas antenas parabólicas metálicas (Figura 8.4). Essas antenas de mesmo tamanho estão perfeitamente alinhadas e dispostas uma diante da outra e separadas por aproximadamente 20 m (para melhor visualização foram necessárias duas fotos, razão pela qual a ideia dessa distância não foi possível passar). O anel metálico em determinado ponto representa o foco da antena. Quando uma pessoa fala, emitindo som próximo do anel (foto da esquerda), as ondas sonoras refletidas na superfície da antena produzem um feixe de ondas paralelas que, ao incidirem na outra antena, refletem-se convergindo para o foco (anel) desta. Então, outra pessoa com o ouvido próximo do anel (foto da direita) ouve nitidamente a primeira.



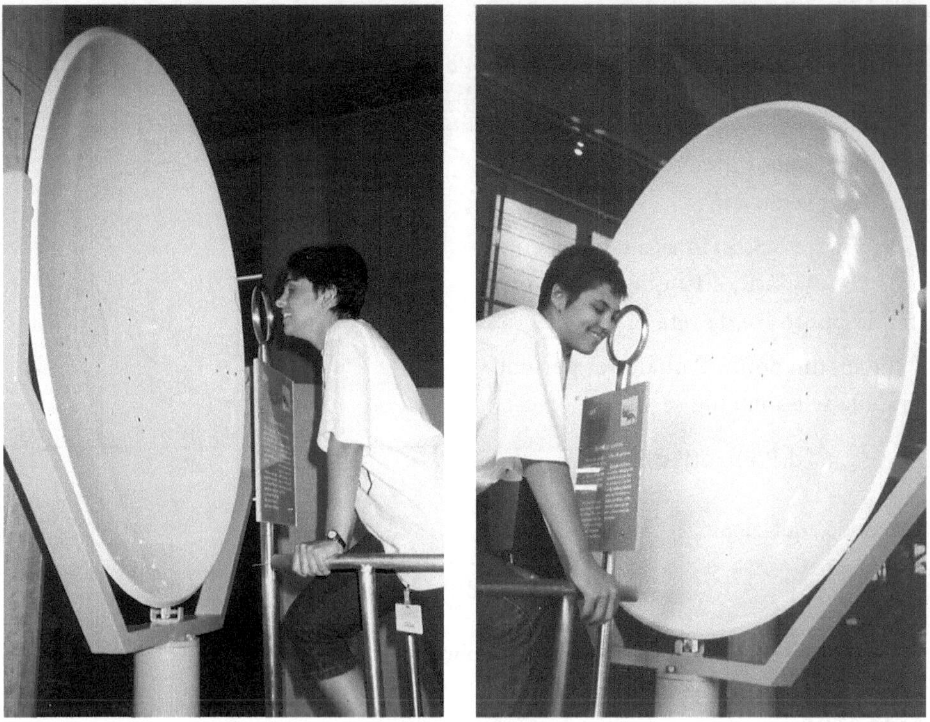

Acervo do autor

Figura 8.4

A Figura 8.4(a) esquematiza o experimento descrito anteriormente.

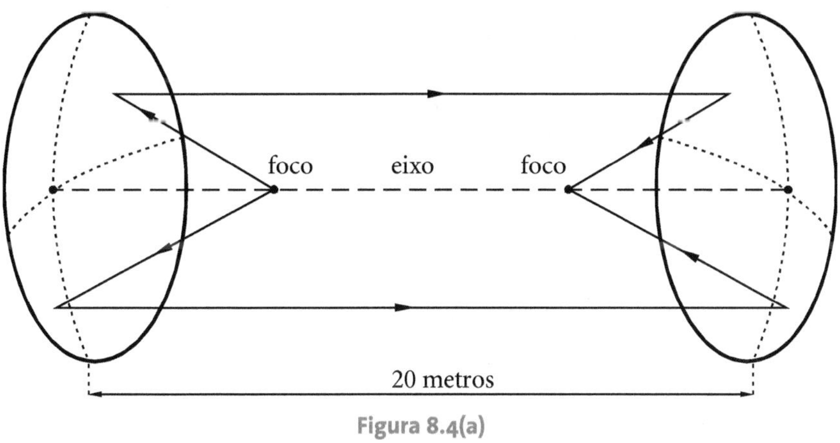


Figura 8.4(a)

É importante observar que as cônicas são curvas planas e, portanto, tudo o que dissermos sobre parábola, elipse e hipérbole se passa em um plano.

# PARÁBOLA

## Definição

Parábola é o conjunto de todos os pontos de um plano equidistantes de um ponto fixo e de uma reta fixa desse plano.

Consideremos uma reta *d* e um ponto F não pertencente a *d*.

Na Figura 8.5 estão assinalados cinco pontos ($P_1$, $P_2$, V, $P_3$ e P) que são equidistantes do ponto F e da reta *d*.

Então, um ponto P qualquer pertence à parábola se e somente se

$$d(P,F) = d(P,d)$$

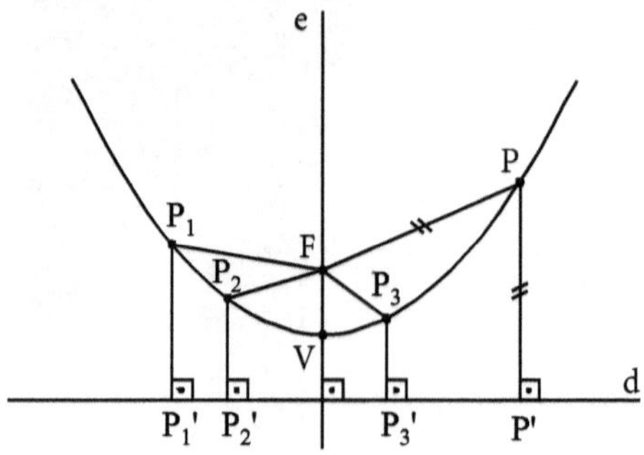

Figura 8.5

ou, de modo equivalente,

$$d(P,F) = d(P, P') \quad (1)$$

sendo P′ o pé da perpendicular baixada de P sobre a reta *d*.

## Elementos

Na Figura 8.5, tem-se:

| | |
|---|---|
| **Foco:** | é o ponto F. |
| **Diretriz:** | é a reta *d*. |
| **Eixo:** | é a reta *e* que passa por F e é perpendicular a *d*. É fácil ver pela própria definição de parábola que essa curva é *simétrica* em relação ao seu eixo. |
| **Vértice:** | é o ponto V de interseção da parábola com o seu eixo. |

## Equações reduzidas

Seja a parábola de vértice V(0,0). Consideremos dois casos:

1) *O eixo da parábola é o eixo dos y*

Seja P(x,y) um ponto qualquer da parábola (Figura 8.6) de foco $F(0,\frac{p}{2})$ e diretriz de equação $y = -\frac{p}{2}$.

A definição de parábola expressa pela igualdade **(1)** é equivalente a

$$|\overrightarrow{FP}|=|\overrightarrow{P'P}|$$

Como $P'(x,-\frac{p}{2})\in d$, vem

$$\left|(x-0,y-\frac{p}{2})\right|=\left|(x-x,y+\frac{p}{2})\right|$$

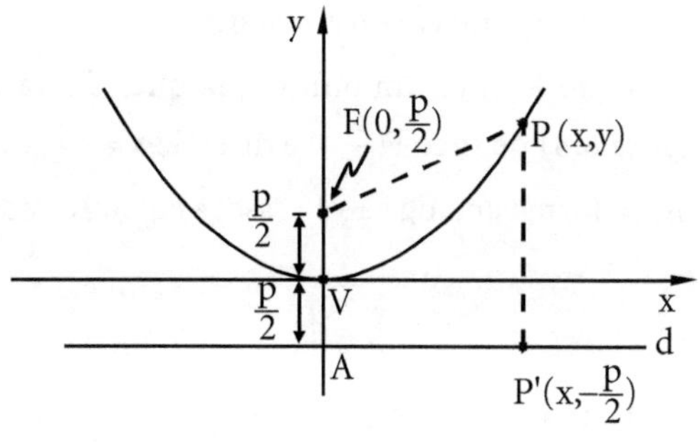


Figura 8.6

ou

$$\sqrt{(x-0)^2+(y-\frac{p}{2})^2}=\sqrt{(x-x)^2+(y+\frac{p}{2})^2}$$

Elevando ambos os membros ao quadrado, obtemos

$$(x-0)^2+(y-\frac{p}{2})^2=(x-x)^2+(y+\frac{p}{2})^2$$

ou

$$x^2+y^2-py+\frac{p^2}{4}=y^2+py+\frac{p^2}{4}$$

ou simplesmente

$$x^2=2py \qquad \textbf{(2)}$$

que é a equação *reduzida* para este caso.

## Observações

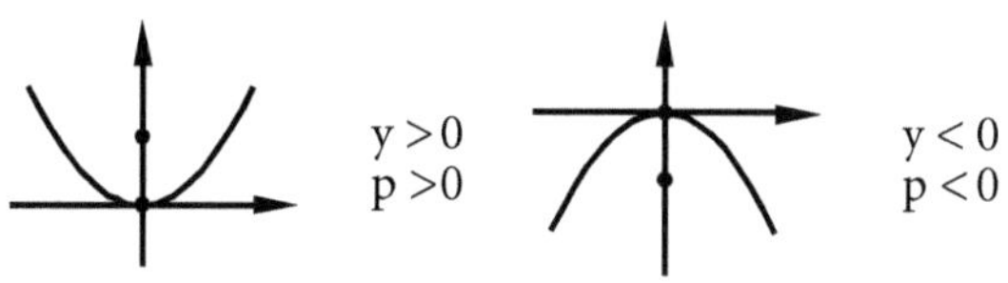


Figura 8.7

a) O número real $p\neq 0$ é chamado parâmetro da parábola.

b) Da equação **(2)** conclui-se: como $py\geq 0$, o parâmetro p e a ordenada y de P têm sinais iguais ($py = 0$ se $y = 0$) e, consequentemente, se $p > 0$, a parábola tem abertura para cima, e, se $p < 0$, para baixo (Figura 8.7).

c) O gráfico da equação **(2)** é simétrico em relação ao eixo dos y, pois, substituindo-se x por −x, a equação não se altera, ou seja, se o ponto (x, y) pertence ao gráfico, o ponto (−x, y) também pertence.

2) *O eixo da parábola é o eixo dos x*

Sendo P(x, y) um ponto qualquer da parábola (Figura 8.8) de foco $F(\frac{p}{2},0)$ e diretriz $x=-\frac{p}{2}$ obteremos, de forma análoga ao 1º caso, a equação reduzida

$$y^2=2px \qquad \textbf{(3)}$$

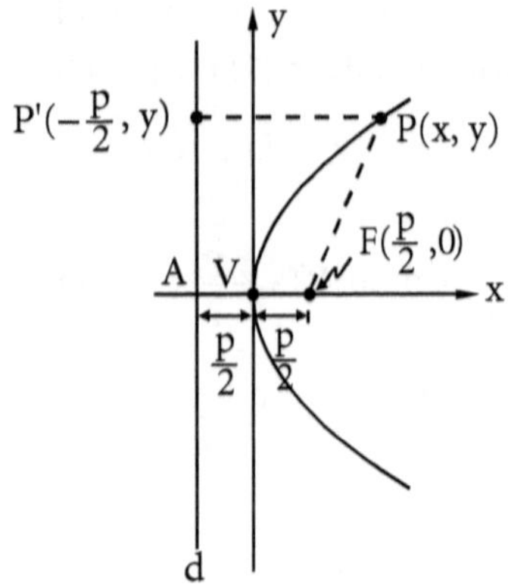


Figura 8.8

Da análise da equação **(3)** conclui-se imediatamente: se p > 0, a parábola tem abertura para a direita, e, se p < 0, para a esquerda (Figura 8.9).

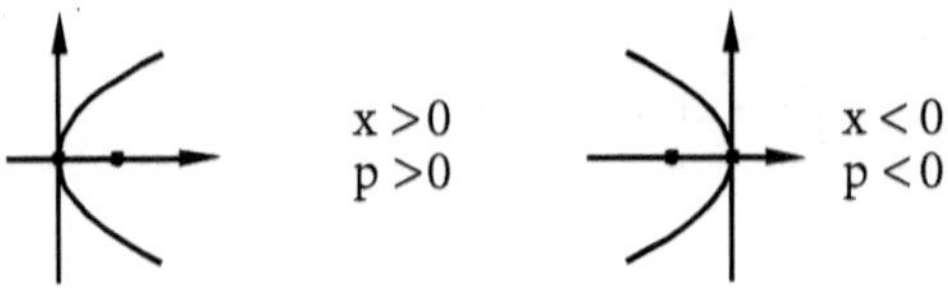


Figura 8.9

## Exemplos

1. Para cada uma das parábolas $x^2=8y$ e $x=-\frac{1}{2}y^2$, construir o gráfico e encontrar o foco e uma equação da diretriz.

**Solução**

a) $x^2=8y$

Observemos que nesta equação, a cada valor de y, por exemplo, 2, correspondem dois valores de x simétricos, no caso, 4 e −4. Logo, os pontos (4, 2) e (−4, 2) pertencem à parábola (Figura 8.10).

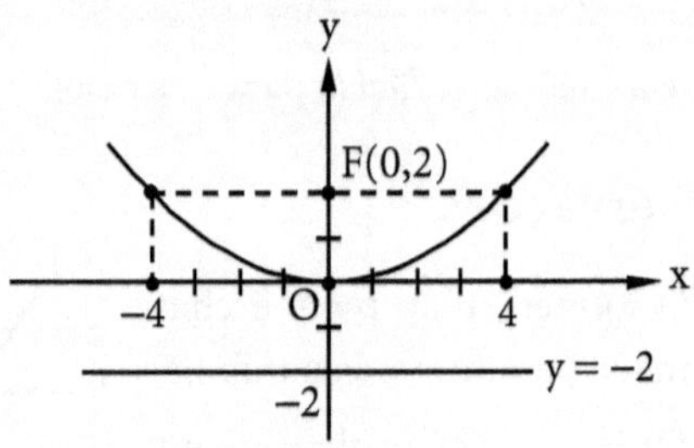


Figura 8.10

Como a equação é da forma

$x^2=2py$, tem-se

$$2p=8$$
$$p=4$$
$$\frac{p}{2}=2$$

Portanto,

**foco:** F(0,2)
**diretriz:** y = −2

b) A equação reduzida de $x=-\frac{1}{2}y^2$ é $y^2=-2x$

Observemos que nesta equação, a cada valor de x, por exemplo, −2, correspondem dois valores de y simétricos, no caso, 2 e −2. Logo, os pontos (−2, 2) e (−2, −2) pertencem à parábola (Figura 8.11).

Como a equação é da forma $y^2=2px$, tem-se

$$2p=-2$$

$$p=-1$$

$$\frac{p}{2}=-\frac{1}{2}$$

Portanto,

**foco:** $F(-\frac{1}{2},0)$

**diretriz:** $x=\frac{1}{2}$

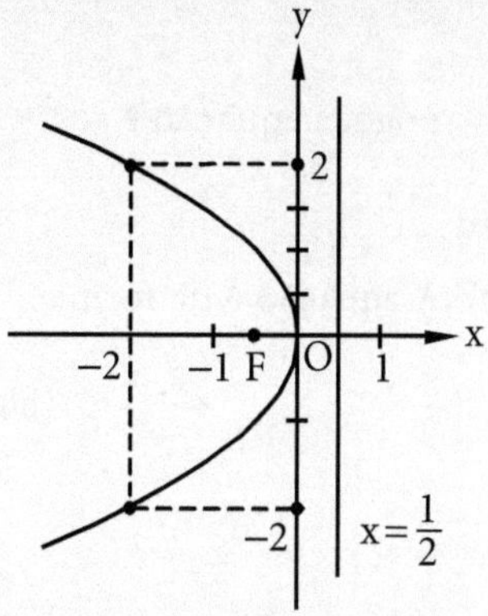


Figura 8.11

2. Traçar um esboço do gráfico e obter uma equação da parábola que satisfaça as condições:

a) vértice V(0, 0) e foco F(1, 0)

b) vértice V(0, 0) e diretriz y = 3

c) vértice V(0, 0), passa pelo ponto P(−2, 5) e concavidade voltada para cima.

**Solução**

a) A equação é da forma

$y^2=2px$ (Figura 8.12 – o eixo da parábola é Ox)

Mas,

$$\frac{p}{2}=1 \text{ ou } p=2$$

ou

$$2p=4$$

Substituindo este valor de 2p na equação anterior, obtemos $y^2=4x$

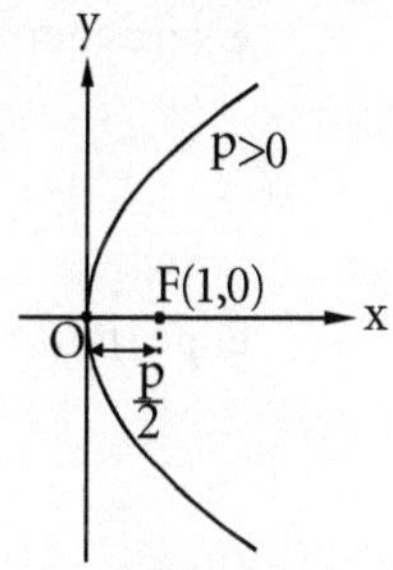


Figura 8.12

b) A equação é da forma

$$x^2 = 2py \quad \text{(Figura 8.13 – o eixo da parábola é Oy)}$$

Mas

$$\frac{p}{2} = -3 \text{ ou } 2p = -12$$

Logo, a equação é

$$x^2 = -12y$$

c) A equação é da forma

$$x^2 = 2py \quad \text{(Figura 8.14 – o eixo da parábola é Oy)}$$

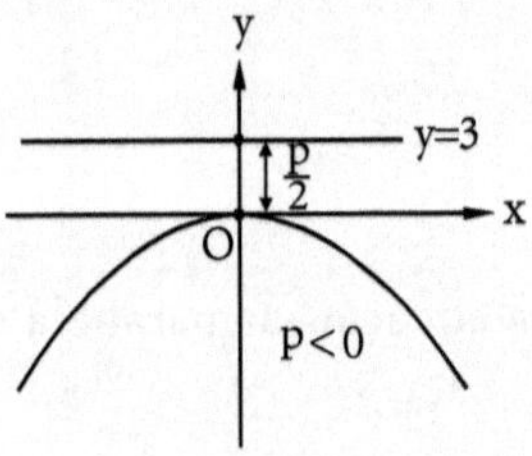


Figura 8.13

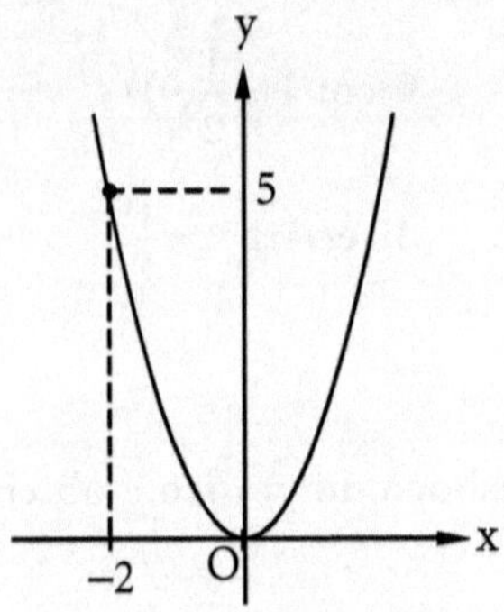


Figura 8.14

Como P pertence à parábola, o ponto (–2, 5) é uma solução da equação, ou seja, a afirmação

$$(-2)^2 = 2p(5)$$

é verdadeira. Daí vem

$$2p = \frac{4}{5}$$

e, portanto, a equação desejada é

$$x^2 = \frac{4}{5}y$$

ou

$$5x^2 - 4y = 0$$

## Translação de eixos

Consideremos no plano cartesiano xOy um ponto O′(h,k) arbitrário. Vamos introduzir um novo sistema x′O′y′ tal que os eixos O′x′ e O′y′ tenham a mesma unidade de medida, a mesma direção e o mesmo sentido dos eixos Ox e Oy. Assim, todo ponto P do plano tem duas representações: P(x,y) no sistema xOy e P(x′, y′) no sistema x′O′y′ (Figura 8.15).

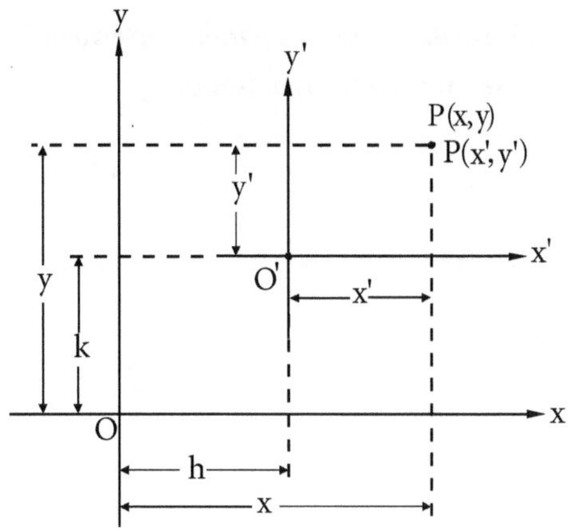

Figura 8.15

Da figura obtém-se

$$x = x' + h \quad \text{e} \quad y = y' + k$$
ou
$$x' = x - h \quad \text{e} \quad y' = y - k \qquad \textbf{(4)}$$

que são as *fórmulas de translação.*

## Outras formas da equação de parábola

Seja uma parábola de vértice V(h,k)≠(0,0). Consideraremos somente os casos de o eixo da parábola ser paralelo a um dos eixos coordenados.

1) *O eixo da parábola é paralelo ao eixo dos y*

Com origem no ponto V, tracemos o sistema x′O′y′ (O′ = V) nas condições do item anterior (Figura 8.16).

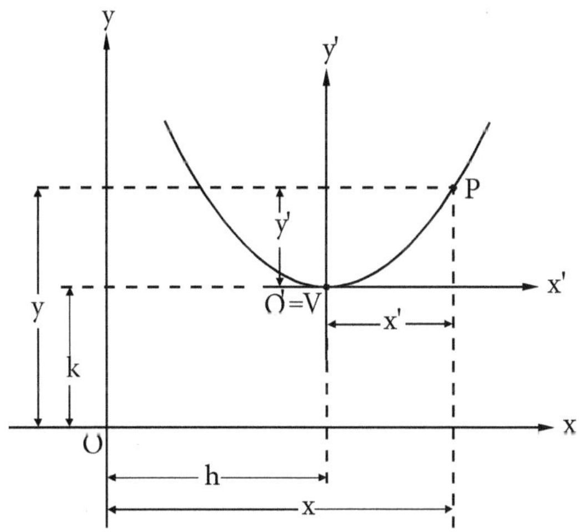

Figura 8.16

A parábola em relação a este sistema tem vértice na origem e, portanto, sua equação reduzida é

$$x'^2 = 2py' \qquad \textbf{(5)}$$

Como para todo ponto P da parábola, por **(4)** temos

$$x' = x - h \quad \text{e} \quad y' = y - k$$

e pela substituição em **(5)** resulta a equação

$$(x - h)^2 = 2p(y - k)$$

que é a *forma padrão* para este caso, e referida ao sistema xOy.

As observações já feitas com relação ao parâmetro p continuam válidas: se $p > 0$, a parábola está voltada para cima, e, se $p < 0$, estará para baixo.

2) *O eixo da parábola é paralelo ao eixo dos x*

De modo análogo, temos

$$(y-k)^2 = 2p(x-h)$$

Outras formas da equação da parábola serão apresentadas no próximo exemplo.

## Exemplos

1. Determinar uma equação da parábola de vértice V(3, −2), eixo paralelo ao dos y e parâmetro p = 1.

**Solução**

Como o eixo da parábola é paralelo ao eixo dos y, sua equação é da forma

$$(x-h)^2 = 2p(y-k)$$

e, neste caso, temos

$$(x-3)^2 = 2(1)(y+2)$$

ou

$$(x-3)^2 = 2(y+2) \quad \textbf{(6)}$$

cujo gráfico é o da Figura 8.17.

A equação **(6)** ainda pode receber a forma

$$x^2 - 6x + 9 = 2y + 4$$

ou

$$x^2 - 6x - 2y + 5 = 0 \quad \textbf{(7)}$$

que é a *equação geral* dessa parábola.

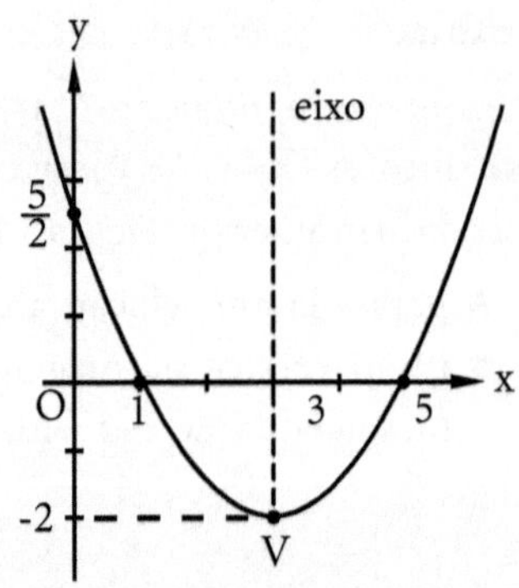

Figura 8.17

Assim, qualquer parábola cujo eixo coincide ou é paralelo a um dos eixos coordenados, sempre pode ser representada pela equação geral que terá uma das formas

$$ax^2 + cx + dy + f = 0 \quad a \neq 0 \quad \textbf{(8)}$$

ou

$$by^2 + cx + dy + f = 0 \quad b \neq 0 \qquad \textbf{(9)}$$

Se em **(7)** isolarmos o valor de y, teremos

$$y = \frac{1}{2}x^2 - 3x + \frac{5}{2}$$

que é a *equação explícita* da parábola deste exemplo.

Então, sempre que explicitarmos y em uma equação do tipo **(8)** ou x em uma equação do tipo **(9)**, obteremos a respectiva equação explícita na forma

$$y = ax^2 + bx + c \quad a \neq 0$$

ou

$$x = ay^2 + by + c \quad a \neq 0$$

2. Seja a parábola de vértice V(4, 2) e foco F(1, 2). Traçar um esboço do gráfico e determinar sua equação geral.

**Solução**

a) Um esboço do gráfico: Figura 8.18.

b) Tendo em vista que o eixo da parábola é paralelo ao eixo dos x, sua equação na forma padrão é

$$(y-k)^2 = 2p(x-h)$$

e como

$$h=4,\ k=2,\ \frac{p}{2}=-3 \ \therefore\ 2p=-12$$

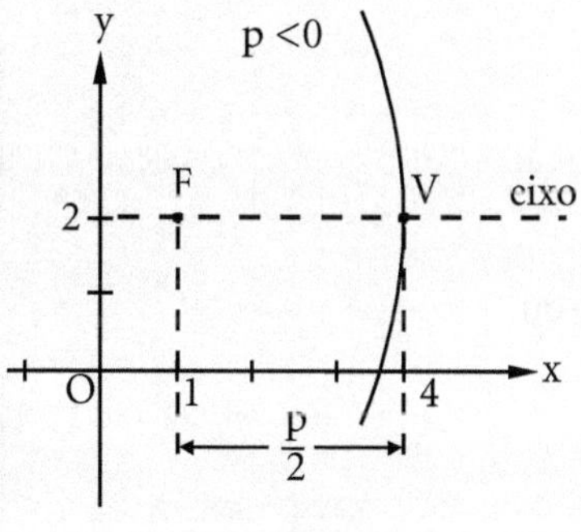


Figura 8.18

a equação fica

$$(y-2)^2 = -12(x-4)$$

Efetuando as operações indicadas e ordenando, vem

$$y^2 - 4y + 4 = -12x + 48$$

ou

$$y^2 + 12x - 4y - 44 = 0$$

que é uma equação geral desta parábola.

3. Determinar uma equação da parábola da Figura 8.19.

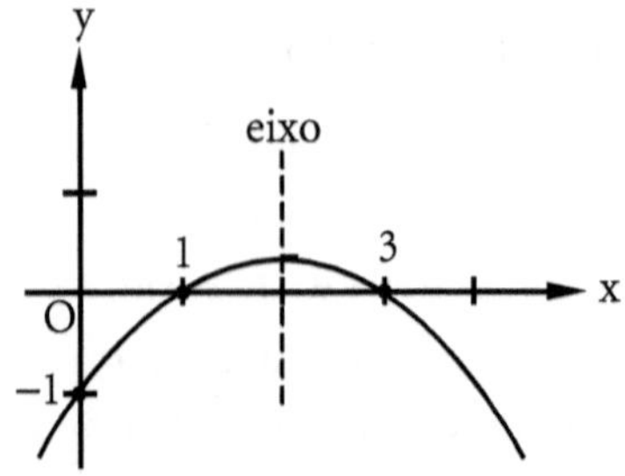


Figura 8.19

**Solução**

Entre a equação na forma padrão e a explícita, a segunda é mais simples para o problema. Então, como o eixo da parábola é paralelo ao dos y, sua equação é da forma

$$y = ax^2 + bx + c$$

Ora, sendo (0, −1), (1, 0) e (3, 0) pontos da parábola, suas coordenadas devem satisfazer esta equação, ou seja,

$$\begin{cases} -1 = a(0)^2 + b(0) + c \\ 0 = a(1)^2 + b(1) + c \\ 0 = a(3)^2 + b(3) + c \end{cases}$$

ou

$$\begin{cases} c = -1 \\ a + b + c = 0 \\ 9a + 3b + c = 0 \end{cases}$$

sistema cuja solução é $a = -\frac{1}{3}$, $b = \frac{4}{3}$ e $c = -1$.

Logo, a equação da parábola é

$$y = -\frac{1}{3}x^2 + \frac{4}{3}x - 1$$

4. Dada a parábola de equação $y^2 + 6y - 8x + 17 = 0$, determinar

a) sua equação reduzida;

b) o vértice;

c) um esboço do gráfico;

d) o foco e uma equação da diretriz;

e) uma equação do eixo.

**Solução**

a) Iniciemos escrevendo a equação na forma

$$y^2 + 6y = 8x - 17$$

Completemos o quadrado do primeiro membro:

$$y^2 + 6y + 9 = 8x - 17 + 9$$

Como adicionamos 9 ao primeiro membro, devemos fazer o mesmo com o membro da direita. A última equação pode ser escrita

$$(y+3)^2 = 8(x-1) \quad \textbf{(10)}$$

que é a forma padrão de uma parábola de eixo paralelo ao eixo dos x. Então, se em **(10)** utilizarmos as fórmulas de translação

$$x' = x - 1 \text{ e } y' = y + 3$$

obteremos

$$y'^2 = 8x'$$

que é a *equação reduzida* desta parábola referida ao sistema x'O'y', na qual O'=V (vértice), O'x'//O*x* e O'y'//Oy.

b) Como a equação **(10)** é da forma padrão

$$(y-k)^2 = 2p(x-h) \quad \textbf{(11)}$$

em que *h* e *k* são as coordenadas do vértice, vem imediatamente: V(1, –3).

c) Um esboço do gráfico: Figura 8.20.

d) Confrontando **(10)** e **(11)**, concluímos:

$$2p = 8,\ p = 4,\ \frac{p}{2} = 2$$

e pelo gráfico tem-se

**foco:** F(3, –3)

**diretriz:** x = –1

e) **Eixo:** y = –3

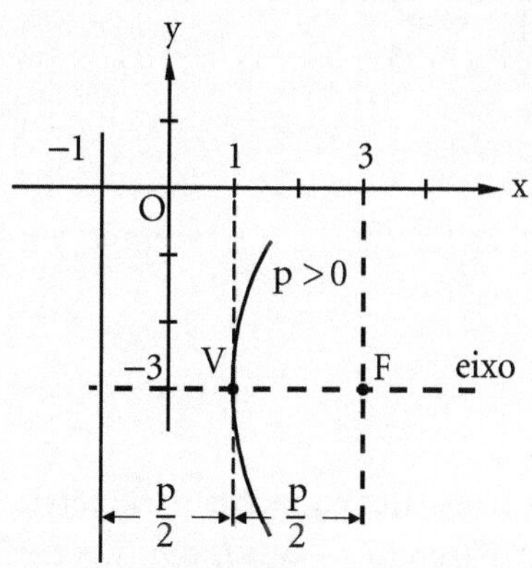


Figura 8.20

## Equações paramétricas

Consideremos a equação reduzida da parábola cujo eixo é o dos y:

$$x^2 = 2py$$

Nessa equação, x pode assumir qualquer valor real, se fizermos x = t (t é chamado parâmetro), teremos $y = \frac{1}{2p}t^2$.

Então, *equações paramétricas* da parábola são, neste caso, dadas por

$$\begin{cases} x = t \\ y = \frac{1}{2p}t^2, \quad t \in \mathbb{R} \end{cases}$$

De igual forma, se na equação $y^2 = 2px$ fizermos y = t, o sistema

$$\begin{cases} x = \frac{1}{2p}t^2 \\ y = t, \quad t \in \mathbb{R} \end{cases}$$

constitui equações paramétricas da parábola com vértice V(0,0) e eixo Ox.

Com procedimento semelhante, obtém-se equações paramétricas no caso de o vértice da parábola não ser a origem do sistema, conforme exemplo a seguir.

### Exemplo

**Obter equações paramétricas da parábola de equação:**

**a)** $x^2 = \frac{1}{4}y$ **b)** $(y-3)^2 = 2(x+2)$

**Solução**

1) Se fizermos x = t, teremos $y = 4t^2$ e, portanto, o sistema

$$\begin{cases} x = t \\ y = 4t^2 \end{cases}$$

constitui equações paramétricas da parábola.

2) Fazendo y − 3 = t, vem y = t + 3. Então,

$$t^2 = 2(x+2)$$

ou

$$t^2 = 2x + 4$$

e

$$x = \frac{t^2 - 4}{2}$$

Assim, o sistema

$$\begin{cases} x = \dfrac{t^2 - 4}{2} \\ y = t + 3 \end{cases}$$

constitui equações paramétricas da parábola.

Por outro lado, de $y = t + 3$, vem $t = y - 3$, que substituindo na primeira equação resulta

$$x = \frac{(y-3)^2 - 4}{2}$$

ou

$$(y-3)^2 = 2(x+2)$$

que é a equação cartesiana dada inicialmente.

## Problemas propostos

**Para cada uma das parábolas dos Problemas de 1 a 10, construir o gráfico e encontrar o foco e uma equação da diretriz.**

**1.** $x^2 = -4y$

**2.** $y^2 = 6x$

**3.** $y^2 = -8x$

**4.** $x^2 + y = 0$

**5.** $y^2 - x = 0$

**6.** $y^2 + 3x = 0$

**7.** $x^2 - 10y = 0$

**8.** $2y^2 - 9x = 0$

**9.** $y = \dfrac{x^2}{16}$

**10.** $x = -\dfrac{y^2}{8}$

**Nos Problemas de 11 a 26, traçar um esboço do gráfico e obter uma equação da parábola que satisfaça as condições dadas.**

**11.** vértice: V(0, 0); diretriz d: $y = -2$

**12.** foco: F(2, 0); diretriz d: $x + 2 = 0$

**13.** vértice: V(0, 0); foco: F(0, −3)

**14.** vértice: V(0, 0); foco: $F(-\frac{1}{2},0)$

**15.** foco: $F(0,-\frac{1}{4})$ ; diretriz d: $4y - 1 = 0$

**16.** vértice: V(0, 0); simetria em relação ao eixo dos y e passa pelo ponto P(2,−3)

**17.** vértice: V(0, 0); eixo $y = 0$; passa por (4,5)

**18.** vértice: V(−2, 3); foco: F(−2, 1)

**19.** vértice: V(2, −1); foco: F(5, −1)

**20.** vértice: V(4, 1); diretriz d: $y + 3 = 0$

**21.** vértice: V(0, −2); diretriz: $2x - 3 = 0$

**22.** foco: F(4, −5); diretriz: $y = 1$

**23.** foco: F(−7, 3); diretriz: $x + 3 = 0$

**24.** foco: F(3, −1); diretriz: $2x - 1 = 0$

**25.** vértice: V(4, −3); eixo paralelo ao eixo dos x, passando pelo ponto P(2, 1)

**26.** vértice: V(−2, 3); eixo: $x + 2 = 0$, passando pelo ponto P(2, 0)

**Em cada um dos Problemas de 27 a 36, determinar a equação reduzida, o vértice, o foco, uma equação da diretriz e uma equação do eixo da parábola de equação dada. Esboçar o gráfico.**

**27.** $x^2+4x+8y+12=0$

**28.** $x^2-2x-20y-39=0$

**29.** $y^2+4y+16x-44=0$

**30.** $y^2-16x+2y+49=0$

**31.** $y=\frac{x^2}{4}-2x-1$

**32.** $x^2-12y+72=0$

**33.** $y=x^2-4x+2$

**34.** $y=4x-x^2$

**35.** $y^2-12x-12=0$

**36.** $2x^2-12x-y+14=0$

**Nos Problemas de 37 a 39, encontrar a equação explícita da parábola que satisfaça as condições:**

**37.** eixo de simetria paralelo ao eixo dos y e passando pelos pontos A(−2, 0), B(0, 4) e C(4, 0).

**38.** eixo de simetria paralelo a $x = 0$ e passando pelos pontos $A(0, 0)$, $B(1, -1)$ e $C(3, -1)$.

**39.** eixo paralelo a $y = 0$ e passando por $A(-2, 4)$, $B(-3, 2)$ e $C(-6, 0)$.

**40.** Dada a parábola de equação $y = -x^2 + 4x + 5$, determinar:

**a)** o vértice;

**b)** as interseções com os eixos coordenados;

**c)** o gráfico;

**d)** o foco;

**e)** uma equação da diretriz.

**Nos Problemas de 41 a 44, obter equações paramétricas da parábola de equação dada.**

**41.** $y^2 = -4x$

**42.** $x^2 = 2y$

**43.** $(x+4)^2 = -2(y-1)$

**44.** $y^2 - 4y + x + 1 = 0$

**Nos Problemas 45 e 46, obter uma equação geral da parábola dada por equações paramétricas.**

**45.** $\begin{cases} x = t + 1 \\ y = \dfrac{t^2}{3} - 2 \end{cases}$

**46.** $\begin{cases} x = \dfrac{t^2}{4} + 4 \\ y = t \end{cases}$

**47.** Em que pontos a parábola de vértice $V(-2, 0)$ e foco $F(0, 0)$ intercepta o eixo dos y?

**48.** Encontrar sobre a parábola $y^2 = 4x$ um ponto tal que sua distância à diretriz seja igual a 3.

**49.** Utilizar a definição para encontrar uma equação da parábola de foco e diretriz dados:

**a)** $F(-3, 4)$;

$d: y = 2$

**b)** $F(0, 3)$;

$d: x - 2 = 0$

**50.** Determinar uma equação da curva gerada por um ponto que se move de modo que sua distância ao ponto $A(-1, 3)$ seja igual à sua distância à reta $y + 3 = 0$.

**51.** Encontrar uma equação da parábola e suas interseções com os eixos coordenados, sendo dados:

**a)** foco: $F(0, 0)$, eixo: $y = 0$ e passa por $A(3, 4)$;

**b)** foco: $F(0, -1)$, eixo: $x = 0$ e passa por $A(4, 2)$.

**52.** Na Figura 8.21, o arco DC é parabólico e o segmento AB está dividido em 8 partes iguais. Sabendo que $d = 10$ m, $AD = BC = 50$ m e $AB = 80$ m, determinar $h_1$ e $h_2$.

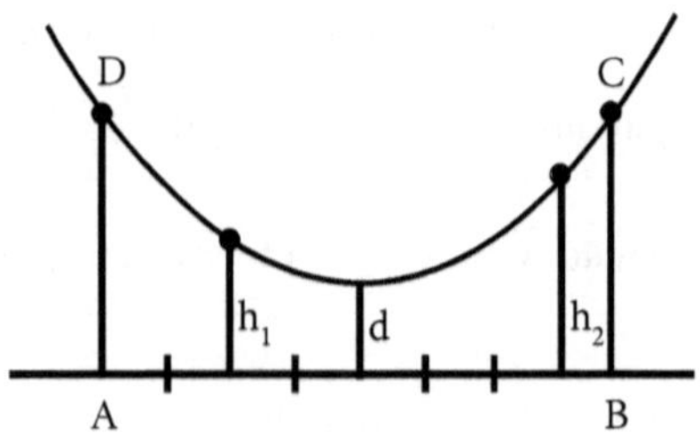


Figura 8.21

**53.** Uma família de parábolas tem equação $y = ax^2 + bx + 8$. Sabendo que uma delas passa pelos pontos (1,3) e (3,−1), determinar:

**a)** os pontos de interseção com o eixo dos x;

**b)** os pontos de ordenada 15;

**c)** equações paramétricas desta parábola.

**54.** Dados os sistemas de equações paramétricas

$$\begin{cases} x = \sqrt{2t} \\ y = t + 3, \quad t \in [0,8] \end{cases} \quad \text{e} \quad \begin{cases} x = -t \\ y = \dfrac{t^2}{2} + 3, \quad t \in [-4,0] \end{cases}$$

mostrar que eles representam parte de uma mesma parábola, esboçando o gráfico.

## *Respostas de problemas propostos*

**1.** $F(0,-1), y = 1$

**2.** $F(\frac{3}{2},0), 2x + 3 = 0$

**3.** $F(-2,0), x = 2$

**4.** $F(0,-\frac{1}{4}), y = \frac{1}{4}$

**5.** $F(\frac{1}{4},0), x = -\frac{1}{4}$

**6.** $F(-\frac{3}{4},0), 4x - 3 = 0$

**7.** $F(0,\frac{5}{2}), 2y + 5 = 0$

**8.** $F(\frac{9}{8},0), 8x + 9 = 0$

**9.** $F(0,4), y + 4 = 0$

**10.** $F(-2,0), x = 2$

**11.** $x^2 = 8y$

**12.** $y^2 = 8x$

**13.** $x^2 = -12y$

**14.** $y^2 = -2x$

**15.** $x^2 = -y$

**16.** $3x^2 + 4y = 0$

**17.** $4y^2-25x=0$

**18.** $x^2+4x+8y-20=0$

**19.** $y^2+2y-12x+25=0$

**20.** $x^2-8x-16y+32=0$

**21.** $y^2+4y+6x+4=0$

**22.** $x^2-8x+12y+40=0$

**23.** $y^2-6y+8x+49=0$

**24.** $4y^2+8y-20x+39=0$

**25.** $y^2+6y+8x-23=0$

**26.** $3x^2+12x+16y-36=0$

**27.** $x'^2=-8y'$, V(−2,−1), F(−2,−3), $y=1$, $x=-2$

**28.** $x'^2=20y'$, V(1,−2), F(1,3), $y=-7$, $x=1$

**29.** $y'^2=-16x'$, V(3,−2), F(−1,−2), $x=7$, $y=-2$

**30.** $y'^2=16x'$, V(3,−1), F(7,−1), $x=-1$, $y=-1$

**31.** $x'^2=4y'$, V(4,−5), F(4,−4), $y=-6$, $x=4$

**32.** $x'^2=12y'$, V(0,6), F(0,9), $y=3$, $x=0$

**33.** $x'^2=y'$, V(2,−2), $F(2,-\frac{7}{4})$, $y=-\frac{9}{4}$, $x=2$

**34.** $x'^2=-y'$, V(2,4), $F(2,\frac{15}{4})$, $4y-17=0$, $x-2=0$

**35.** $y'^2=12x'$, V(−1,0), F(2,0), $x=-4$, $y=0$

**36.** $x'^2=\frac{1}{2}y'$, V(3,−4), $F(3,-\frac{31}{8})$, $8y+33=0$, $x=3$

**37.** $y=-\frac{1}{2}x^2+x+4$

**38.** $y=\frac{1}{3}x^2-\frac{4}{3}x$

**39.** $x=-\frac{1}{4}y^2+2y-6$

**40.** **a)** V(2,9)

**b)** (−1, 0), (5, 0), (0, 5)

**d)** $F(2,\frac{35}{4})$

**e)** $4y-37=0$

**41.** $\begin{cases} x=-\frac{1}{4}t^2 \\ y=t \end{cases}$

**42.** $\begin{cases} x=t \\ y=\frac{t^2}{2} \end{cases}$

43. $\begin{cases} x = t - 4 \\ y = 1 - \dfrac{t^2}{2} \end{cases}$

44. $\begin{cases} x = 3 - t^2 \\ y = t + 2 \end{cases}$

45. $x^2 - 2x - 3y - 5 = 0$

46. $y^2 - 4x + 16 = 0$

47. $(0,4)$ e $(0,-4)$

48. $(2,\sqrt{8})$ e $(2,-\sqrt{8})$

49. a) $x^2 + 6x - 4y + 21 = 0$

b) $y^2 - 6y + 4x + 5 = 0$

50. $x^2 + 2x - 12y + 1 = 0$

51. a) $y^2 - 4x - 4 = 0$, $(-1,0)$, $(0,\pm 2)$

b) $x^2 - 4y - 8 = 0$, $(\pm 2\sqrt{2},0)$, $(0,-2)$

52. $h_1 = 20\text{m}$ e $h_2 = 32{,}5\text{m}$

53. a) $(2,0)$ e $(4,0)$

b) $(-1,15)$ e $(7,15)$

c) $x = t + 3$ e $y = t^2 - 1$

# ELIPSE

## Definição

Elipse é o conjunto de todos os pontos de um plano cuja *soma das distâncias* a dois pontos fixos desse plano é constante.

Consideremos no plano dois pontos distintos, $F_1$ e $F_2$, tal que a distância $d(F_1,F_2) = 2c$, e um número real positivo *a* com $2a > 2c$.

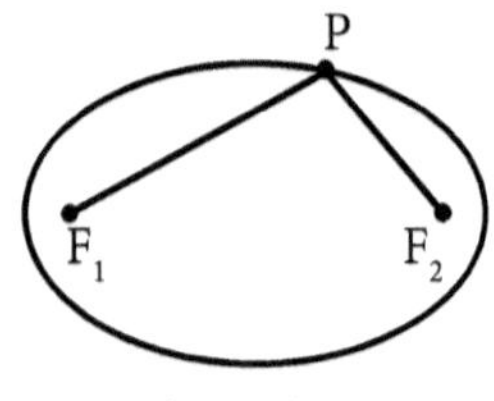

Figura 8.22

Chamando de 2a a constante da definição, um ponto P pertence à elipse (Figura 8.22) se, e somente se,

$$d(P,F_1) + d(P,F_2) = 2a \qquad \textbf{(1)}$$

Para construir uma elipse no papel, pode-se proceder conforme sugere a Figura 8.23: fixam-se dois pregos em pontos arbitrários $F_1$ e $F_2$ amarrando-se neles as extremidades de um fio não esticado. Um lápis que deixa o fio distendido marca o ponto P. Se fizermos o lápis deslizar sobre o papel, mantendo o fio sempre distendido, a ponta descreverá a elipse e, portanto, para todo o ponto P da elipse, a soma das distâncias $d(P,F_1)$ e $d(P,F_2)$ será sempre igual ao comprimento do fio, ou seja, um valor constante, que, na definição, foi denominado 2a.

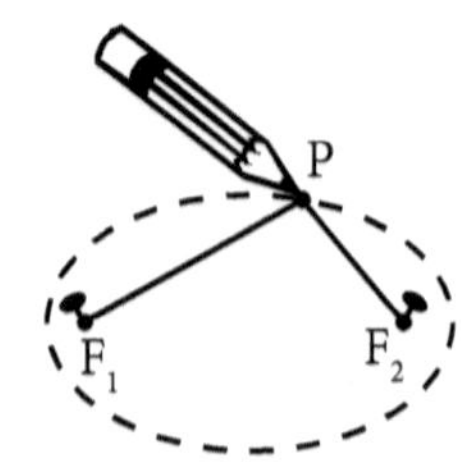

Figura 8.23

Se variarmos as posições de $F_1$ e $F_2$ mantendo fixo o comprimento do fio, a forma da elipse variará. Assim, quanto mais afastados um do outro estiverem os pontos $F_1$ e $F_2$, tanto mais "achatada" é a forma da elipse. Por outro lado, se $d(F_1, F_2)$ está próximo de zero, a elipse é quase circular, e no caso de $F_1 = F_2$, temos a circunferência de centro $F_1$ e raio *a*.

## Elementos

Com base na Figura 8.24, tem-se:

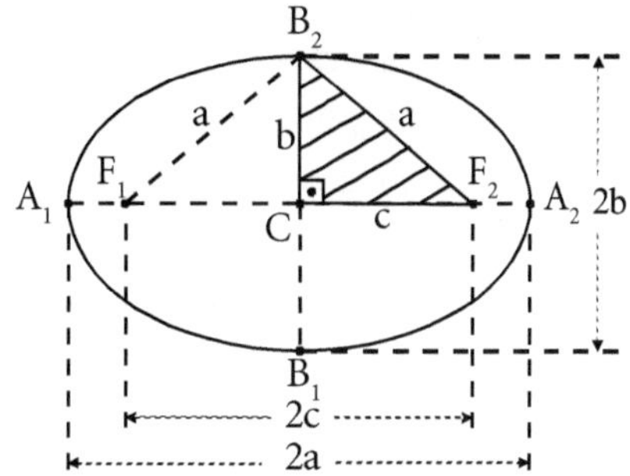

Figura 8.24

**Focos:** são os pontos $F_1$ e $F_2$.

**Distância focal:** é a distância 2c entre os focos.

**Centro:** é o ponto médio C do segmento $F_1F_2$.

**Eixo maior:** é o segmento $A_1A_2$ de comprimento 2a (este segmento contém os focos).

**Eixo menor:** é o segmento $B_1B_2$ de comprimento 2b e perpendicular a $A_1A_2$ no seu ponto médio.

**Vértices:** são os pontos $A_1, A_2, B_1$ e $B_2$.

Pela Figura 8.24, é imediato que $B_2F_2 = a$, pois $B_2F_1 + B_2F_2 = 2a$ (definição de elipse) e $B_2F_1 = B_2F_2$. Logo, do triângulo retângulo $B_2CF_2$ vem

$$a^2 = b^2 + c^2 \qquad (2)$$

A igualdade mostra que $b < a$ e $c < a$.

*Excentricidade* da elipse é o número real

$$e = \frac{c}{a} \qquad (0 < e < 1)$$

A excentricidade é responsável pela "forma" da elipse: elipses com excentricidade perto de 0 (zero) são aproximadamente circulares, enquanto elipses com excentricidade próxima de 1 são "achatadas". Por outro lado, fixada uma excentricidade, por exemplo, $e = \frac{1}{2}$, todas as infinitas elipses com esta excentricidade têm a mesma forma (diferem apenas pelo tamanho).

## Observação

A 1° lei do astrônomo alemão Johannes Kepler (1571-1630) é expressa por: "qualquer planeta gira em torno do Sol, descrevendo uma órbita elíptica, da qual o Sol ocupa um dos focos". A maioria dos planetas tem órbitas aproximadamente circulares, o que significa dizer que suas excentricidades estão perto de zero. Por exemplo, a órbita da Terra tem excentricidade 0,02, a de Júpiter, 0,05, a de Marte, 0,09, para mencionar apenas algumas. Mercúrio e Plutão, cujas órbitas elípticas têm excentricidades bem maiores, 0,21 e 0,25, respectivamente, constituem uma exceção à maioria dos planetas. O "campeão" de excentricidade no sistema solar parece ser o Cometa Halley com e = 0,967 (quase 1) e ele leva aproximadamente 76 anos (período de revolução) para dar uma volta em torno do Sol. A Figura 8.25 dá uma ideia das trajetórias da Terra e de Halley com o Sol em um dos focos.

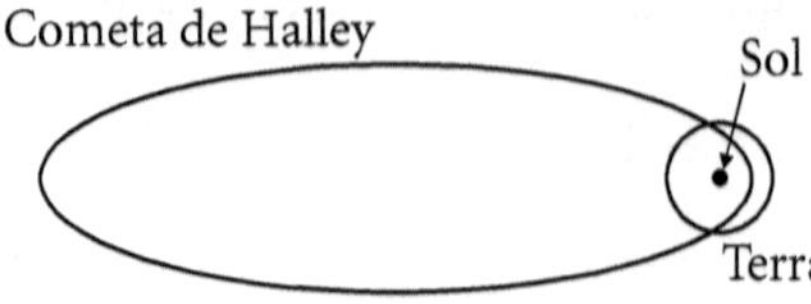

Figura 8.25

Com a finalidade de obtermos uma equação de elipse, teremos que referi-la ao sistema de eixos cartesianos. Iniciemos pelos casos mais simples.

## Equações reduzidas

Seja a elipse de centro C(0, 0). Consideraremos dois casos:

1) *O eixo maior está sobre o eixo dos x*

Seja P(x, y) um ponto qualquer de uma elipse (Figura 8.26) de focos $F_1(-c,0)$ e $F_2(c,0)$.

Pela definição em **(1)**, tem-se

$$d(P,F_1)+d(P,F_2)=2a$$

ou

$$|\overrightarrow{F_1P}|+|\overrightarrow{F_2P}|=2a$$

ou, em coordenadas,

$$|(x+c,y-0)|+|(x-c,y-0)|=2a$$

$$\sqrt{(x+c)^2+y^2}+\sqrt{(x-c)^2+y^2}=2a$$

$$\sqrt{x^2+y^2+2cx+c^2}=2a-\sqrt{x^2+y^2-2cx+c^2}$$

$$(\sqrt{x^2+y^2+2cx+c^2})^2=(2a-\sqrt{x^2+y^2-2cx+c^2})^2$$

$$x^2+y^2+2cx+c^2=4a^2-4a\sqrt{x^2+y^2-2cx+c^2}+x^2+y^2-2cx+c^2$$

$$a\sqrt{x^2+y^2-2cx+c^2}=a^2-cx$$

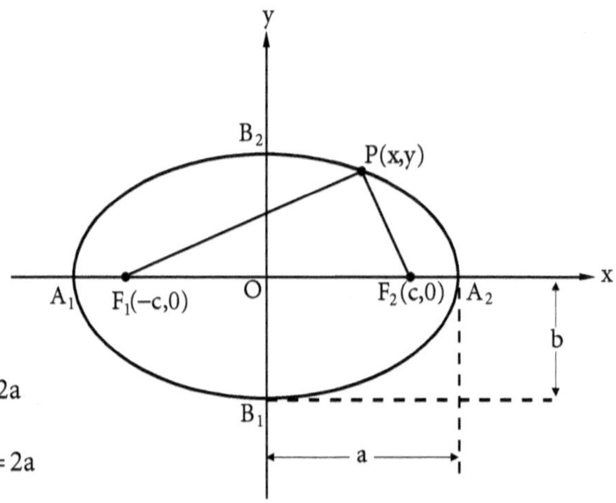

Figura 8.26

$$a^2(x^2+y^2-2cx+c^2)=a^4-2a^2cx+c^2x^2$$

$$a^2x^2+a^2y^2-2a^2cx+a^2c^2=a^4-2a^2cx+c^2x^2$$

$$a^2x^2-c^2x^2+a^2y^2=a^4-a^2c^2$$

$$(a^2-c^2)x^2+a^2y^2=a^2(a^2-c^2)$$

Como por **(2)** tem-se $a^2-c^2=b^2$, resulta

$$b^2x^2+a^2y^2=a^2b^2$$

Dividindo ambos os membros da equação por $a^2b^2$, vem

$$\frac{x^2}{a^2}+\frac{y^2}{b^2}=1$$

que é a *equação reduzida* para este caso.

2) *O eixo maior está sobre o eixo dos y*

Observando a Figura 8.27, com procedimento análogo ao 1º caso, obteremos a equação reduzida

$$\frac{x^2}{b^2}+\frac{y^2}{a^2}=1$$

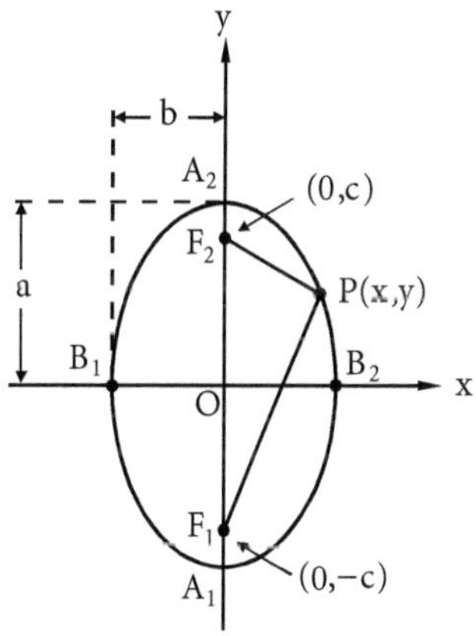

Figura 8.27

## Observação

Como em toda elipse tem-se $a > b$ (ou $a^2 > b^2$), para saber se a elipse tem seu eixo maior sobre Ox ou sobre Oy, basta *observar onde está o maior denominador* ($a^2$) na sua equação reduzida. Se esse for denominador de $x^2$, o eixo maior está sobre Ox. Caso contrário, estará sobre Oy.

Por exemplo, na equação reduzida

$$\frac{x^2}{4}+\frac{y^2}{9}=1$$

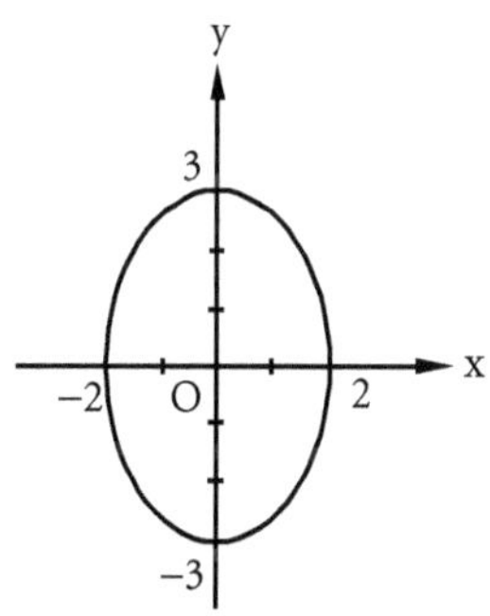

Figura 8.28

o maior denominador é 9. Como ele é denominar de $y^2$, o eixo maior da elipse está sobre o eixo dos y (Figura 8.28). No caso, temos

$$a^2=9 \therefore a=3$$
$$b^2=4 \therefore b=2$$

e, portanto, as interseções com os eixos são os quatro pontos $(0,\pm3)$ e $(\pm2,0)$.

Observemos, por outro lado, que se na equação anterior fizermos x = 0, vem y = ±3 e para y = 0, vem x = ±2, o que confirma as interseções com os eixos em (0,±3) e (±2,0).

## Exemplos

**Nos Problemas de 1 a 3, para cada uma das elipses, determinar:**

**a)** a medida dos semieixos;

**b)** um esboço do gráfico;

**c)** os focos;

**d)** a excentricidade.

1. $9x^2 + 25y^2 = 225$

***Solução***

a) Para expressar a equação na forma reduzida, dividimos ambos os membros da equação por 225:

$$\frac{9x^2}{225}+\frac{25y^2}{225}=\frac{225}{225}$$

ou

$$\frac{x^2}{25}+\frac{y^2}{9}=1$$

Maior denominador: 25. Logo, $a^2 = 25$ e o eixo maior da elipse está sobre o eixo dos x, porque 25 é denominador de $x^2$.

Então,

$$a^2 = 25 \;\therefore\; a = 5$$
$$b^2 = 9 \;\therefore\; b = 3$$

b) Gráfico: Figura 8.29

c) $a^2 = b^2 + c^2$

$25 = 9 + c^2$

$c^2 = 16 \therefore c = 4$

Logo, os focos são $F_1(-4,0)$ e $F_2(4,0)$.

d) $e = \frac{c}{a} = \frac{4}{5}$

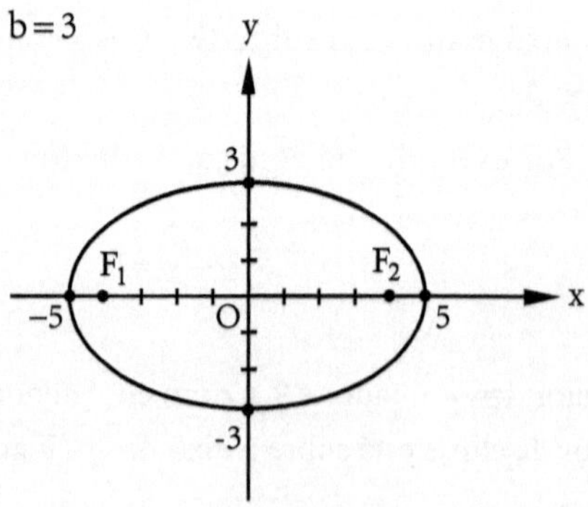

Figura 8.29

2. $4x^2 + y^2 - 16 = 0$

**Solução**

a) Conduzindo a equação para a forma reduzida, vem

$$4x^2 + y^2 = 16 \text{ ou } \frac{x^2}{4} + \frac{y^2}{16} = 1$$

Maior denominador: 16 (denominador de $y^2$).

Logo,

$$a^2 = 16 \therefore a = 4$$

$$b^2 = 4 \therefore b = 2$$

b) Gráfico: Figura 8.30.

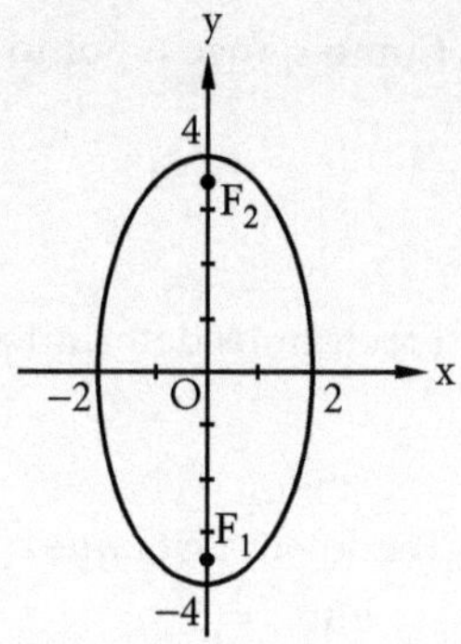


Figura 8.30

c) $a^2 = b^2 + c^2$

$16 = 4 + c^2$

$c^2 = 12$ e $c = \sqrt{12}$

Logo, os focos são $F_1(0, -\sqrt{12})$ e $F_2(0, \sqrt{12})$.

d) $e = \dfrac{c}{a} = \dfrac{\sqrt{12}}{4} = \dfrac{2\sqrt{3}}{4} = \dfrac{\sqrt{3}}{2}$

3. $x^2 + y^2 - 9 = 0$

**Solução**

a) A forma reduzida desta equação é

$$\frac{x^2}{9} + \frac{y^2}{9} = 1$$

Neste caso, tem-se $a^2 = b^2 = 9$ e, portanto, $a = b = 3$.

Trata-se de uma circunferência de raio 3.

b) Gráfico: Figura 8.31.

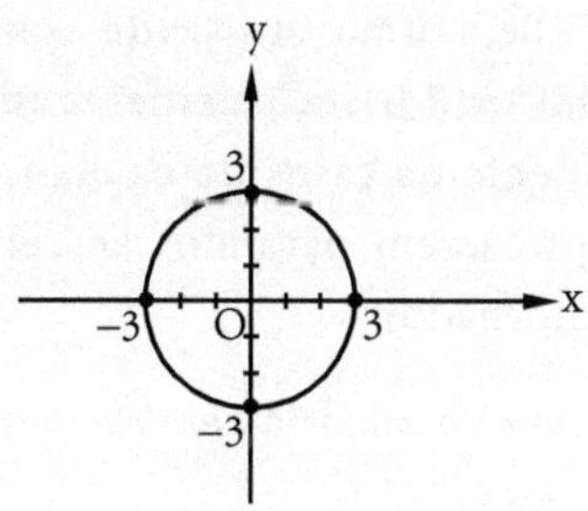


Figura 8.31

c) $a^2 = b^2 + c^2$

$9 = 9 + c^2$

$c = 0$

Portanto, os dois focos coincidem com o centro da circunferência.

d) $e = \dfrac{c}{a} = \dfrac{0}{3} = 0$

A circunferência pode ser considerada uma elipse de excentricidade nula.

4. Uma elipse de centro na origem tem um foco no ponto (3, 0) e a medida do eixo maior é 8. Determinar sua equação.

**Solução**

Como o foco é ponto do eixo x, a equação desta elipse é da forma

$$\frac{x^2}{a^2}+\frac{y^2}{b^2}=1$$

Precisamos determinar a e b. Como o eixo maior mede 8, ou seja,

$$2a=8 \therefore a=4$$

Tendo em vista que o centro da elipse é (0, 0) e um dos focos é (3, 0), conclui-se que c = 3.
Mas

$$a^2=b^2+c^2$$

ou

$$16=b^2+9 \therefore b^2=7$$

Logo, a equação procurada é

$$\frac{x^2}{16}+\frac{y^2}{7}=1$$

## Outras formas da equação da elipse

Seja uma elipse de centro C(h,k)≠(0,0). Consideraremos somente os casos de os eixos da elipse serem paralelos aos eixos coordenados.

1) *O eixo maior é paralelo ao eixo dos x*

Utilizando uma conveniente translação de eixos, obtemos um novo sistema x′O′y′ (Figura 8.32) em relação ao qual a elipse tem centro na origem e eixo maior sobre o eixo O′x′. Logo, sua equação reduzida é

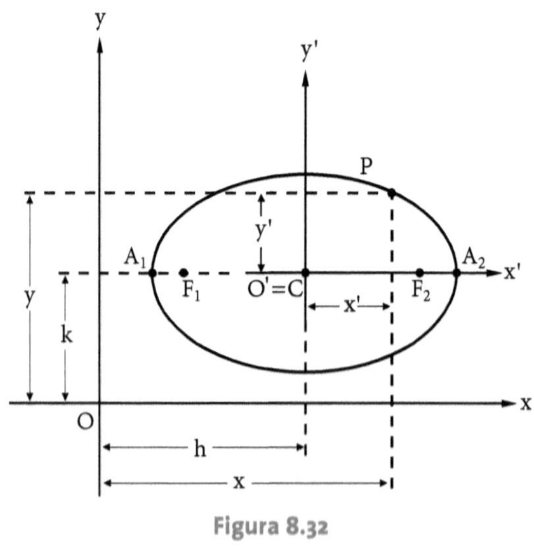


Figura 8.32

$$\frac{x'^2}{a^2}+\frac{y'^2}{b^2}=1 \qquad \textbf{(3)}$$

Para expressá-la em relação ao sistema original xOy, utilizamos as fórmulas de translação

$$x'=x-h \quad \text{e} \quad y'=y-k$$

que, substituídas em **(3)**, resultam

$$\frac{(x-h)^2}{a^2}+\frac{(y-k)^2}{b^2}=1$$

que é a *forma padrão* para este caso.

2) *O eixo maior é paralelo ao eixo dos y*

De modo análogo ao 1º caso, temos

$$\frac{(x-h)^2}{b^2}+\frac{(y-k)^2}{a^2}=1$$

Outra forma da equação da elipse será apresentada no próximo exemplo.

## Exemplos

1. Uma elipse, cujo eixo maior é paralelo ao eixo dos y, tem centro C(4, −2), excentricidade $e=\frac{1}{2}$ e eixo menor de medida 6. Obter uma equação desta elipse.

**Solução**

Como o eixo maior da elipse é paralelo ao eixo dos y, sua equação é da forma

$$\frac{(x-h)^2}{b^2}+\frac{(y-k)^2}{a^2}=1$$

com h = 4 e k = −2.

Precisamos determinar a e b.

Mas

$$2b=6 \therefore b=3$$

Sendo

$$e=\frac{c}{a}=\frac{1}{2}, \text{ vem } c=\frac{a}{2}$$

De

$$a^2=b^2+c^2$$

resulta

$$a^2 = 3^2 + (\frac{a}{2})^2$$

ou

$$a^2 = 9 + \frac{a^2}{4}, \text{ em que } a^2 = 12$$

Logo, a equação da elipse é

$$\frac{(x-4)^2}{9} + \frac{(y+2)^2}{12} = 1$$

Se eliminarmos os denominadores, desenvolvermos os quadrados e ordenarmos os termos, obteremos outra forma da equação da elipse:

$$4(x^2 - 8x + 16) + 3(y^2 + 4y + 4) = 36$$

ou

$$4x^2 - 32x + 64 + 3y^2 + 12y + 12 - 36 = 0$$

ou

$$4x^2 + 3y^2 - 32x + 12y + 40 = 0$$

que é uma *equação geral* desta elipse.
Assim, qualquer elipse cujos eixos estão sobre os eixos coordenados ou são paralelos a eles, sempre pode ser representada por uma *equação geral* que terá a forma

$$ax^2 + by^2 + cx + dy + f = 0$$

com a e b de mesmo sinal. Em particular, quando a = b, esta equação poderá representar uma circunferência.

2. Dada a elipse de equação $4x^2 + 9y^2 - 8x - 36y + 4 = 0$, determinar:

   **a)** sua equação reduzida;

   **b)** o centro;

   **c)** o gráfico;

   **d)** os vértices;

   **e)** os focos;

   **f)** a excentricidade.

**Solução**

a) Iniciemos escrevendo a equação na forma

$$(4x^2 - 8x) + (9y^2 - 36y) = -4$$

ou

$$4(x^2 - 2x) + 9(y^2 - 4y) = -4$$

na qual agrupamos os termos de mesma variável e evidenciamos os fatores 4 e 9 para facilitar a construção dos trinômios quadrados nestes dois parênteses. Então, temos

$$4(x^2 - 2x + 1) + 9(y^2 - 4y + 4) = -4 + 4(1) + 9(4)$$

ou

$$4(x-1)^2 + 9(y-2)^2 = 36$$

e dividindo ambos os membros por 36, resulta

$$\frac{(x-1)^2}{9} + \frac{(y-2)^2}{4} = 1 \qquad \textbf{(4)}$$

que é a forma padrão da elipse de eixo maior paralelo ao eixo dos x. Utilizando em **(4)** as fórmulas de translação

$$x' = x - 1 \text{ e } y' = y - 2$$

obtemos

$$\frac{x'^2}{9} + \frac{y'^2}{4} = 1$$

que é a *equação reduzida* desta elipse.

b) Como a equação **(4)** é da forma padrão

$$\frac{(x-h)^2}{a^2} + \frac{(y-k)^2}{b^2} = 1 \qquad \textbf{(5)}$$

em que h e k são coordenadas do centro, vem imediatamente: C(1, 2).

c) O gráfico: Figura 8.33.

d) Confrontando **(4)** e **(5)**, concluímos:

$$a^2 = 9 \therefore a = 3$$

$$b^2 = 4 \therefore b = 2$$

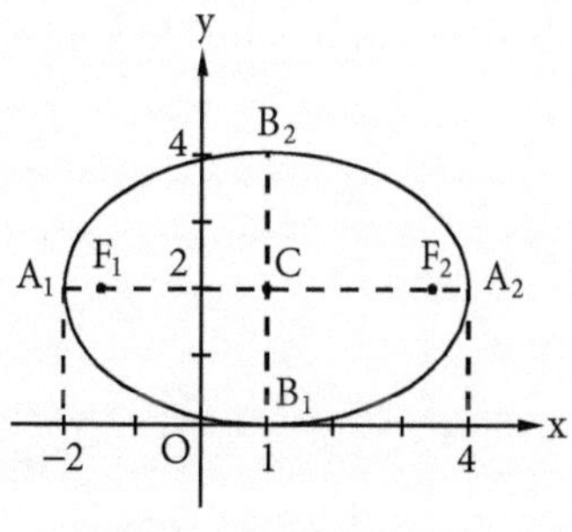


Figura 8.33

e pelo gráfico tem-se:

$$A_1(-2,2) \text{ e } A_2(4,2)$$

$$B_1(1,0) \text{ e } B_2(1,4)$$

e) Para determinar os focos precisamos do valor de c.

De $a^2 = b^2 + c^2$ ou $9 = 4 + c^2$, vem $c = \sqrt{5}$ e, portanto, os focos são:

$$F_1(1-\sqrt{5},2) \text{ e } F_2(1+\sqrt{5},2)$$

f) Excentricidade: $e = \frac{c}{a} = \frac{\sqrt{5}}{3}$

## Equações paramétricas

Consideremos a elipse de equação $\frac{x^2}{a^2} + \frac{y^2}{b^2} = 1$. Tracemos a circunferência de centro O e raio igual ao semieixo maior *a* da elipse (Figura 8.34).

Seja P(x,y) um ponto qualquer da elipse. A reta, que passa por P e é paralela ao eixo dos y, intercepta a circunferência em A, e o raio AO determina com o eixo dos x um ângulo θ.

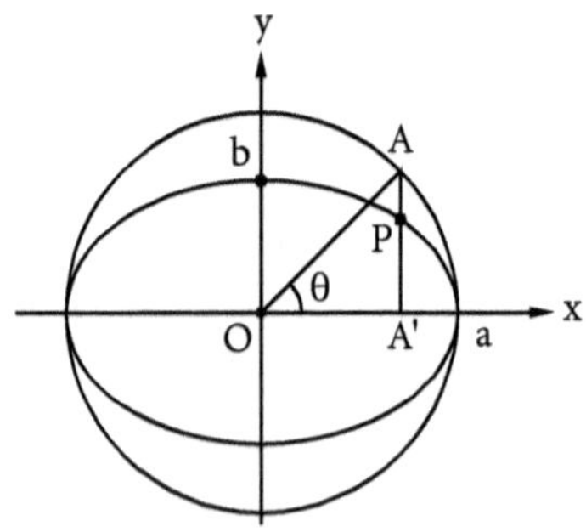

Figura 8.34

Do triângulo A'OA vem

$$AO' = OA \cdot \cos\theta$$

ou

$$x = a\cos\theta$$

Como x é abscissa de um ponto da elipse, a ordenada y do mesmo ponto é calculada substituindo o valor de x na equação da elipse:

$$\frac{(a\cos\theta)^2}{a^2} + \frac{y^2}{b^2} = 1$$

em que

$$\frac{y^2}{b^2} = 1 - \cos^2\theta = \text{sen}^2\theta$$

e

$$y = b\,\text{sen}\,\theta$$

Observemos que, para cada valor de θ corresponde apenas um ponto P da elipse e, quando θ varia de 0 a 2π, o ponto P parte de (a, 0) e "descreve" a elipse no sentido anti-horário. Então, θ é o parâmetro e o sistema

$$\begin{cases} x = a\cos\theta \\ y = b\,\text{sen}\,\theta \end{cases} \quad 0 \le \theta \le 2\pi \qquad \textbf{(6)}$$

constitui *equações paramétricas* dessa elipse.

## Observações

a) Das equações **(6)** vem $\frac{x}{a} = \cos\theta$ e $\frac{y}{b} = \text{sen}\,\theta$ e, portanto, $\frac{x^2}{a^2} = \cos^2\theta$ e $\frac{y^2}{b^2} = \text{sen}^2\theta$.

Somando membro a membro, resulta

$$\frac{x^2}{a^2} + \frac{y^2}{b^2} = 1 \qquad (1 = \cos^2\theta + \text{sen}^2\theta)$$

que é a equação da elipse dada inicialmente.

b) No caso da elipse ser $\frac{x^2}{b^2} + \frac{y^2}{a^2} = 1$ (eixo maior sobre Oy), suas equações paramétricas são

$$\begin{cases} x = b\cos\theta \\ y = a\,\text{sen}\,\theta \end{cases}$$

c) Quando o centro da elipse for C(h, k), pela translação de eixos obtemos

$$\begin{cases} x - h = a\cos\theta \\ y - k = b\,\text{sen}\,\theta \end{cases} \text{ ou } \begin{cases} x = h + a\cos\theta \\ y = k + b\,\text{sen}\,\theta \end{cases} \quad \text{(eixo maior paralelo a Ox)}$$

e

$$\begin{cases} x = h + b\cos\theta \\ y = k + a\,\text{sen}\,\theta \end{cases} \quad \text{(eixo maior paralelo a Oy)}$$

d) O sistema de equações

$$\begin{cases} x = a\,\text{sen}\,\theta \\ y = b\cos\theta \end{cases} \quad 0 \le \theta \le 2\pi$$

descreve de outra forma a mesma elipse dada pelo sistema **(6)**, porém, neste caso, o ponto P parte de (0,b) e "descreve" a elipse no sentido horário.

## Exemplos

**Obter equações paramétricas da elipse de equação:**

1. $16x^2+25y^2=400$

2. $9x^2+4y^2-54x+16y+61=0$

***Solução***

1) A forma reduzida de equação $16x^2+25y^2=400$ é

$$\frac{x^2}{25}+\frac{y^2}{16}=1$$

e, portanto, a = 5 e b = 4. Logo,

$$\begin{cases} x=5\cos\theta \\ y=4\,\text{sen}\,\theta \end{cases}$$

são equações paramétricas desta elipse.

2) A forma padrão de $9x^2+4y^2-54x+16y+61=0$ é

$$\frac{(x-3)^2}{4}+\frac{(y+2)^2}{9}=1 \quad \text{(a cargo do leitor)}$$

e, portanto, o centro da elipse é (3, –2), sendo a = 3 e b = 2.
Logo,

$$\begin{cases} x=3+2\cos\theta \\ y=-2+3\,\text{sen}\,\theta \end{cases} \qquad \textbf{(7)}$$

são equações paramétricas desta elipse.

Por outro lado, das equações **(7)** vem

$$\frac{x-3}{2}=\cos\theta \quad \text{e} \quad \frac{y+2}{3}=\text{sen}\,\theta$$

Elevando ao quadrado ambos os membros das duas equações, temos

$$\frac{(x-3)^2}{4}=\cos^2\theta \quad \text{e} \quad \frac{(y+2)^2}{9}=\text{sen}^2\theta$$

Somando membro a membro, resulta

$$\frac{(x-3)^2}{4}+\frac{(y+2)^2}{9}=1 \qquad (1=\cos^2\theta+\text{sen}^2\theta)$$

que é a equação da elipse na forma padrão dada anteriormente.

## Problemas propostos



**Em cada um dos Problemas de 1 a 10, esboçar o gráfico e determinar os vértices $A_1$ e $A_2$, os focos e a excentricidade das elipses dadas.**

**1.** $\frac{x^2}{25}+\frac{y^2}{4}=1$

**2.** $25x^2+4y^2=100$

**3.** $9x^2+16y^2-144=0$

**4.** $9x^2+5y^2-45=0$

**5.** $x^2+25y^2=25$

**6.** $4x^2+9y^2=25$

**7.** $4x^2+y^2=1$

**8.** $4x^2+25y^2=1$

**9.** $x^2+2y^2-5=0$

**10.** $9x^2+25y^2=25$

**11.** Esboçar o gráfico de uma elipse de excentricidade

a) $\frac{1}{2}$ b) $\frac{1}{3}$ c) $\frac{3}{5}$

**Em cada um dos Problemas de 12 a 19, determinar uma equação da elipse que satisfaça as condições dadas. Esboçar o gráfico.**

**12.** focos $F_1(-4, 0)$ e $F_2(4, 0)$, eixo maior igual a 10;

**13.** focos $F_1(0, -5)$ e $F_2(0, 5)$, eixo menor igual a 10;

**14.** focos $F(\pm 3, 0)$ e vértices $A(\pm 4, 0)$;

**15.** focos $F(0, \pm 3)$ e excentricidade $\frac{\sqrt{3}}{2}$;

**16.** vértices $A(\pm 10, 0)$ e excentricidade $\frac{1}{2}$;

**17.** centro $C(0, 0)$, eixo menor igual a 6, focos no eixo dos x e passando pelo ponto $(-2\sqrt{5}, 2)$;

**18.** vértices $A(0, \pm 6)$ e passando por $P(3, 2)$;

**19.** centro $C(0, 0)$, focos no eixo dos x, $e=\frac{2}{3}$ e passando por $P(2, -\frac{5}{3})$.

**Em cada um dos Problemas de 20 a 27, obter uma equação da elipse que satisfaça as condições dadas.**

**20.** centro $C(1, 4)$, um foco $F(5, 4)$ e excentricidade $\frac{2}{3}$;

**21.** eixo maior igual a 10 e focos $F_1(2, -1)$ e $F_2(2, 5)$;

**22.** focos $F_1(-1, -3)$ e $F_2(-1, 5)$ e excentricidade $\frac{2}{3}$;

**23.** focos $F_1(-3, 2)$ e $F_2(3, 2)$ e excentricidade $\frac{1}{2}$;

**24.** vértices $A_1(-7,2)$ e $A_2(-1,2)$ e eixo menor igual a 2;

**25.** centro C(0,1), um vértice A(0,3) e excentricidade $\frac{\sqrt{3}}{2}$;

**26.** centro C(−3, 0), um foco F(−1, 0) e tangente ao eixo dos y;

**27.** centro C(2, −1), tangente aos eixos coordenados e eixos de simetria paralelos aos eixos coordenados.

**Em cada um dos Problemas de 28 a 33, determinar a equação reduzida, o centro, os vértices $A_1$ e $A_2$, os focos e a excentricidade das elipses dadas. Esboçar o gráfico.**

**28.** $9x^2+16y^2-36x+96y+36=0$

**29.** $25x^2+16y^2+50x+64y-311=0$

**30.** $4x^2+9y^2-24x+18y+9=0$

**31.** $16x^2+y^2+64x-4y+52=0$

**32.** $16x^2+9y^2-96x+72y+144=0$

**33.** $4x^2+9y^2-8x-36y+4=0$

**Nos Problemas de 34 a 39, obter equações paramétricas da elipse de equação dada.**

**34.** $x^2+4y^2=4$

**35.** $x^2+y^2=36$

**36.** $9x^2+16y^2=1$

**37.** $9(x-1)^2+25(y+1)^2=225$

**38.** $49(x+7)^2+y^2=7$

**39.** $4x^2+9y^2-54y+45=0$

**Nos Problemas de 40 a 43, obter uma equação geral da elipse dada por equações paramétricas.**

**40.** $\begin{cases} x=5\cos\theta \\ y=5\operatorname{sen}\theta \end{cases}$

**41.** $\begin{cases} x=\cos\theta \\ y=3\operatorname{sen}\theta \end{cases}$

**42.** $\begin{cases} x=2+4\cos\theta \\ y=3+2\operatorname{sen}\theta \end{cases}$

**43.** $\begin{cases} x=\sqrt{2}\cos\theta \\ y=-1+\operatorname{sen}\theta \end{cases}$

**44.** Determinar os focos da elipse de equações $x=4+3\cos t$ e $y=-2+5\operatorname{sen} t$.

**45.** Determinar uma equação da curva gerada por um ponto que se move, de modo que a soma de suas distâncias aos pontos (4, −1) e (4, 7) seja sempre 12.

**46.** Determinar uma equação da curva gerada por um ponto que se move, de modo que sua distância ao ponto A(3, −2) seja igual à metade de sua distância à reta y − 2 = 0.

**47.** Determinar uma equação da elipse de centro (0, 0), eixo maior sobre o eixo dos y, sabendo que passa pelos pontos $P(1,\sqrt{14})$ e $Q(2,-2\sqrt{2})$.

**48.** Encontrar uma equação da elipse de centro (0, 0), eixo maior sobre Ox, excentricidade $\frac{1}{2}$ e que passa pelo ponto (2, 3).

**49.** Determinar uma equação das circunferências inscrita e circunscrita à elipse de equação dada.

**a)** $16x^2+y^2-16=0$

**b)** $4x^2+9y^2-32x+36y+64=0$

50. Um satélite de órbita elíptica e excentricidade $\frac{1}{3}$ viaja ao redor de um planeta situado em um dos focos da elipse. Sabendo que a distância mais próxima do satélite ao planeta é de 300 km, calcular a maior distância.



### Respostas de problemas propostos

1. $A(\pm5,0)$, $F(\pm\sqrt{21},0)$, $e=\frac{\sqrt{21}}{5}$

2. $A(0,\pm5)$, $F(0,\pm\sqrt{21})$, $e=\frac{\sqrt{21}}{5}$

3. $A(\pm4,0)$, $F(\pm\sqrt{7},0)$, $e=\frac{\sqrt{7}}{4}$

4. $A(0,\pm3)$, $F(0,\pm2)$, $e=\frac{2}{3}$

5. $A(\pm5,0)$, $F(\pm2\sqrt{6},0)$, $e=\frac{2\sqrt{6}}{5}$

6. $A(\pm\frac{5}{2},0)$, $F(\pm\frac{5\sqrt{5}}{6},0)$, $e=\frac{\sqrt{5}}{3}$

7. $A(0,\pm1)$, $F(0,\pm\frac{\sqrt{3}}{2})$, $e=\frac{\sqrt{3}}{2}$

8. $A(\pm\frac{1}{2},0)$, $F(\pm\frac{\sqrt{21}}{10},0)$, $e=\frac{\sqrt{21}}{5}$

9. $A(\pm\sqrt{5},0)$, $F(\pm\sqrt{\frac{5}{2}},0)$, $e=\frac{\sqrt{2}}{2}$

10. $A(\pm\frac{5}{3},0)$, $F(\pm\frac{4}{3},0)$, $e=\frac{4}{5}$

11. a) Existem infinitas, todas elas com $a = 2c$ e $b=c\sqrt{3}$

12. $9x^2+25y^2=225$

13. $2x^2+y^2-50=0$

14. $7x^2+16y^2-112=0$

15. $4x^2+y^2-12=0$

16. $\frac{x^2}{100}+\frac{y^2}{75}=1$

17. $x^2+4y^2-36=0$

18. $\frac{8x^2}{81}+\frac{y^2}{36}=1$

19. $5x^2+9y^2-45=0$

20. $5x^2+9y^2-10x-72y-31=0$

21. $25x^2+16y^2-100x-64y-236=0$

22. $9x^2+5y^2+18x-10y-166=0$

23. $3x^2+4y^2-16y-92=0$

24. $x^2+9y^2+8x-36y+43=0$

25. $4x^2+y^2-2y-3=0$

26. $5x^2+9y^2+30x=0$

27. $x^2+4y^2-4x+8y+4=0$

28. $\frac{x'^2}{16}+\frac{y'^2}{9}=1$, $C(2,-3)$, $A_1(-2,-3)$, $A_2(6,-3)$, $F(2\pm\sqrt{7},-3)$, $e=\frac{\sqrt{7}}{4}$

29. $\frac{x'^2}{16}+\frac{y'^2}{25}=1$, $C(-1,-2)$, $A_1(-1,-7)$, $A_2(-1,3)$, $F_1(-1,-5)$, $F_2(-1,1)$, $e=\frac{3}{5}$

30. $\frac{x'^2}{9}+\frac{y'^2}{4}=1$, $C(3,-1)$, $A_1(6,-1)$, $A_2(0,-1)$, $F(3\pm\sqrt{5},-1)$, $e=\frac{\sqrt{5}}{3}$

31. $x'^2+\frac{y'^2}{16}=1$, $C(-2,2)$, $A_1(-2,-2)$, $A_2(-2,6)$, $F(-2,2\pm\sqrt{15})$, $e=\frac{\sqrt{15}}{4}$

**32.** $\frac{x'^2}{9}+\frac{y'^2}{16}=1$, C(3,–4), $A_1(3,-8)$, $A_2(3,0)$, $F(3,-4\pm\sqrt{7})$, $e=\frac{\sqrt{7}}{4}$

**33.** $\frac{x'^2}{9}+\frac{y'^2}{4}=1$, C(1,2), $A_1(-2,2)$, $A_2(4,2)$, $F(1\pm\sqrt{5},2)$, $e=\frac{\sqrt{5}}{3}$

**34.** $\begin{cases} x=2\cos\theta \\ y=\operatorname{sen}\theta \end{cases}$

**35.** $\begin{cases} x=6\cos\theta \\ y=6\operatorname{sen}\theta \end{cases}$

**36.** $\begin{cases} x=\frac{1}{3}\cos\theta \\ y=\frac{1}{4}\operatorname{sen}\theta \end{cases}$

**37.** $\begin{cases} x=1+5\cos\theta \\ y=-1+3\operatorname{sen}\theta \end{cases}$

**38.** $\begin{cases} x=-7+\frac{\sqrt{7}}{7}\cos\theta \\ y=\sqrt{7}\operatorname{sen}\theta \end{cases}$

**39.** $\begin{cases} x=3\cos\theta \\ y=3+2\operatorname{sen}\theta \end{cases}$

**40.** $x^2+y^2-25=0$

**41.** $9x^2+y^2-9=0$

**42.** $x^2+4y^2-4x-24y+24=0$

**43.** $x^2+2y^2+4y=0$

**44.** (4,2) e (4,–6)

**45.** $9x^2+5y^2-72x-30y+9=0$

**46.** $4x^2+3y^2-24x+20y+48=0$

**47.** $2x^2+y^2=16$

**48.** $3x^2+4y^2=48$

**49.** **a)** $x^2+y^2=1$ e $x^2+y^2=16$

**b)** $x^2+y^2-8x+4y+16=0$ e $x^2+y^2-8x+4y+11=0$

**50.** 600 km

# HIPÉRBOLE

## Definição

Hipérbole é o conjunto de todos os pontos de um plano cuja *diferença das distâncias*, em valor absoluto, a dois pontos fixos desse plano é constante.

Consideremos no plano dois pontos distintos $F_1$ e $F_2$ tal que a distância $d(F_1,F_2)=2c$ e um número real positivo *a* de modo que $2a < 2c$.

Chamando de 2a a constante da definição, um ponto P pertence à hipérbole (Figura 8.35) se, e somente se,

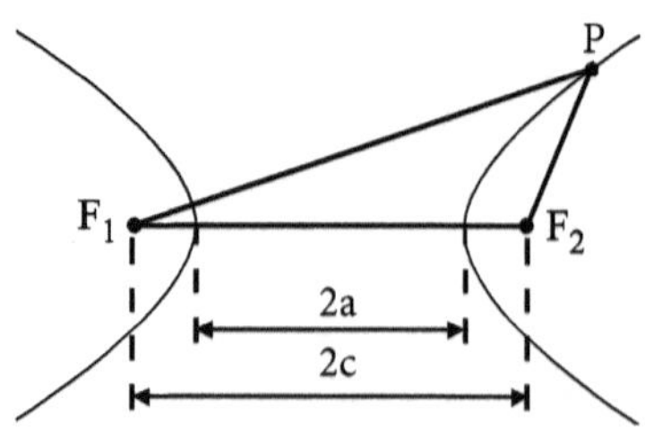


Figura 8.35

$$|d(P,F_1)-d(P,F_2)|=2a \qquad \textbf{(1)}$$

Como se vê, a hipérbole é uma curva com dois ramos. Na verdade, pela equação **(1)**, um ponto P está na hipérbole se, e somente se,

$$d(P,F_1)-d(P,F_2)=\pm 2a$$

Para possibilitar um traçado bem melhor da hipérbole e tecermos considerações a respeito de seus elementos, faremos a construção da Figura 8.36 a seguir explanada.

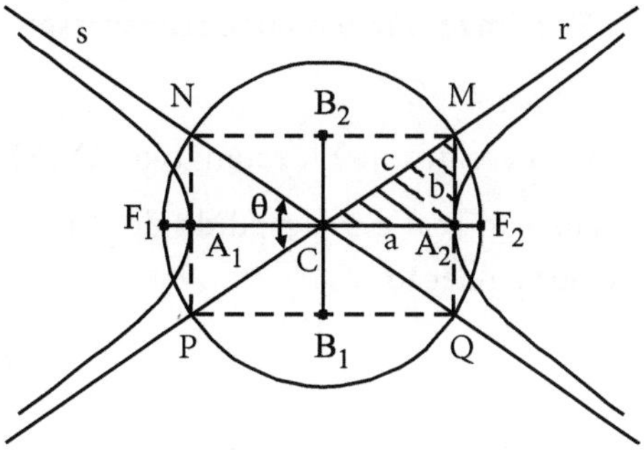


Figura 8.36

Consideremos no plano dois pontos quaisquer $F_1$ e $F_2$ com $d(F_1,F_2)=2c$. Chamando de C o ponto médio do segmento $F_1F_2$, tracemos uma circunferência de centro C e raio c.

Tomemos um valor arbitrário *a*, $a < c$, e marquemos sobre $F_1F_2$, a partir de C, os pontos $A_1$ e $A_2$ tais que $d(C,A_1)=d(C,A_2)=a$. Por esses pontos, tracemos cordas perpendiculares ao diâmetro $F_1F_2$. As quatro extremidades dessas cordas são os vértices de um retângulo MNPQ inscrito nesta circunferência. Tracemos as retas *r* e *s* que contêm as diagonais do referido retângulo e, por fim, a hipérbole conforme a figura.

Com base nesta figura temos os elementos da hipérbole.

## Elementos

| | |
|---|---|
| **Focos:** | são os pontos $F_1$ e $F_2$. |
| **Distância focal:** | é a distância 2c entre os focos. |
| **Centro:** | é o ponto médio C do segmento $F_1F_2$. |
| **Vértices:** | são os pontos $A_1$ e $A_2$. |
| **Eixo real ou transverso:** | é o segmento $A_1A_2$ de comprimento 2a. |

Observemos que os pontos $A_1$ e $A_2$ são pontos da hipérbole, porque satisfazem a definição **(1)**. Na verdade, para $A_1$, tem-se

$$d(A_1,F_1)=c-a \qquad \text{e} \qquad d(A_1,F_2)=a+c$$

e

$$|d(A_1,F_1)-d(A_1,F_2)|=|-2a|=2a$$

**Eixo imaginário ou não transverso:** é o segmento $B_1B_2$ de comprimento 2b, com $B_1B_2 \perp A_1A_2$ em C.

Observemos que o retângulo MNPQ tem dimensões 2a e 2b, sendo *a* a medida do semieixo real e *b* a medida do semieixo imaginário. Ainda, do triângulo $CA_2M$ obtemos a relação

$$c^2 = a^2 + b^2$$

de larga aplicação nos problemas de hipérbole.

**Assíntotas:** são as retas *r* e *s*.

As assíntotas são retas das quais a hipérbole se aproxima cada vez mais à medida que os pontos se afastam dos vértices. Essa aproximação é "contínua" e "lenta" de forma que a tendência da hipérbole é tangenciar suas assíntotas no infinito. Naturalmente, essa particularidade das assíntotas constitui um excelente guia para traçar o esboço do gráfico.

Com o que já vimos na construção da hipérbole, esta fica determinada quando se conhece o centro C e os valores a e b (ou a e c ou b e c). De fato, a partir desses elementos, constrói-se o retângulo MNPQ e, consequentemente, as assíntotas *r* e *s*, e daí, os dois ramos da hipérbole.

O ângulo θ assinalado na figura é chamado *abertura* da hipérbole.

Denomina-se *excentricidade* da hipérbole o número

$$e = \frac{c}{a}$$

e por ser $c > a$, tem-se $e > 1$.

A excentricidade da hipérbole está intimamente relacionada com a sua abertura.

De fato: se na Figura 8.36 tivéssemos tomado um valor para "a" menor do que o anterior, o novo retângulo MNPQ seria mais "estreito" e, em consequência, a abertura θ seria maior.

Ora, diminuir o valor de "a" (mantendo *c* fixo) significa aumentar o valor de $e = \frac{c}{a}$.

Assim, quanto maior a excentricidade, maior será a abertura, ou seja, mais "abertos" estarão os ramos da hipérbole.

Quando a = b, o retângulo MNPQ se transforma em um quadrado e as assíntotas serão perpendiculares (θ = 90°). A hipérbole, neste caso, é denominada *hipérbole equilátera*.

## Equações reduzidas

Seja a hipérbole de centro C(0, 0). Consideraremos dois casos:

1) *O eixo real está sobre o eixo dos x.*

Seja P(x, y) um ponto qualquer de uma hipérbole (Figura 8.37) de focos $F_1(-c,0)$ e $F_2(c,0)$.

Pela definição em **(1)**, tem-se

$$|d(P,F_1)-d(P,F_2)|=2a$$

ou, em coordenadas,

$$\left|\sqrt{(x+c)^2+(y-0)^2}-\sqrt{(x-c)^2+(y-0)^2}\right|=2a$$

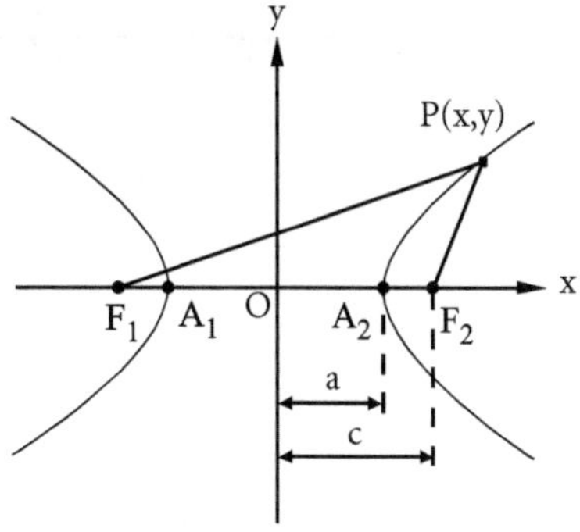

Figura 8.37

Com procedimento de simplificação análogo ao que foi usado na dedução da equação da elipse, e lembrando que $c^2=a^2+b^2$, chegamos à equação

$$\frac{x^2}{a^2}-\frac{y^2}{b^2}=1$$

que é a *equação reduzida* para este caso.

2) *O eixo real está sobre o eixo dos y*

Observando a Figura 8.38, com procedimento análogo ao 1º caso, obtemos a equação reduzida

$$\frac{y^2}{a^2}-\frac{x^2}{b^2}=1$$

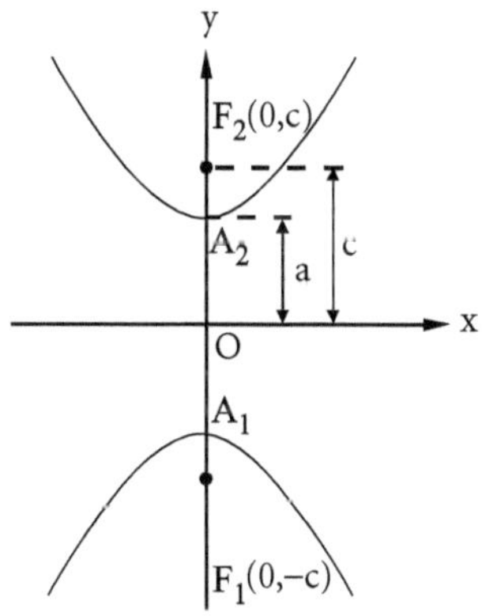

Figura 8.38

## Exemplo

A partir de um caso particular, serão feitas algumas observações. Seja a hipérbole da Figura 8.39.

Sua equação reduzida é

$$\frac{x^2}{9}-\frac{y^2}{4}=1 \qquad \textbf{(2)}$$

em que $a^2=3^2=9$ e $b^2=2^2=4$.

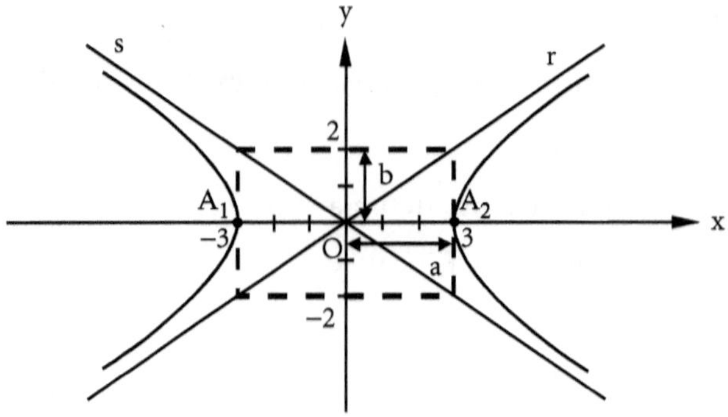


Figura 8.39

## Observações

a) É imediato que os vértices são $A_1(-3,0)$ e $A_2(3,0)$. Eles também seriam obtidos fazendo y = 0 na equação **(2)**, de onde resulta $\frac{x^2}{9}=1$ ou $x=\pm 3$, que são as abscissas dos vértices.

   Por outro lado, se na equação **(2)** fizermos x = 0, obteremos $-\frac{y^2}{4}=1$ ou $y^2=-4$, que é uma equação impossível no conjunto dos reais. Isto significa que a hipérbole não corta o eixo dos y.

b) Como a equação apresenta somente potências pares de x e y, a hipérbole é simétrica em relação ao eixos coordenados e em relação à origem.

   Por exemplo, o ponto $P_1(6,\sqrt{12})$ pertence a esta hipérbole por ser verdadeira a afirmação

$$\frac{6^2}{9}-\frac{(\sqrt{12})^2}{4}=1 \qquad \text{ou} \qquad 4-3=1$$

   e, da mesma forma, também pertencem os pontos $P_2(6,-\sqrt{12})$ (simétrico de $P_1$ em relação a Ox), $P_3(-6,\sqrt{12})$ (simétrico de $P_1$ em relação a Oy) e $P_4(-6,-\sqrt{12})$ (simétrico de $P_1$ em relação à origem).

c) As assíntotas *r* e *s* são retas que passam pelo centro da hipérbole, no caso, a origem do sistema. Logo, suas equações são do tipo y = mx, sendo *m* a declividade.
   A assíntota *r* tem declividade $m_1=\frac{b}{a}=\frac{2}{3}$ e a assíntota *s* tem declividade $m_2=-\frac{b}{a}=-\frac{2}{3}$.
   Portanto, as assíntotas têm equações

$$y=\frac{2}{3}x \qquad \text{e} \qquad y=-\frac{2}{3}x$$

   Quando a equação da hipérbole é da forma $\frac{y^2}{a^2}-\frac{x^2}{b^2}=1$, as declividades das assíntotas serão $m=\pm\frac{a}{b}$.

## Exemplos



**Nos Problemas 1 e 2, determinar, para cada uma das hipérboles:**

**a)** a medida dos semieixos;

**b)** um esboço do gráfico;

**c)** os vértices;

**d)** os focos;

**e)** a excentricidade;

**f)** as equações das assíntotas.

1. $x^2 - 4y^2 + 16 = 0$

**Solução**

a) Passando esta equação para forma reduzida, obtém-se

$$x^2 - 4y^2 = -16 \quad \text{ou} \quad \frac{y^2}{4} - \frac{x^2}{16} = 1$$

que representa uma hipérbole com eixo real sobre Oy.
Então,

$$a^2 = 4 \ \therefore\ a = 2$$

$$b^2 = 16 \ \therefore\ b = 4$$

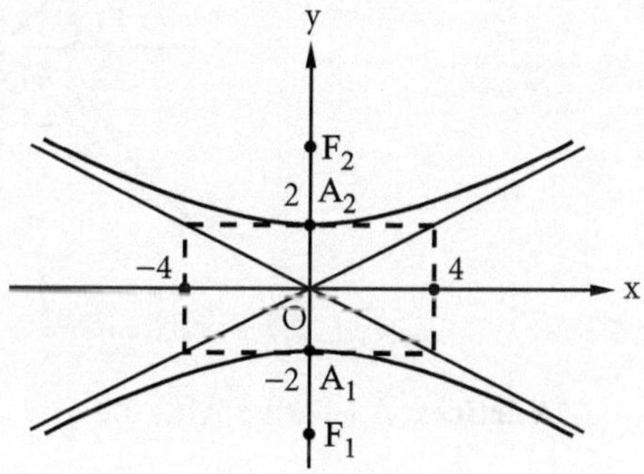

Figura 8.40

b) O gráfico com assíntotas: Figura 8.40.

c) **Vértices:** $A_1(0,-2)$ e $A_2(0,2)$ ou $A(0, \pm 2)$.

d) Para determinar os focos, precisamos do valor de c:

$$c^2 = a^2 + b^2$$

$$c^2 = 4 + 16$$

$$c = \sqrt{20} = 2\sqrt{5}$$

**Focos:** $F_1(0,-2\sqrt{5})$ e $F_2(0,2\sqrt{5})$.

e) **Excentricidade:** $e = \frac{c}{a} = \frac{2\sqrt{5}}{2} = \sqrt{5}$.

f) **Assíntotas:** $y = \pm\frac{1}{2}x$ (pois, $\frac{a}{b} = \frac{2}{4} = \frac{1}{2}$).

2. $x^2 - y^2 = 4$

**Solução**

a) Passando para a forma reduzida, obtém-se

$$\frac{x^2}{4} - \frac{y^2}{4} = 1$$

que representa uma hipérbole com eixo real sobre Ox.

Então, $a^2 = b^2 = 4 \quad \therefore \quad a = b = 2$ (hipérbole equilátera)

b) O gráfico com assíntotas: Figura 8.41.

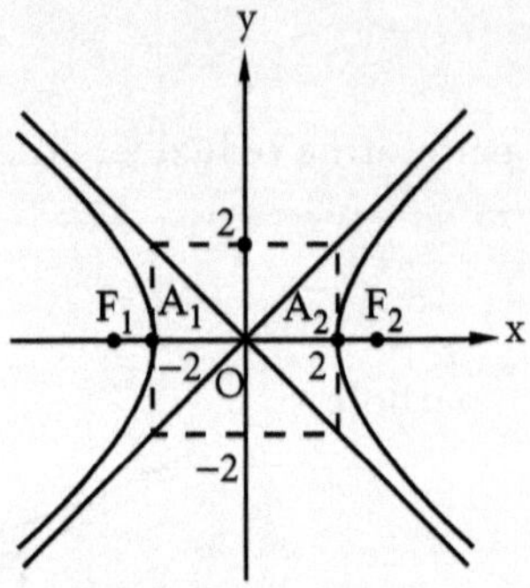


Figura 8.41

c) **Vértices:** $A_1(-2,0)$ e $A_2(2,0)$.

d) $c^2 = a^2 + b^2$

$c^2 = 4 + 4$

$c = \sqrt{8} = 2\sqrt{2}$

**Focos:** $F_1(-2\sqrt{2},0)$ e $F_2(2\sqrt{2},0)$.

e) **Excentricidade:** $e = \frac{c}{a} = \frac{2\sqrt{2}}{2} = \sqrt{2}$.

f) **Assíntotas:** $y = \pm x$ (pois $\frac{b}{a} = \frac{2}{2} = 1$ ).

Observemos que, em toda hipérbole equilátera, a excentricidade é sempre igual a $\sqrt{2}$ e as equações das assíntotas são sempre iguais a $y = \pm x$.

3. Uma hipérbole tem focos em $F_1(-5,0)$ e $F_2(5,0)$ e a medida do eixo real é 6. Determinar sua equação reduzida.

**Solução**

Tendo em vista que os focos são pontos do eixo dos x, a equação desta hipérbole é da forma

$$\frac{x^2}{a^2}-\frac{y^2}{b^2}=1$$

na qual precisamos determinar a e b.

De F(±5, 0), vem c = 5 (distância de cada foco ao centro).

O eixo real mede 6, ou seja, 2a = 6. Logo, a = 3.

De $c^2=a^2+b^2$ ou $25=9+b^2$, vem $b^2=16$.

Portanto, a equação procurada é

$$\frac{x^2}{9}-\frac{y^2}{16}=1$$

## Outras formas da equação da hipérbole

Seja uma hipérbole de centro C(h, k) ≠ (0, 0). Consideraremos somente os casos de os eixos da hipérbole serem paralelos aos eixos coordenados.

1º) *O eixo real é paralelo ao eixo dos x*

Com procedimento análogo ao que foi visto para a elipse, resulta a equação

$$\frac{(x-h)^2}{a^2}-\frac{(y-k)^2}{b^2}=1$$

que é a *forma padrão* para este caso (Figura 8.42).

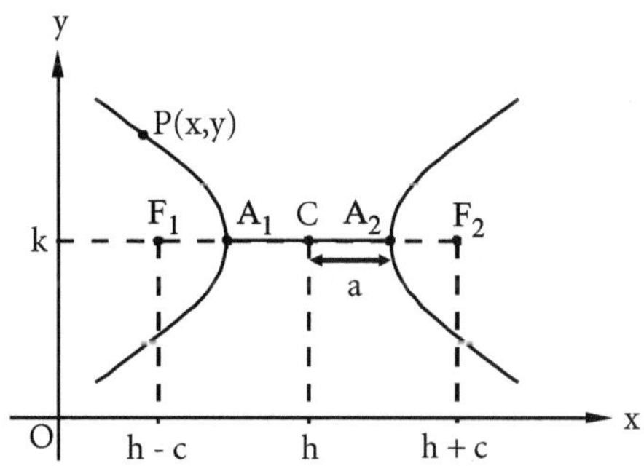


Figura 8.42

2º) *O eixo real é paralelo ao eixo dos y*

De igual modo ao 1º caso, temos

$$\frac{(y-k)^2}{a^2}-\frac{(x-h)^2}{b^2}=1$$

## Exemplos

1. Determinar uma equação da hipérbole de vértices $A_1(1,-2)$ e $A_2(5,-2)$, sabendo que F(6, −2) é um de seus focos.

**Solução**

Em função dos dados do problema, esboçamos o gráfico desta hipérbole (Figura 8.43).

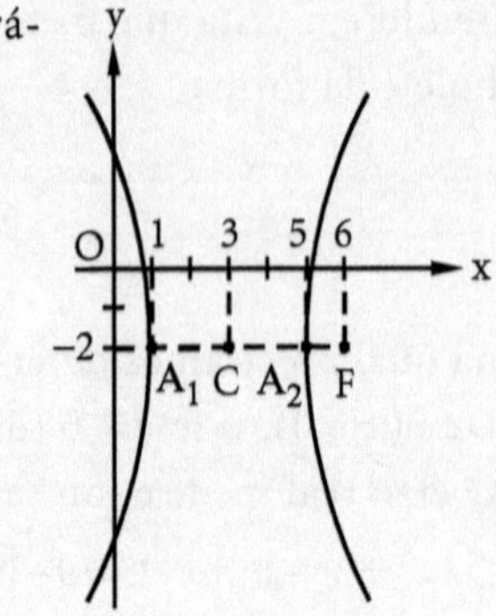


Figura 8.43

Sendo o eixo real $A_1A_2$ paralelo a Ox, a equação da hipérbole é da forma

$$\frac{(x-h)^2}{a^2}-\frac{(y-k)^2}{b^2}=1$$

O centro é o ponto médio de $A_1A_2 : C(3,-2)$.

É imediato que: $a = d(C,A_1) = 2$ e $c = d(C,F) = 3$.

Da relação $c^2 = a^2 + b^2$ ou $9 = 4 + b^2$, vem $b^2 = 5$.

Logo, uma equação da hipérbole é

$$\frac{(x-3)^2}{4}-\frac{(y+2)^2}{5}=1$$

Eliminando os denominadores, desenvolvendo os quadrados e ordenando os termos, encontramos

$$5(x^2-6x+9)-4(y^2+4y+4)=20$$

$$5x^2-30x+45-4y^2-16y-16-20=0$$

$$5x^2-4y^2-30x-16y+9=0$$

que é uma *equação geral* desta hipérbole.

Assim, qualquer hipérbole cujos eixos estejam sobre os eixos coordenados ou são paralelos a eles, sempre pode ser representada por uma *equação geral* que terá a forma

$$ax^2+by^2+cx+dy+f=0$$

com *a* e *b* de sinais contrários.

2. Dada a hipérbole de equação $9x^2-4y^2-54x+8y+113=0$, determinar

**a)** sua equação reduzida;

**b)** o centro;

**c)** um esboço do gráfico;

**d)** os vértices;

**e)** os focos;

**f)** a excentricidade.

**Solução**

a) Iniciemos escrevendo a equação na forma

$$(9x^2-54x)-(4y^2-8y)=-113 \qquad \text{ou} \qquad 9(x^2-6x)-4(y^2-2y)=-113$$

em que agrupamos os termos de mesma variável e evidenciamos os fatores 9 e 4 para facilitar a construção dos trinômios quadrados nestes dois parênteses. Então, temos

$$9(x^2-6x+9)-4(y^2-2y+1)=-113+9(9)-4(1) \qquad \text{ou} \qquad 9(x-3)^2-4(y-1)^2=-36$$

Dividindo ambos os membros por −36, tem-se

$$\frac{(y-1)^2}{9}-\frac{(x-3)^2}{4}=1 \qquad \textbf{(3)}$$

que é a forma padrão da hipérbole de eixo real paralelo ao eixo dos y. Utilizando em **(3)** as fórmulas de translação

$$x'=x-3 \text{ e } y'=y-1$$

teremos

$$\frac{y'^2}{9}-\frac{x'^2}{4}=1$$

que é a *equação reduzida* desta hipérbole.

b) Como a equação **(3)** é da forma padrão

$$\frac{(y-k)^2}{a^2}-\frac{(x-h)^2}{b^2}=1 \qquad \textbf{(4)}$$

em que *h* e *k* são as coordenadas do centro, vem imediatamente: C(3, 1).

c) Um esboço do gráfico: Figura 8.44.

d) Confrontando **(3)** e **(4)**, concluímos:

$$a^2=9 \quad \therefore \quad a=3$$
$$b^2=4 \quad \therefore \quad b=2$$

e pelo gráfico tem-se:

$$A_1(3,-2) \text{ e } A_2(3,4)$$

e) Para determinar os focos precisamos do valor de c.

Da relação

$$c^2=a^2+b^2 \qquad \text{ou} \qquad c^2=9+4$$

vem $c=\sqrt{13}$ e, portanto, os focos são

$$F_1(3,1-\sqrt{13}) \text{ e } F_2(3,1+\sqrt{13})$$

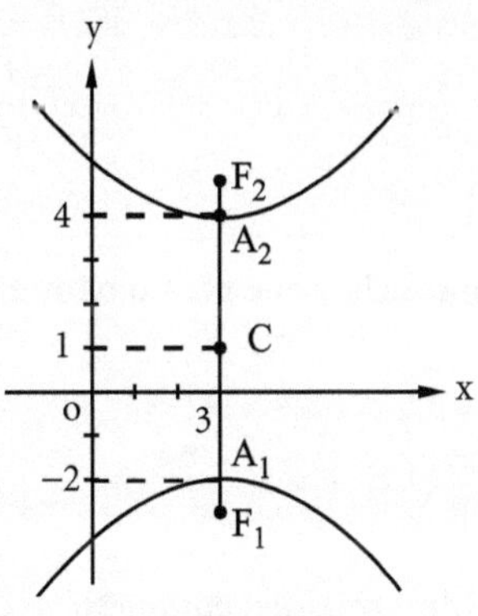


Figura 8.44

f) **Excentricidade:** $e=\frac{c}{a}=\frac{\sqrt{13}}{3}$.

## Equações paramétricas

Consideremos a hipérbole de equação $\frac{x^2}{a^2}-\frac{y^2}{b^2}=1$. Escrevendo esta equação como

$$\left(\frac{x}{a}\right)^2-\left(\frac{y}{b}\right)^2=1 \qquad \textbf{(5)}$$

significa dizer que $\frac{x}{a}$ e $\frac{y}{b}$ são números reais cuja diferença de seus quadrados é sempre igual a 1.

Se na identidade

$$\text{sen}^2\theta+\cos^2\theta=1$$

dividirmos ambos os membros por $\cos^2\theta\neq 0$, obtemos

$$\frac{\text{sen}^2\theta}{\cos^2\theta}+1=\frac{1}{\cos^2\theta}$$

ou

$$\left(\frac{\text{sen}\,\theta}{\cos\theta}\right)^2+1=\left(\frac{1}{\cos\theta}\right)^2$$

Como $\frac{\text{sen}\,\theta}{\cos\theta}=\tan\theta$ e $\frac{1}{\cos\theta}=\sec\theta$, vem

$$\sec^2\theta-\tan^2\theta=1$$

Portanto, confrontando esta equação com a equação da hipérbole em **(5)**, podemos fazer

$$\frac{x}{a}=\sec\theta \qquad \text{e} \qquad \frac{y}{b}=\tan\theta$$

e daí concluir que para o parâmetro $\theta, 0\leq\theta\leq 2\pi$, excluídos $\frac{\pi}{2}$ e $\frac{3\pi}{2}$, o sistema

$$\begin{cases} x=a\sec\theta \\ y=b\tan\theta \end{cases}$$

constitui *equações paramétricas* dessa hipérbole.

Quando $\theta$ percorre o intervalo $\left(-\frac{\pi}{2},\frac{\pi}{2}\right)$, será descrito o ramo direito da hipérbole $(x \geq a)$ e, quando percorre o intervalo $\left(\frac{\pi}{2},\frac{3\pi}{2}\right)$, o ramo esquerdo $(x \leq -a)$.

## Observações

a) No caso da hipérbole ser $\frac{y^2}{a^2}-\frac{x^2}{b^2}=1$ (eixo real sobre Oy), suas equações paramétricas são

$$\begin{cases} x = b\tan\theta \\ y = a\sec\theta \end{cases}$$

b) Quando o centro da hipérbole for C(h, k), aplicando a translação de eixos, as equações paramétricas são

$$\begin{cases} x = h + a\sec\theta \\ y = k + b\tan\theta \end{cases} \quad \text{ou} \quad \begin{cases} x = h + b\tan\theta \\ y = k + a\sec\theta \end{cases}$$

conforme o eixo real seja paralelo a Ox ou Oy, respectivamente.

## Exemplos

**Obter equações paramétricas da hipérbole de equação:**

1. $4x^2-9y^2-36=0$

2. $x^2-3y^2+8x+12y-13=0$

### *Solução*

1) A forma reduzida da equação $4x^2-9y^2-36=0$ é

$$\frac{x^2}{9}-\frac{y^2}{4}=1$$

e, portanto, a = 3 e b = 2. Logo,

$$\begin{cases} x = 3\sec\theta \\ y = 2\tan\theta \end{cases}$$

são equações paramétricas desta hipérbole.

A Figura 8.45 apenas indica pontos da tabela para alguns ângulos no intervalo $\left(-\frac{\pi}{2},\frac{\pi}{2}\right)$.

| θ | Ponto |
|---|---|
| 0 | $(3,0)$ |
| $\frac{\pi}{4}$ | $(3\sqrt{2},2)$ |
| $-\frac{\pi}{4}$ | $(3\sqrt{2},-2)$ |
| $\frac{\pi}{3}$ | $(6,2\sqrt{3})$ |
| $-\frac{\pi}{3}$ | $(6,-2\sqrt{3})$ |

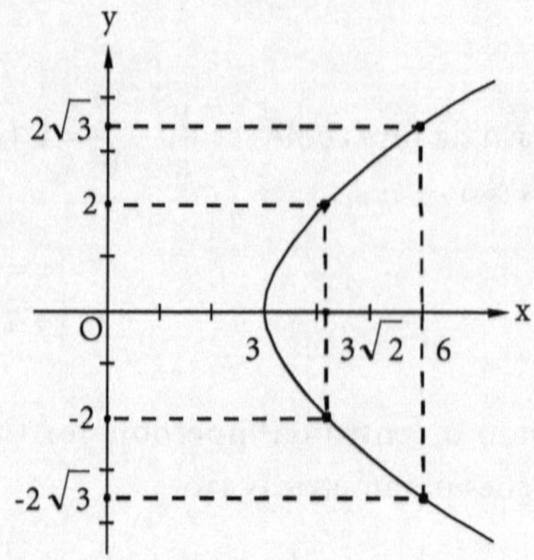


Figura 8.45

2) A forma padrão de $x^2-3y^2+8x+12y-13=0$ é

$$\frac{(x+4)^2}{9}-\frac{(y-2)^2}{3}=1 \text{ (a cargo do leitor)}$$

e, portanto, o centro da hipérbole é $(-4, 2)$, sendo $a = 3$ e $b=\sqrt{3}$.
Logo,

$$\begin{cases} x=-4+3\sec\theta \\ y=2+\sqrt{3}\tan\theta \end{cases}$$

são equações paramétricas dessa hipérbole.

## Problemas propostos

**Em cada um dos problemas de 1 a 12, esboçar o gráfico e determinar os vértices, os focos, a excentricidade e as equações das assíntotas das hipérboles dadas.**

**1.** $\frac{x^2}{4}-\frac{y^2}{9}=1$

**2.** $\frac{y^2}{4}-\frac{x^2}{9}=1$

**3.** $16x^2-25y^2-400=0$

**4.** $9x^2-16y^2=144$

**5.** $4x^2-5y^2+20=0$

**6.** $x^2-2y^2-8=0$

**7.** $x^2-4y^2+16=0$

**8.** $x^2-y^2=1$

**9.** $y^2-x^2=2$

**10.** $y^2-4x^2=1$

**11.** $x^2-9y^2=1$

**12.** $2y^2-4x^2=1$

13. Esboçar o gráfico de uma hipérbole (com suas assíntotas) de centro (0, 0), eixo real sobre Ox e excentricidade

a) $\frac{5}{3}$ b) $\frac{3}{2}$ c) 2

**Em cada um dos problemas de 14 a 37, determinar uma equação da hipérbole que satisfaça as condições dadas. Esboçar o gráfico.**

14. focos $F(\pm5,0)$, vértices $A(\pm3,0)$;

15. focos $F(0, \pm3)$, vértices $A(0, \pm2)$;

16. focos $F(0, \pm4)$, eixo real de medida 2;

17. focos $F(\pm8, 0)$, excentricidade $\frac{4}{3}$;

18. vértices $A(0, \pm5)$, excentricidade 2;

19. vértices $A(0, \pm2)$, distância focal $2\sqrt{11}$;

20. focos $F(\pm4, 0)$ e que seja hipérbole equilátera;

21. focos $F(\pm5, 0)$, eixo imaginário medindo 4;

22. centro $C(0, 0)$, eixo real sobre Oy, $b = 8$, excentricidade $\frac{5}{3}$;

23. vértices $A(\pm4, 0)$ e passando por $P(8,2)$;

24. vértices $A(\pm3, 0)$ e equações das assíntotas $y = \pm2x$;

25. vértices $A(0, \pm2)$ e equações das assíntotas $y = \pm\frac{1}{4}x$;

26. focos $F(\pm3, 0)$ e equações das assíntotas $y = \pm x$;

27. centro $C(3, 2)$, um vértice $A(1,2)$ e um foco $F(-1, 2)$;

28. vértices em $(3, -2)$ e $(5, -2)$ e um foco em $(7, -2)$;

29. vértices em $(2, -4)$ e $(2, 0)$ e um foco em $(2, -2+\sqrt{13})$;

30. vértices em $(5, -1)$ e $(5, 5)$ e excentricidade 2;

31. focos $F_1(3,-2)$ e $F_2(3,4)$ e excentricidade 2;

32. focos $F_1(-6,1)$ e $F_2(0,1)$ e eixo real medindo 4;

33. centro $C(5, 1)$, um foco $F(9, 1)$ e eixo imaginário medindo $4\sqrt{2}$;

34. vértices $A_1(-3,-4)$ e $A_2(-3,4)$ e que seja hipérbole equilátera;

35. focos $F_1(-1,-5)$ e $F_2(5,-5)$ e que seja hipérbole equilátera;

36. centro $C(2, -3)$, eixo real paralelo a Oy e passando por $(3, -1)$ e $(-1, 0)$;

37. centro C(−2,1), eixo real paralelo a Ox e passando por (0, 2) e (−5, 6).

**Em cada um dos problemas 38 a 43, determinar a equação reduzida, o centro, os vértices, os focos, a excentricidade e equações das assíntotas das hipérboles dadas. Esboçar o gráfico.**

38. $9x^2 - 4y^2 - 18x - 16y - 43 = 0$

39. $x^2 - 4y^2 + 6x + 24y - 31 = 0$

40. $9x^2 - 4y^2 - 54x + 8y + 113 = 0$

41. $4x^2 - y^2 - 32x + 4y + 24 = 0$

42. $16x^2 - 9y^2 - 64x - 18y + 199 = 0$

43. $25x^2 - 4y^2 + 40y = 0$

**Nos problemas de 44 a 49, obter equações paramétricas da hipérbole de equação dada.**

44. $x^2 - 4y^2 = 4$

45. $3y^2 - x^2 - 9 = 0$

46. $x^2 - y^2 = 1$

47. $9x^2 - 16y^2 + 1 = 0$

48. $9x^2 - 25y^2 - 18x - 50y - 241 = 0$

49. $3x^2 - y^2 + 18x + 18 = 0$

**Nos problemas 50 a 53, obter uma equação geral da hipérbole dada por equações paramétricas. Esboçar o gráfico.**

50. $\begin{cases} x = 4\sec\theta \\ y = 2\tan\theta \end{cases}$

51. $\begin{cases} x = \tan\theta \\ y = 3\sec\theta \end{cases}$

52. $\begin{cases} x = 2 + 3\tan\theta \\ y = 1 + 4\sec\theta \end{cases}$

53. $\begin{cases} x = 2\sec\theta \\ y = 4 + \sqrt{3}\tan\theta \end{cases}$

54. Determinar os focos da hipérbole de equações $x = 4 + \sqrt{5}\tan\theta$ e $y = -5 + 2\sec\theta$.

55. Encontrar uma equação de hipérbole com focos nos vértices da elipse $\frac{x^2}{25} + \frac{y^2}{9} = 1$ e vértices nos focos dessa elipse.

56. Encontrar uma equação da elipse com focos nos vértices da hipérbole $\frac{y^2}{4} - \frac{x^2}{5} = 1$ e vértices nos focos dessa hipérbole.

57. Encontrar uma equação da hipérbole de excentricidade 2 e focos coincidentes com os focos da elipse $\frac{x^2}{25} + \frac{y^2}{9} = 1$.

58. Determinar uma equação da curva descrita por um ponto que se move, de modo que sua distância ao ponto A(−1, 3) seja

**a)** igual a sua distância à reta x = 3;

**b)** a metade de sua distância à reta x = 3;

**c)** o dobro de sua distância à reta x = 3.

## Respostas de problemas propostos



1. $A(\pm 2,0)$, $F(\pm\sqrt{13},0)$, $e=\frac{\sqrt{13}}{2}$, $y=\pm\frac{3}{2}x$

2. $A(0,\pm 2)$, $F(0,\pm\sqrt{13})$, $e=\frac{\sqrt{13}}{2}$, $y=\pm\frac{2}{3}x$

3. $A(\pm 5,0)$, $F(\pm\sqrt{41},0)$, $e=\frac{\sqrt{41}}{5}$, $y=\pm\frac{4}{5}x$

4. $A(\pm 4,0)$, $F(\pm 5,0)$, $e=\frac{5}{4}$, $y=\pm\frac{3}{4}x$

5. $A(0,\pm 2)$, $F(0,\pm 3)$, $e=\frac{3}{2}$, $y=\pm\frac{2\sqrt{5}}{5}x$

6. $A(\pm 2\sqrt{2},0)$, $F(\pm 2\sqrt{3},0)$, $e=\frac{\sqrt{6}}{2}$, $y=\pm\frac{\sqrt{2}}{2}x$

7. $A(0,\pm 2)$, $F(0,\pm 2\sqrt{5})$, $e=\sqrt{5}$, $y=\pm\frac{1}{2}x$

8. $A(\pm 1,0)$, $F(\pm\sqrt{2},0)$, $e=\sqrt{2}$, $y=\pm x$

9. $A(0,\pm\sqrt{2},)$, $F(0,\pm 2)$, $e=\sqrt{2}$, $y=\pm x$

10. $A(0,\pm 1)$, $F(0,\pm\frac{\sqrt{5}}{2})$, $e=\frac{\sqrt{5}}{2}$, $y=\pm 2x$

11. $A(\pm 1,0)$, $F(\pm\frac{\sqrt{10}}{3},0)$, $e=\frac{\sqrt{10}}{3}$, $y=\pm\frac{1}{3}x$

12. $A(0,\pm\frac{\sqrt{2}}{2})$, $F(0,\pm\frac{\sqrt{3}}{2})$, $e=\frac{\sqrt{6}}{2}$, $y=\pm\sqrt{2}x$

14. $16x^2-9y^2-144=0$

15. $4x^2-5y^2+20=0$

16. $15y^2-x^2-15=0$

17. $7x^2-9y^2-252=0$

18. $x^2-3y^2+75=0$

19. $4x^2-7y^2+28=0$

20. $x^2-y^2=8$

21. $4x^2-21y^2=84$

22. $16y^2-9x^2-576=0$

23. $x^2-12y^2-16=0$

24. $4x^2-y^2-36=0$

25. $16y^2-x^2=64$

26. $2x^2-2y^2=9$

27. $3x^2-y^2-18x+4y+11=0$

28. $8x^2-y^2-64x-4y+116=0$

29. $4x^2-9y^2-16x-36y+16=0$

30. $x^2-3y^2-10x+12y+40=0$

31. $12y^2-4x^2-24y+24x-51=0$

32. $5x^2-4y^2+30x+8y+21=0$

33. $x^2-y^2-10x+2y+16=0$

34. $x^2-y^2+6x+25=0$

35. $2x^2-2y^2-8x-20y-51=0$

36. $5x^2-8y^2-20x-48y-25=0$

37. $24x^2-5y^2+96x+10y=0$

38. $\frac{x'^2}{4}-\frac{y'^2}{9}=1$, $C(1,-2)$, $A_1(-1,-2)$, $A_2(3,-2)$, $F(1\pm\sqrt{13},-2)$, $e=\frac{\sqrt{13}}{2}$

$3x-2y-7=0$ e $3x+2y+1=0$

39. $\frac{x'^2}{4}-\frac{y'^2}{1}=1$, $C(-3,3)$, $A_1(-5,3)$, $A_2(-1,3)$, $F(-3\pm\sqrt{5},3)$, $e=\frac{\sqrt{5}}{2}$

$x-2y+9=0$ e $x+2y-3=0$

40. $\frac{y'^2}{9}-\frac{x'^2}{4}=1$, $C(3,1)$, $A_1(3,-2)$, $A_2(3,4)$, $F(3,1\pm\sqrt{13})$, $e=\frac{\sqrt{13}}{3}$

$3x-2y-7=0$ e $3x+2y-11=0$

41. $\frac{x'^2}{9}-\frac{y'^2}{36}=1$, $C(4,2)$, $A_1(1,2)$, $A_2(7,2)$, $F(4\pm3\sqrt{5},2)$, $e=\sqrt{5}$

$2x-y-6=0$ e $2x+y-10=0$

42. $\frac{y'^2}{16}-\frac{x'^2}{9}=1$, $C(2,-1)$, $A_1(2,-5)$, $A_2(2,3)$, $F_1(2,-6)$, $F_2(2,4)$ $e=\frac{5}{4}$

$4x-3y-11=0$ e $4x+3y-5=0$

43. $\frac{y'^2}{25}-\frac{x'^2}{4}=1$, $C(0,5)$, $A_1(0,0)$, $A_2(0,10)$, $F(0,5+\sqrt{29})$, $e=\frac{\sqrt{29}}{5}$

$5x-2y+10=0$ e $5x+2y-10=0$

44. $\begin{cases} x = 2\sec\theta \\ y = \tan\theta \end{cases}$

45. $\begin{cases} x = 3\tan\theta \\ y = \sqrt{3}\sec\theta \end{cases}$

46. $\begin{cases} x = \sec\theta \\ y = \tan\theta \end{cases}$

47. $\begin{cases} x = \frac{1}{3}\tan\theta \\ y = \frac{1}{4}\sec\theta \end{cases}$

48. $\begin{cases} x = 1 + 5\sec\theta \\ y = -1 + 3\tan\theta \end{cases}$

49. $\begin{cases} x = -3 + \sqrt{3}\sec\theta \\ y = 3\tan\theta \end{cases}$

50. $x^2 - 4y^2 - 16 = 0$

51. $9x^2 - y^2 + 9 = 0$

52. $16x^2 - 9y^2 - 64x + 18y + 199 = 0$

53. $3x^2 - 4y^2 + 32y - 76 = 0$

54. (4, –8) e (4, –2)

55. $9x^2 - 16y^2 - 144 = 0$

56. $9x^2 + 5y^2 - 45 = 0$

57. $\frac{x^2}{4} - \frac{y^2}{12} = 1$

58. a) $y^2 - 6y + 8x + 1 = 0$ (parábola)

b) $3x^2 + 4y^2 + 14x - 24y + 31 = 0$ (elipse)

c) $3x^2 - y^2 - 26x + 6y + 26 = 0$ (hipérbole)

## CURIOSIDADES

Para encerrar o estudo das cônicas, vejamos, a título de ilustração, a *propriedade da reflexão* de cada uma delas.

1) **Parábola**

Na prática, esta curva tem uma série de aplicações. Ouve-se dizer que antenas de TV e os espelhos dos faróis dos automóveis são parabólicos. Mas isso tem alguma coisa a ver com a curva que estudamos? Tem tudo.

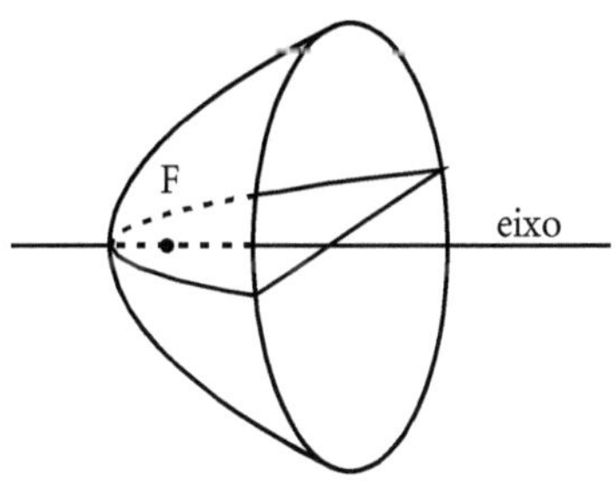

Figura 8.46

Na verdade não se trata de "uma" só parábola e sim de um paraboloide (Figura 8.46), que é a superfície de revolução obtida girando-se a parábola em torno do seu eixo. Todas as infinitas parábolas que possamos imaginar formando o paraboloide têm o mesmo foco F.

Admitindo espelhada a parte interna deste paraboloide (pode ser um farol de automóvel, ou holofote, ou outros refletores em geral), se uma fonte de luz for colocada em F, os raios que esta fonte irradia serão refletidos ao longo de retas paralelas ao eixo (Figura 8.47).

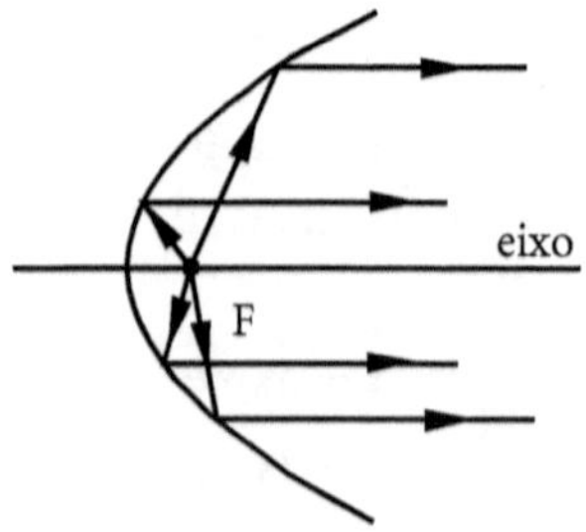


Figura 8.47

Esta propriedade, chamada *reflexão*, está baseada no fato de que, sendo *t* uma reta tangente a uma parábola no ponto P (Figura 8.48) o ângulo $\alpha$ (ângulo de incidência) é igual ao ângulo $\beta$ (ângulo de reflexão).

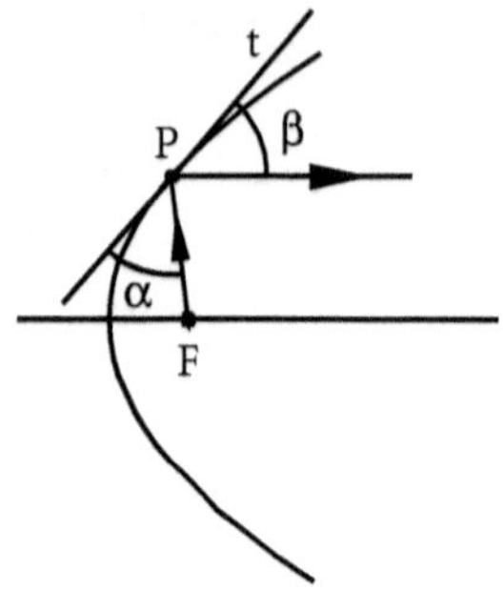


Figura 8.48

Este mesmo princípio é utilizado na fabricação de antenas parabólicas e espelhos de telescópios. Como os sinais (ondas de rádio ou raios de luz) são muito fracos, há a necessidade de captá-los utilizando uma superfície ampla e concentrá-los em um único ponto (que é o foco F) a fim de serem amplificados (Figura 8.49).

Entende-se agora por que as antenas e os espelhos telescópicos precisam ser parabólicos.

O experimento da foto (Figura 8.50) encontra-se no Museu de Ciências e Tecnologia da PUC-RS e traduz de uma forma particular a propriedade da reflexão da parábola. A mesa é dotada de um anteparo curvo de forma parabólica. O orifício na mesa está exatamente na posição do foco desta parábola. Então, um objeto (na foto é um botão) ao ser lançado paralelamente ao eixo da curva, após chocar-se contra o anteparo, retorna e cai sempre no orifício. O menino da foto deve estar achando esta "proeza" resultado de sua habilidade.

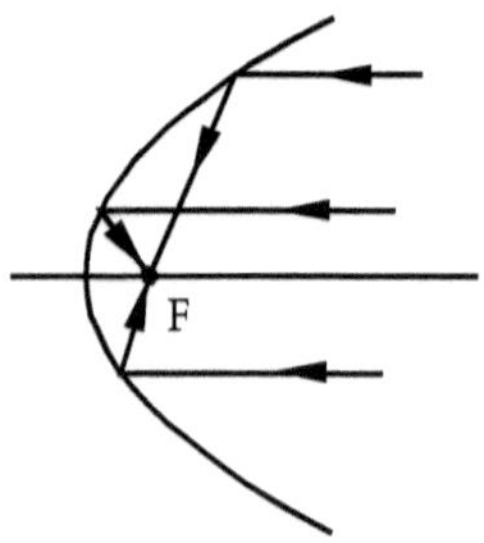


Figura 8.49

Acervo do autor

Figura 8.50

2) **Elipse**

A propriedade da reflexão na elipse é análoga à da parábola. Se $t$ é a tangente no ponto P de uma elipse de focos $F_1$ e $F_2$, são iguais os ângulos $\alpha$ e $\beta$ formados pela reta tangente e os raios focais $F_1P$ e $F_2P$, respectivamente (Figura 8.51).

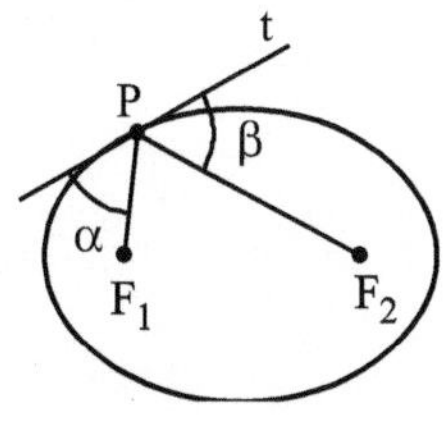

Figura 8.51

Imaginando uma superfície obtida girando-se a elipse em torno do eixo maior (a superfície é um elipsoide), e admitindo espelhada a parte interna, se uma fonte de luz for colocada em um dos focos, digamos $F_1$, todos os raios que esta fonte irradia serão refletidos no outro foco $F_2$ (Figura 8.52).

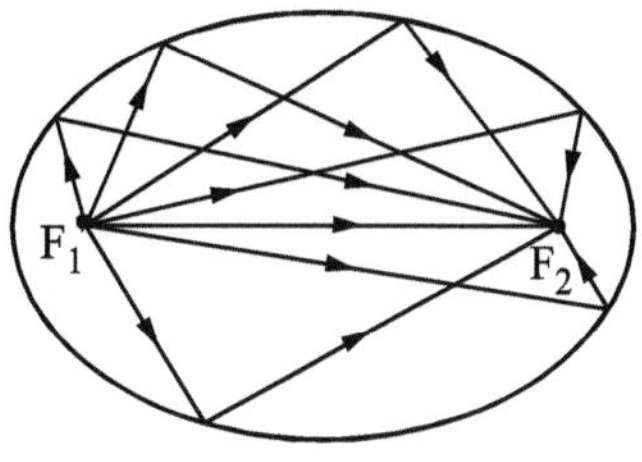

Figura 8.52

Se ao invés de uma fonte luminosa tivéssemos uma fonte sonora, o som emitido de $F_1$ se refletiria nas paredes do elipsoide, convergindo em $F_2$.

3) **Hipérbole**

A propriedade da reflexão na hipérbole é análoga à da elipse: a reta tangente $t$ em um ponto P da hipérbole é bissetriz do ângulo formado pelos raios focais $F_1P$ e $F_2P$, ou seja, $\alpha = \beta$ (Figura 8.53(a)).

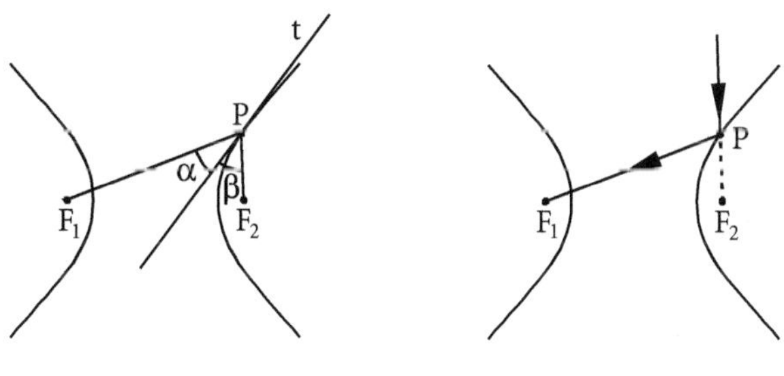

Figura 8.53

Seja a superfície obtida girando-se uma hipérbole em torno da reta que contém seu eixo real (a superfície é um hiperboloide de duas folhas), e admitindo-se espelhada a parte externa da superfície, todo raio de luz incidente à superfície na direção de um dos focos é refletido na direção do outro foco (Figura 8.53(b)).

# 9 SUPERFÍCIES QUÁDRICAS

## INTRODUÇÃO

A equação geral do 2º grau nas três variáveis x, y e z

$$ax^2+by^2+cz^2+2dxy+2exz+2fyz+mx+ny+pz+q=0 \qquad \textbf{(1)}$$

onde pelo menos um dos coeficientes a, b, c, d, e ou f é diferente de zero (a fim de assegurar o segundo grau da equação), representa uma *superfície quádrica*, ou simplesmente uma *quádrica*.

Observemos que, se a superfície quádrica dada pela equação **(1)** for cortada pelos planos coordenados ou por planos paralelos a eles, a curva de interseção será uma *cônica*. A interseção de uma superfície com um plano é chamada *traço* da superfície no plano.

Por exemplo, o traço da superfície quádrica **(1)** no plano z = 0 é a cônica

$$ax^2+by^2+2dxy+mx+ny+q=0 \qquad \textbf{(2)}$$

contida no plano z = 0, isto é, no plano xOy, e representa uma elipse, uma hipérbole ou uma parábola, pois suas equações gerais são desse tipo. Em casos particulares, no entanto, a equação **(2)** pode também representar uma reta $(3x^2=0 \Leftrightarrow x=0)$, ou duas retas $(xy=0 \Leftrightarrow x=0 \text{ ou } y=0)$, ou um ponto $(3x^2+4y^2=0 \Leftrightarrow x=y=0)$ ou o conjunto vazio $(x^2+y^2+3=0)$. Estes casos constituem as cônicas *degeneradas*.

A redução da equação geral **(1)** das quádricas às suas formas mais simples exige cálculos laboriosos, o que não é objeto deste texto. Daremos ênfase ao estudo das quádricas representadas por equações denominadas *canônicas* e intimamente relacionadas às formas reduzidas das cônicas.

## SUPERFÍCIES DE REVOLUÇÃO

*Superfície de revolução* é a superfície gerada por uma curva plana (chamada geratriz) que gira 360º em torno de uma reta (chamada eixo) situada no plano da curva. Neste caso, o traço da superfície em um plano perpendicular ao eixo é uma circunferência e a equação da superfície de revolução é obtida pela equação da geratriz.

### Exemplo

Seja a superfície gerada pela revolução da parábola $\begin{cases} z^2=2y \\ x=0 \end{cases}$ em torno do eixo dos y (Figura 9.1).

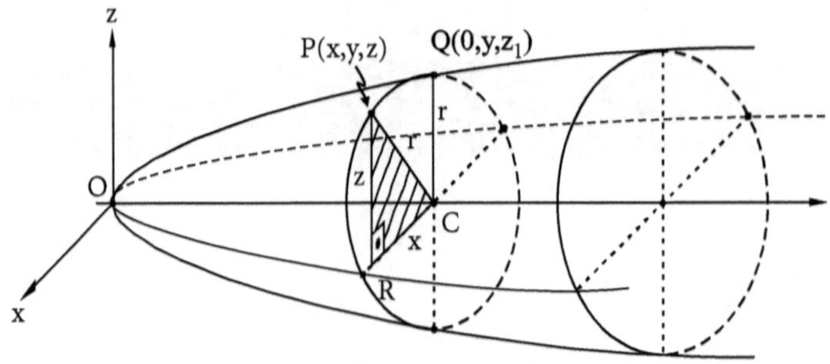


Figura 9.1

Seja P(x, y, z) um ponto qualquer da superfície e C(0, y, 0) o centro da circunferência que é o traço da superfície no plano que passa por P e é perpendicular ao eixo dos y (eixo de revolução). A interseção dessa circunferência com a parábola é o ponto $Q(0, y, z_1)$.

Seja R o pé da perpendicular traçada de P ao plano xy. Ainda, CP = CQ = r, por serem raios da mesma circunferência.

Como o triângulo CRP é retângulo em R, vem $CP = \sqrt{(CR)^2 + (RP)^2} = \sqrt{x^2 + z^2}$. Mas $CQ = z_1 = \sqrt{2y}$, pois Q é ponto da parábola. Portanto,

$$\sqrt{x^2 + z^2} = \sqrt{2y}$$

ou

$$x^2 + z^2 = 2y \qquad \textbf{(3)}$$

que é a equação desta superfície.

Observemos que essa equação **(3)** pode ser obtida imediatamente pela substituição, na equação $z^2 = 2y$ (geratriz), de z por $\sqrt{x^2 + z^2}$. Utilizaremos este procedimento para todos os casos de superfície de revolução.

Então, se a geratriz estiver contida em um dos planos coordenados e girar 360° em torno de um dos eixos desse plano, a equação da superfície assim gerada será obtida da seguinte maneira: se a curva gira em torno:

a) do eixo dos x, substitui-se y ou z na equação da curva por $\sqrt{y^2 + z^2}$;

b) do eixo dos y, substitui-se x ou z na equação da curva por $\sqrt{x^2 + z^2}$;

c) do eixo dos z, substitui-se x ou y na equação da curva por $\sqrt{x^2 + y^2}$.

A seguir estudaremos as superfícies quádricas denominadas *elipsoides, hiperboloides* e *paraboloides.*

## Observação

Quando da substituição de z por $\sqrt{x^2+z^2}$ na equação $z^2=2y$ para resultar $x^2+z^2=2y$, considerou-se $z\geq 0$. Para ter a superfície completa, devemos substituir z por $\pm\sqrt{x^2+z^2}$, o que não vai alterar em nada a equação **(3)** da superfície. A mesma observação vale também para as outras substituições anteriormente descritas.

# ELIPSOIDES

Consideremos no plano yz a elipse de equações

$$\frac{y^2}{b^2}+\frac{z^2}{c^2}=1, x=0 \quad \text{(Figura 9.2)}$$

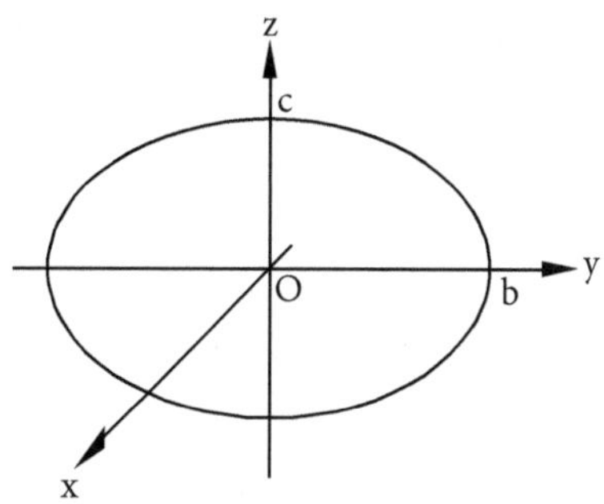

Figura 9.2

Ao girarmos essa elipse em torno do eixo Oy, obtemos o *elipsoide de revolução* (Figura 9.3), cuja equação será obtida da equação da elipse, substituindo-se z por $\pm\sqrt{x^2+z^2}$:

$$\frac{y^2}{b^2}+\frac{x^2+z^2}{c^2}=1$$

ou

$$\frac{x^2}{c^2}+\frac{y^2}{b^2}+\frac{z^2}{c^2}=1$$

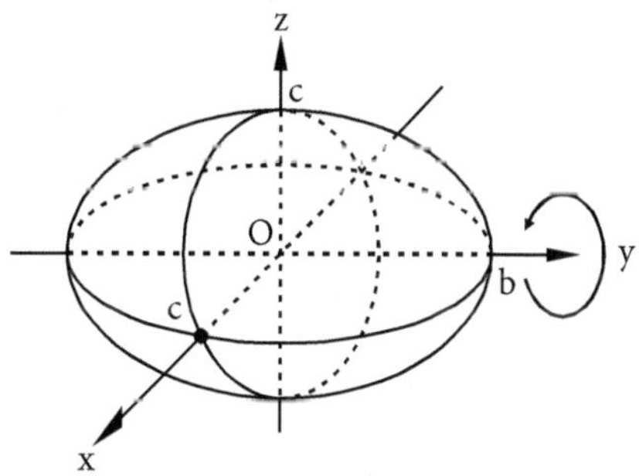

Figura 9.3

De maneira análoga, obtém-se o elipsoide de revolução em torno de Oz. Neste caso, sua equação é obtida da equação da elipse, substituindo-se y por $\pm\sqrt{x^2+y^2}$:

$$\frac{x^2}{b^2}+\frac{y^2}{b^2}+\frac{z^2}{c^2}=1$$

O elipsoide da maneira mais geral (Figura 9.4) é representado pela equação

$$\frac{x^2}{a^2}+\frac{y^2}{b^2}+\frac{z^2}{c^2}=1 \qquad \textbf{(4)}$$

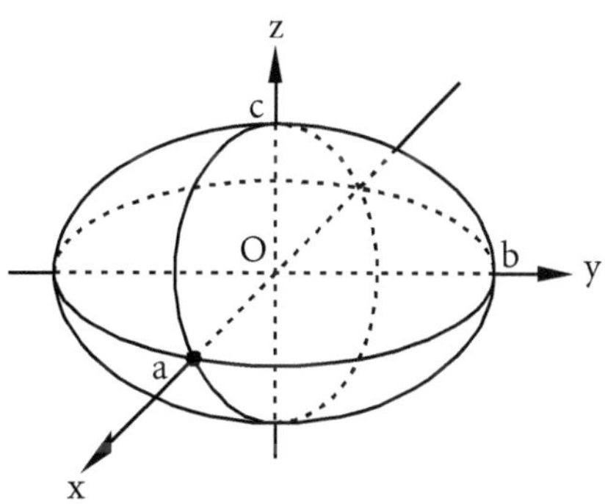

Figura 9.4

onde a, b e c são reais positivos e representam as medidas dos semieixos do elipsoide. Observemos, ainda, que os pontos $(\pm a,0,0),(0,\pm b,0)$ e $(0,0,\pm c)$ são soluções da equação **(4)**, chamada *forma canônica* do elipsoide.

O traço no plano xy é a elipse $\frac{x^2}{a^2}+\frac{y^2}{b^2}=1$, $z=0$ e os traços nos planos xz e yz são as elipses $\frac{x^2}{a^2}+\frac{z^2}{c^2}=1$, $y=0$ e $\frac{y^2}{b^2}+\frac{z^2}{c^2}=1$, $x=0$, respectivamente.

Observemos também que as interseções do elipsoide com planos $x = k$, $y = k$ ou $z = k$ ($k$ = constante), resultam em uma elipse, em um ponto ou no conjunto vazio.

No caso de $a = b = c$, a equação **(4)** toma a forma

$$\frac{x^2}{a^2}+\frac{y^2}{a^2}+\frac{z^2}{a^2}=1$$

ou

$$x^2+y^2+z^2=a^2 \qquad \textbf{(5)}$$

e representa uma *superfície esférica* de centro (0, 0, 0) e raio *a*.

Observemos que essa superfície também é de revolução e obtida pela revolução de uma circunferência em torno de um de seus diâmetros.

Se o centro do elipsoide é o ponto (h, k, l) e seus eixos forem paralelos aos eixos coordenados, a equação **(4)** assume a forma

$$\frac{(x-h)^2}{a^2}+\frac{(y-k)^2}{b^2}+\frac{(z-l)^2}{c^2}=1$$

obtida por uma translação de eixos.

## Exemplos

1. Determinar uma equação da superfície esférica de centro C e raio r, nos casos:

   **a)** $C(0, 0, 0)$, $r = 4$

   **b)** $C(2, 4, -1)$, $r = 3$

**Solução**

**a)** Da equação **(5)**, vem imediatamente

$$x^2+y^2+z^2=4^2 \qquad \text{ou} \qquad x^2+y^2+z^2-16=0$$

**b)** Se o centro da superfície esférica é C(h, k, l), por simples translação de eixos a equação **(5)** assume a forma

$$(x-h)^2+(y-k)^2+(z-l)^2=r^2 \qquad \textbf{(6)}$$

No caso presente, tem-se

$$(x-2)^2+(y-4)^2+(z+1)^2=3^2$$

ou

$$x^2-4x+4+y^2-8y+16+z^2+2z+1=9$$

ou

$$x^2+y^2+z^2-4x-8y+2z+12=0$$

2. Dada a equação da superfície esférica $x^2+y^2+z^2+6x-4y-12=0$, determinar o centro e o raio.

**Solução**

Comecemos escrevendo a equação na forma

$$(x^2+6x)+(y^2-4y)+z^2=1$$

e completemos os quadrados

$$(x^2+6x+9)+(y^2-4y+4)+(z^2)=12+9+4$$

não esquecendo de somar 9 e 4 ao segundo membro para "equilibrar" a soma feita no primeiro membro.
Logo, a equação fica

$$(x+3)^2+(y-2)^2+(z-0)^2=5^2$$

e, portanto, C(−3, 2, 0) e r = 5.

## Observação

É fácil ver que uma equação de superfície esférica do tipo **(6)** representará um ponto se $r^2=0$ (é o próprio centro); ou um conjunto vazio se $r^2<0$.

3. Obter uma equação geral do plano $\pi$ tangente à superfície esférica $x^2+y^2+z^2-4x+6y+2z-35=0$ no ponto P(4, 3, 2).

**Solução**

Um plano $\pi$ é tangente a uma superfície esférica de centro C e raio r se a distância $d(C,\pi)=r$, e sendo P o ponto de tangência, o vetor $\overrightarrow{CP}$ é um vetor normal a $\pi$. Então, precisamos determinar o ponto C.

Utilizando o método do problema anterior, a equação da superfície esférica será

$$(x-2)^2+(y+3)^2+(z+1)^2=49$$

e, portanto, C(2, −3, −1).

Como $\overrightarrow{CP}=P-C=(2,6,3)$ é um vetor normal a $\pi$, uma equação geral de $\pi$ é $2x+6y+3z+d=0$, e, pelo fato de que $P(4,3,2)\in\pi$, tem-se $2(4)+6(3)+3(2)+d=0$ e $d=-32$. Logo, uma equação de $\pi$ é $2x+6y+3z-32=0$.

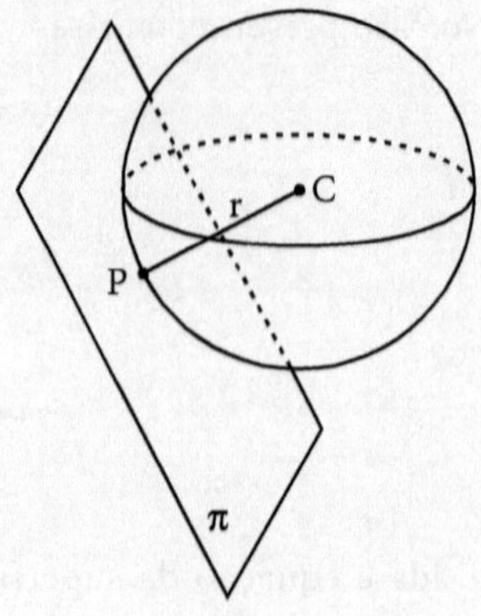


Figura 9.5

## HIPERBOLOIDES

Consideremos no plano yz a hipérbole de equações

$$\frac{y^2}{b^2}-\frac{z^2}{c^2}=1,\ x=0 \quad \text{(Figura 9.6)}$$

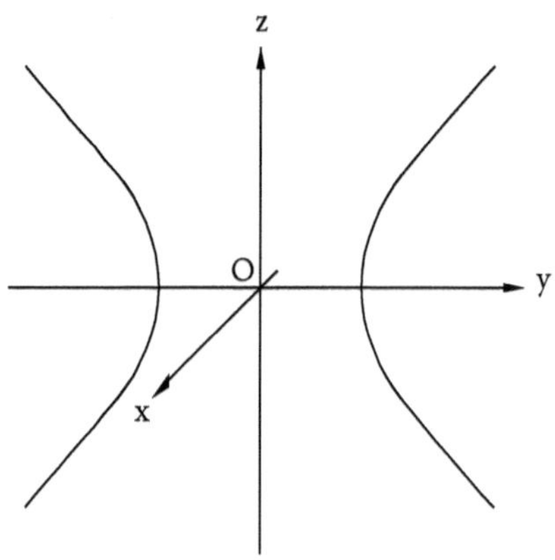


Figura 9.6

Os *hiperboloides de revolução* serão obtidos por rotações em torno de um de seus eixos.

### a) Hiperboloide de uma folha

A rotação dessa hipérbole em torno do eixo Oz resulta no *hiperboloide de uma folha* (Figura 9.7), cuja equação será obtida da equação da hipérbole substituindo-se y por $\pm\sqrt{x^2+y^2}$:

$$\frac{x^2+y^2}{b^2}-\frac{z^2}{c^2}=1$$

ou

$$\frac{x^2}{b^2}+\frac{y^2}{b^2}-\frac{z^2}{c^2}=1$$

Um hiperboloide de uma folha, de maneira mais geral, é representado pela equação

$$\frac{x^2}{a^2}+\frac{y^2}{b^2}-\frac{z^2}{c^2}=1 \qquad \textbf{(7)}$$

chamada *forma canônica* do hiperboloide de uma folha ao longo do eixo Oz. As outras duas formas são

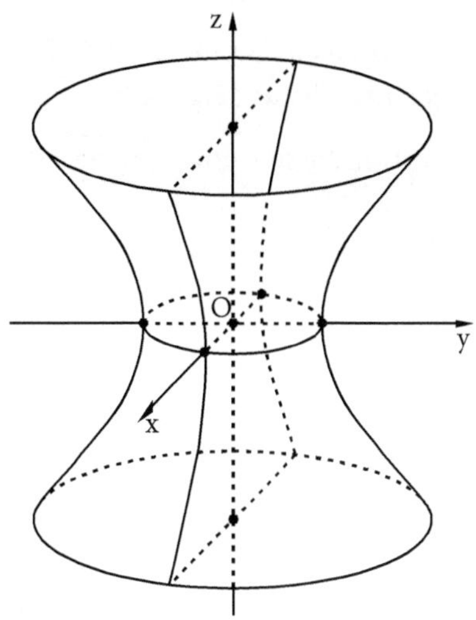

Figura 9.7

$$\frac{x^2}{a^2}-\frac{y^2}{b^2}+\frac{z^2}{c^2}=1 \qquad \text{e} \qquad -\frac{x^2}{a^2}+\frac{y^2}{b^2}+\frac{z^2}{c^2}=1$$

e representam hiperboloides de uma folha ao longo dos eixos Oy e Ox, respectivamente.

A equação **(7)** mostra que o traço do hiperboloide no plano xy é a elipse

$$\frac{x^2}{a^2}+\frac{y^2}{b^2}=1, \; z=0$$

e os traços nos planos xz e yz são as hipérboles

$$\frac{x^2}{a^2}-\frac{z^2}{c^2}=1, \; y=0 \qquad \text{e} \qquad \frac{y^2}{b^2}-\frac{z^2}{c^2}=1, \; x=0$$

respectivamente.

Um traço no plano z = k é uma elipse que aumenta de tamanho à medida que o plano se afasta do plano xy. Os traços nos planos x = k e y = k são hipérboles.

## Observação

É importante assinalar que, embora a Figura 9.7 mostre uma hiperboloide limitada ao longo do eixo Oz, a figura se prolonga indefinidamente ao longo desse eixo (a menos que se restrinja o valor de z a um intervalo limitado). Esta observação estende-se para todas as superfícies a serem apresentadas.

## b) Hiperboloide de duas folhas

A rotação da hipérbole da Figura 9.6 em torno do eixo Oy resulta no *hiperboloide de duas folhas* (Figura 9.8) cuja equação será obtida da equação dessa hipérbole, substituindo-se z por $\pm\sqrt{x^2+z^2}$:

$$\frac{y^2}{b^2}-\frac{x^2+z^2}{c^2}=1 \qquad \text{ou} \qquad -\frac{x^2}{c^2}+\frac{y^2}{b^2}-\frac{z^2}{c^2}=1$$

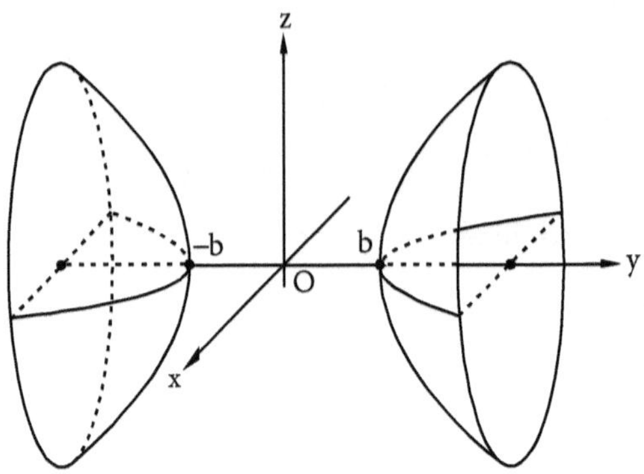


Figura 9.8

Um hiperboloide de duas folhas da maneira mais geral é representado pela equação

$$-\frac{x^2}{a^2}+\frac{y^2}{b^2}-\frac{z^2}{c^2}=1$$

chamada *forma canônica* do hiperboloide de duas folhas ao longo do eixo Oy. As outras duas formas são

$$\frac{x^2}{a^2}-\frac{y^2}{b^2}-\frac{z^2}{c^2}=1 \qquad \text{e} \qquad -\frac{x^2}{a^2}-\frac{y^2}{b^2}+\frac{z^2}{c^2}=1$$

e representam hiperboloides de duas folhas ao longo dos eixos Ox e Oz, respectivamente.

Observemos, ainda, que os traços desses hiperboloides nos planos x = k, y = k ou z = k (k = constante) resultam em hipérboles, elipses, um ponto ou o conjunto vazio.

### Resumo

As equações dos elipsoides e hiperboloides podem ser reunidas em

$$\pm\frac{x^2}{a^2}\pm\frac{y^2}{b^2}\pm\frac{z^2}{c^2}=1$$

e conforme os sinais dos termos do 1º membro, apresentados nesta ordem, temos o seguinte quadro:

| | sinais | ao longo do eixo |
|---|---|---|
| **Elipsoide** | + + + | ------- |
| | − + + | Ox |
| **Hiperboloide de uma folha** | + − + | Oy |
| | + + − | Oz |
| | + − − | Ox |
| **Hiperboloide de duas folhas** | − + − | Oy |
| | − − + | Oz |



# PARABOLOIDES

## a) Paraboloide elíptico

Consideremos no plano yz a parábola de equações

$$z=\frac{y^2}{b^2},\ x=0 \quad \text{(Figura 9.9)}$$

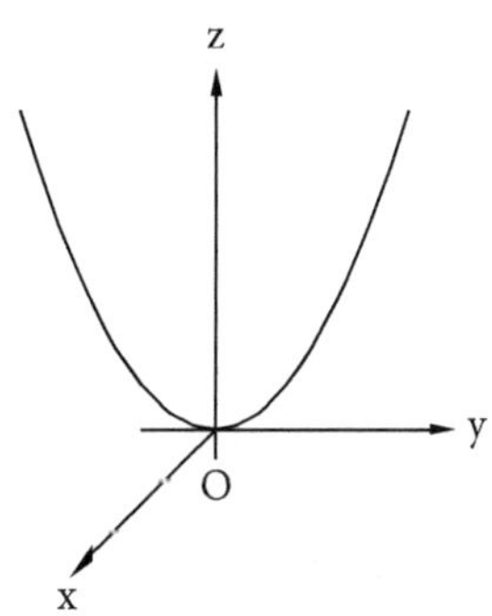


Figura 9.9

A rotação dessa parábola em torno do eixo Oz resulta no *paraboloide de revolução* (Figura 9.10) cuja equação será obtida da equação da parábola, substituindo-se y por $\pm\sqrt{x^2+y^2}$:

$$z=\frac{x^2}{b^2}+\frac{y^2}{b^2}$$

Um paraboloide mais geral, denominado *paraboloide elíptico*, é representado pela equação

$$z=\frac{x^2}{a^2}+\frac{y^2}{b^2} \qquad \textbf{(8)}$$

chamada *forma canônica* do paraboloide elíptico ao longo do eixo Oz. As outras duas formas são

$$y=\frac{x^2}{a^2}+\frac{z^2}{c^2} \qquad \text{e} \qquad x=\frac{y^2}{b^2}+\frac{z^2}{c^2}$$

e representam paraboloides elípticos ao longo dos eixos Oy e Ox, respectivamente.

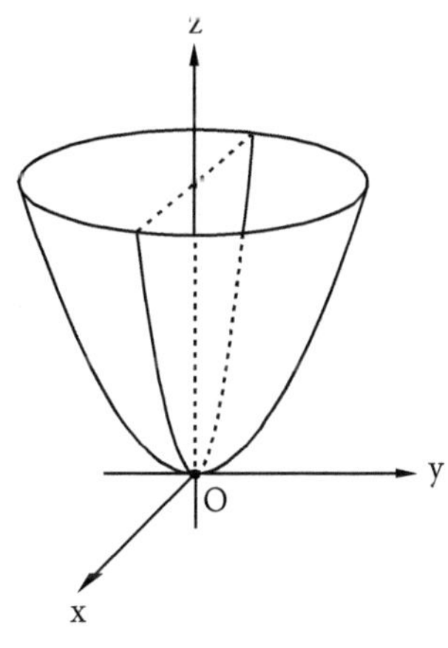


Figura 9.10

A equação **(8)** mostra que o traço do paraboloide no plano xy (z = 0) é a origem (0, 0, 0), os traços nos planos $z = k > 0$ são elipses, nos planos $z = k < 0$ são vazios e nos planos x = k e y = k são parábolas.

## Exemplo

A Figura 9.11 representa o paraboloide elíptico de equação

$$y = 4x^2 + z^2$$

ou

$$y = \frac{x^2}{\frac{1}{4}} + \frac{z^2}{1}$$

ao longo do eixo Oy.

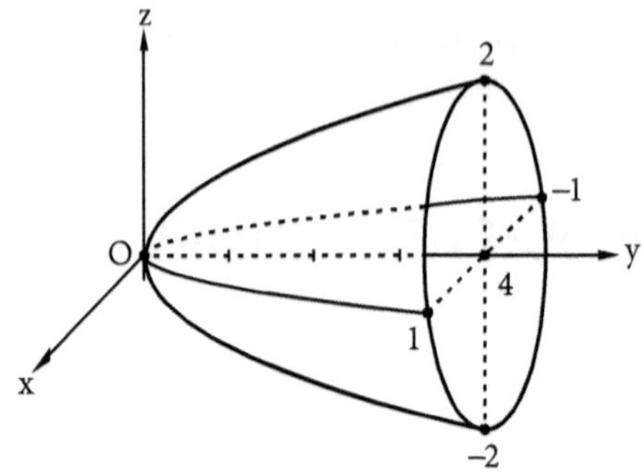


Figura 9.11

Observemos que no plano y = 4 está a elipse $x^2 + \frac{z^2}{4} = 1$, e as parábolas, nos planos x = 0 e z = 0 são $y = z^2$, x = 0 e $y = 4x^2$, z = 0, respectivamente.

## b) Paraboloide hiperbólico

A superfície dada por uma equação do tipo

$$z = \frac{y^2}{b^2} - \frac{x^2}{a^2} \qquad \textbf{(9)}$$

é denominada *paraboloide hiperbólico* e esta equação é chamada *forma canônica* do paraboloide hiperbólico ao longo do eixo Oz (Figura 9.12). As outras formas são

$$y = \frac{z^2}{c^2} - \frac{x^2}{a^2}$$

e

$$x = \frac{z^2}{c^2} - \frac{y^2}{b^2}$$

e representam *paraboloides hiperbólicos* ao longo dos eixos Oy e Ox, respectivamente.

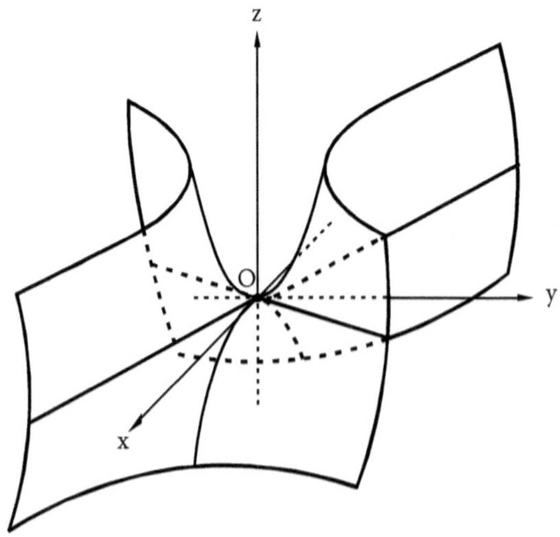


Figura 9.12

A equação **(9)** e a própria Figura 9.12 mostram que os traços nos planos x = k e y = k são parábolas, ao passo que em z = k são hipérboles que se degeneram em duas retas quando z = 0. Na verdade, fazendo z = 0 na equação **(9)**, resulta

$$\frac{y^2}{b^2}-\frac{x^2}{a^2}=0$$

ou

$$\left(\frac{y}{b}-\frac{x}{a}\right)\left(\frac{y}{b}+\frac{x}{a}\right)=0$$

o que implica

$$\frac{y}{b}-\frac{x}{a}=0 \qquad \text{ou} \qquad \frac{y}{b}+\frac{x}{a}=0$$

e representam as duas retas anteriormente referidas, podendo ser visualizadas na Figura 9.12. Ainda com relação à equação **(9)**, observemos que quando $z=k>0$, os traços nesses planos são hipérboles com eixo real paralelo a Oy, enquanto que para $z=k<0$, os traços são hipérboles de eixo real paralelo a Ox.

## SUPERFÍCIES CÔNICAS

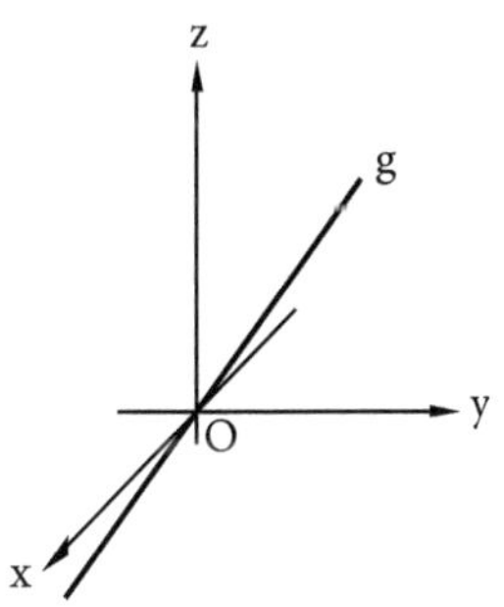


Figura 9.13

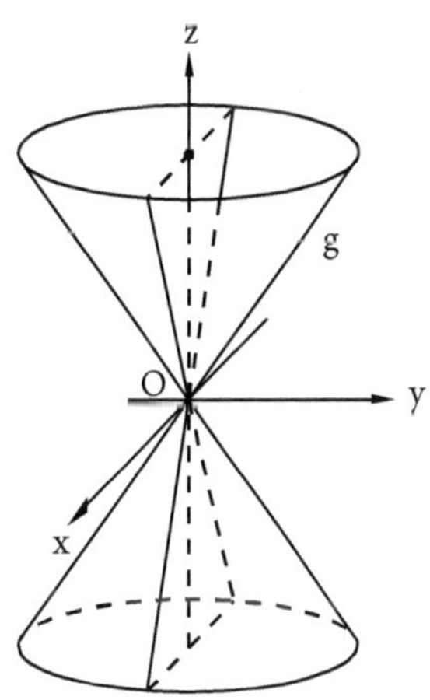


Figura 9.14

Consideremos no plano yz a reta *g* de equações $z=my$, $x=0$ (Figura 9.13).

A rotação desta reta em torno do eixo Oz resulta na *superfície cônica circular* (Figura 9.14) cuja equação será obtida da equação da reta substituindo-se y por $\pm\sqrt{x^2+y^2}$:

$$z=m\left(\pm\sqrt{x^2+y^2}\right) \qquad \text{ou} \qquad z^2=m^2\left(x^2+y^2\right)$$

ou, ainda,

$$z^2 = \frac{x^2}{a^2} + \frac{y^2}{a^2}$$

A reta *g* é chamada *geratriz* da superfície, e o ponto O, que separa as duas folhas, é o *vértice* da superfície.

Uma superfície cônica mais geral, denominada *superfície cônica elíptica*, é representada pela equação

$$z^2 = \frac{x^2}{a^2} + \frac{y^2}{b^2} \qquad \textbf{(10)}$$

chamada *forma canônica* da superfície cônica ao longo do eixo Oz. As outras duas formas são

$$y^2 = \frac{x^2}{a^2} + \frac{z^2}{c^2} \qquad \text{e} \qquad x^2 = \frac{y^2}{b^2} + \frac{z^2}{c^2}$$

e representam superfícies cônicas elípticas ao longo dos eixos Oy e Ox, respectivamente.

A equação **(10)** mostra que o traço da superfície no plano xy ($z = 0$) é o ponto O(0, 0, 0) e, em $z = k$, são elipses. Os traços nos planos $x = k$ ou $y = k$ são hipérboles que se degeneram em duas retas no caso de $x = 0$ ou $y = 0$.

## Exemplo

Se a reta $z = 2y$, $x = 0$, do plano yz é girada em torno de Oz, a superfície de revolução resultante é a superfície cônica circular de vértice na origem e eixo coincidindo com Oz, e cuja equação se obtém de $z = 2y$ substituindo y por $\pm\sqrt{x^2 + y^2}$:

$$z = \pm 2\sqrt{x^2 + y^2} \qquad \text{ou} \qquad z^2 = 4(x^2 + y^2)$$

### Observação

No caso dos hiperboloides, paraboloides e superfícies cônicas de centro ou vértice no ponto (h, k, l) e eixo paralelo a um eixo coordenado, de forma análoga ao que foi feito para o elipsoide, as equações serão obtidas das correspondentes formas canônicas substituindo-se x por $x - h$, y por $y - k$ e z por $z - l$.

# SUPERFÍCIES CILÍNDRICAS

Seja C uma curva plana e *r* uma reta fixa não paralela ao plano de C.

*Superfície cilíndrica* é a superfície gerada por uma reta *g* que se move paralelamente à reta fixa *r* em contato permanente com a curva plana C.

A reta *g* que se move é denominada *geratriz* e a curva C é a *diretriz* da superfície cilíndrica (Figura 9.15).

Esta superfície pode ser vista como um conjunto de infinitas retas paralelas que são as infinitas posições da geratriz.

Em nosso estudo consideraremos apenas superfícies cilíndricas cuja diretriz é uma curva que se encontra em um dos planos coordenados e a geratriz é uma reta paralela ao eixo perpendicular ao plano da diretriz.

Para exemplificar, consideremos a parábola no plano xy dada por

$$x^2 = 2y \qquad \textbf{(11)}$$

(na verdade a parábola tem equações $x^2 = 2y$, $z = 0$).

Como a geratriz é uma reta paralela ao eixo Oz, a superfície cilíndrica está ao longo deste eixo (Figura 9.16).

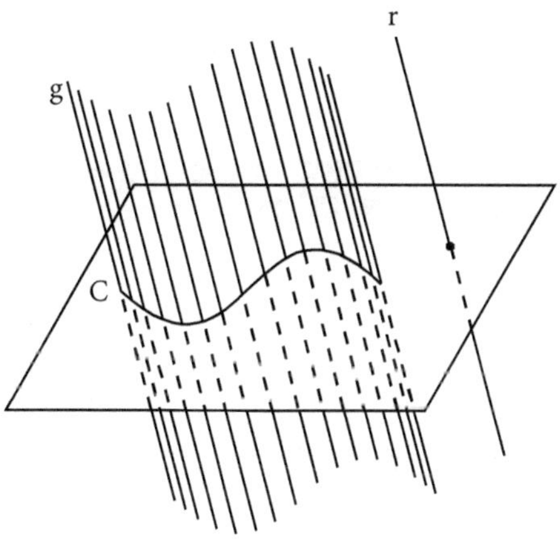


Figura 9.15

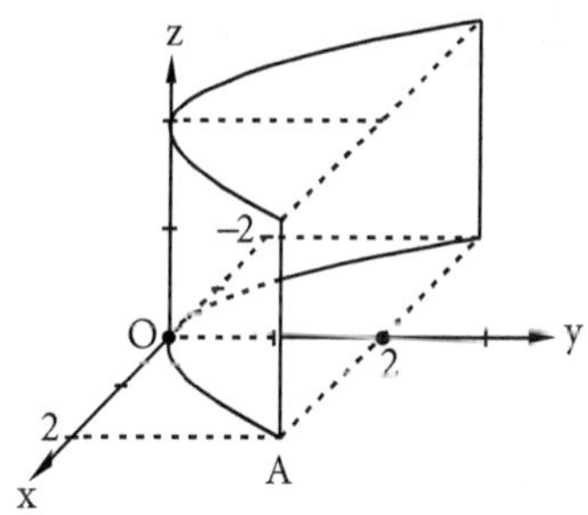


Figura 9.16

É importante observar que se tomarmos um ponto da diretriz, por exemplo A(2, 2, 0), todo ponto do tipo (2, 2, z), para z real qualquer, também satisfaz a equação **(11)**, pois esta pode ser vista como $x^2 = 2y + 0z$. Em outras palavras, a superfície contém o ponto A e toda reta por A paralela ao eixo Oz. Significa dizer: o valor de z não influencia no fato de um ponto P(x, y, z) pertencer ou não à superfície. Então, como para o ponto só interessam as variáveis x e y, *a própria equação da diretriz é a equação da superfície cilíndrica*, ou seja,

$$x^2 = 2y$$

A ausência da variável z para este caso permite concluir de modo geral: o gráfico em três dimensões de uma equação que não apresenta uma determinada variável corresponde a uma superfície cilíndrica ao longo do eixo desta variável ausente. E, ainda, conforme a diretriz seja uma circunferência, elipse, hipérbole ou parábola, a superfície cilíndrica é chamada *circular, elíptica, hiperbólica* ou *parabólica*. Portanto, a Figura 9.16 apresenta uma superfície cilíndrica parabólica ao longo do eixo Oz.

Assim também, a equação

$$\frac{x^2}{4}+\frac{z^2}{9}=1$$

representa uma superfície cilíndrica elíptica (a diretriz é uma elipse) ao longo do eixo Oy (y é a variável ausente) (Figura 9.17).

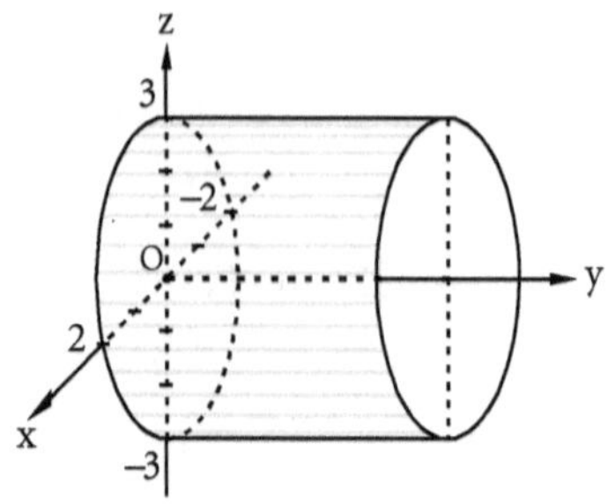


Figura 9.17

## Problemas propostos

1. Determinar uma equação das superfícies esféricas nas condições dadas.
   a) Centro C(2, −3, 1) e raio 4.
   b) Centro C(4, −1, −2) e passando por P(2, 3, −1).
   c) O segmento de extremos A(−1, 3, −5) e B(5, −1, −3) é um de seus diâmetros.
   d) Centro C(−2, 3, 4) e tangente ao eixo Oz.
   e) Centro C(0, −4, 3) e tangente ao plano $\pi: x+2y-2z-2=0$.

2. Determinar uma equação da superfície esférica de centro C(2, −3, 4) e
   a) tangente ao plano xOy.
   b) tangente ao plano xOz.
   c) tangente ao plano yOz.

3. Obter uma equação geral do plano tangente à superfície esférica E no ponto P.
   a) $E: x^2+y^2+z^2=9$, P(2, 1, −2).
   b) $E: (x-3)^2+(y+1)^2+(z-2)^2=12$, P(1, −3, 4).
   c) $E: x^2+y^2+z^2-4x+2y-6z-11=0$, P(2, −5, 6).

4. Obter uma equação da superfície gerada pela rotação de cada uma das curvas dadas em torno do eixo indicado.
   a) $\frac{x^2}{4}+\frac{y^2}{16}=1$, z = 0; eixo maior.
   b) $\frac{x^2}{4}+\frac{y^2}{16}=1$, z = 0; eixo menor.

c) $x^2 + y^2 = 9$, $z = 0$; eixo Ox.

d) $\frac{z^2}{4} - y^2 = 1$, $x = 0$; eixo Oy.

e) $\frac{z^2}{4} - y^2 = 1$, $x = 0$; eixo Oz.

f) $y = 4x^2$, $z = 0$; eixo Oy.

g) $z = -2y^2$, $x = 0$; eixo Oz.

h) $z = 2y$, $x = 0$; eixo Oz.

i) $z = 2y$, $x = 0$; eixo Oy.

j) $y = x$, $z = 0$; eixo Oy.

**5.** Reduzir cada uma das equações à forma canônica (caso não esteja), identificar a superfície e construir seu gráfico.

a) $x^2 + y^2 + z^2 = 25$

b) $2x^2 + 4y^2 + z^2 - 16 = 0$

c) $36x^2 + 16y^2 + 9z^2 - 144 = 0$

d) $36x^2 + 16y^2 - 9z^2 - 144 = 0$

e) $4x^2 - y^2 + 4z^2 - 4 = 0$

f) $z^2 - 4x^2 - 4y^2 = 4$

g) $4x^2 - y^2 + 2z^2 + 4 = 0$

h) $4x^2 + z^2 - y = 0$

i) $9x^2 + 4y^2 + 9z = 0$

j) $y^2 + 4z^2 - x = 0$

k) $z = y^2 - x^2$

l) $36x^2 - 4y^2 + 9z^2 = 0$

m) $4x^2 + 4y^2 - z^2 = 0$

n) $z = x^2 + y^2$

o) $z = 2 + x^2 + y^2$

p) $z = -x^2 - y^2$

q) $z = 6 - x^2 - y^2$

r) $y = -2 + x^2 + z^2$

s) $x^2 + y^2 = 9$

t) $x^2 + z = 0$

u) $z = 4 - x^2$

v) $\frac{y^2}{9} - \frac{x^2}{4} = 1$

**6.** Identificar e representar graficamente as superfícies expressas pelas equações nos intervalos dados.

a) $x^2 + \frac{y^2}{4} = -\frac{z}{3}$, $-3 \leq z \leq 0$

b) $3x^2 - y^2 + 2z^2 = 0$, $-6 \leq y \leq 6$

c) $z^2 = x^2 + y^2 + 1$, $-3 \leq z \leq 3$

d) $z^2 = x^2 + y^2 - 1$, $-3 \leq z \leq 3$

e) $y = -2 + x^2 + \frac{z^2}{2}$, $-2 \leq y \leq 2$

f) $y = 6 - x^2 - z^2$, $-3 \leq y \leq 6$

g) $x^2 = 2z$, $-3 \leq y \leq 5$

h) $x^2 - y^2 + z^2 = 0$, $-4 \leq y \leq 4$

i) $x = -4 + \frac{y^2}{2} + z^2$, $-4 \leq x \leq 5$

j) $z = 4 - 2x^2 - y^2$, $0 \leq z \leq 4$

k) $y^2+4z^2=x,\ 0\le x\le 4$

m) $y^2-x^2=16,\ 0\le z\le 4$

l) $y^2+4z^2-4=0,\ -4\le x\le 6$

n) $z=9-y^2,\ -4\le x\le 4$

**7.** Identificar as superfícies definidas pelas equações, dizendo ao longo de que eixo elas ocorrem, conforme o caso.

a) $25x^2+100y^2+36z^2-900=0$

g) $z=\sqrt{x^2+y^2-1}$

b) $z=\sqrt{9-x^2-y^2}$

h) $z=\sqrt{4+4x^2+4y^2}$

c) $z=-\sqrt{16-x^2-y^2}$

i) $z=-\sqrt{x^2+y^2}$

d) $y=\sqrt{16x^2+4z^2}$

j) $z=3-\sqrt{x^2+y^2}$

e) $z^2=x^2+y^2$

k) $x^2+z-9=0$

f) $12x^2+4y^2-3z^2+12=0$

l) $x-y=0$

**8.** Identificar a superfície S e a sua interseção com o plano $\pi$ dado. Representar graficamente esta interseção no plano $\pi$.

a) $S: y^2-4z^2-2x=0$ e $\pi: x-2=0$

d) $S: \frac{x^2}{4}-\frac{y^2}{8}-\frac{z^2}{16}=1$ e $\pi: x=2$

b) $S: 4x^2+4y^2-z^2=0$ e $\pi: z=4$

e) $S: x^2+y+z^2=0$ e $\pi: y+4=0$

c) $S: z=-\frac{x^2}{4}+\frac{y^2}{9}$ e $\pi: z=1$

f) $S: 18x^2+9y^2-2z^2-18=0$ e $\pi: z=3$

**9.** Identificar e descrever as superfícies de equações dadas.

a) $x^2+y^2+z^2-6x+4y+9=0$

b) $x^2+4y^2+8x-8y-4z+28=0$

c) $4x^2-2y^2+z^2-24x-4y+8z+42=0$

d) $2x^2+y^2-4z^2+2y+5=0$

e) $x^2+y^2-2y=0$

f) $y^2-4z^2-4x-6y-24z-31=0$

g) $6x^2+3y^2+2z^2+24x-6y-12z+39=0$

h) $x^2-4x-z+6=0$

i) $2x^2-6y^2-3z^2-24y+6z-27=0$

j) $x^2+y^2-4x-6y-z+12=0$

**10.** O traço de um elipsoide (centro na origem) no plano xy é a elipse $x^2+\frac{y^2}{4}=1,\ z=0$. Determinar a equação do elipsoide, sabendo que contém o ponto $\left(0,1,\sqrt{6}\right)$.

**11.** Deduzir uma equação do paraboloide de vértice na origem, sabendo que sua interseção com o plano z = 4 é a circunferência de centro (0, 0, 4) e raio 3.

**12.** Determinar os vértices e os focos da elipse $\frac{x^2}{2}+\frac{y^2}{8}-\frac{z^2}{9}=1,\ z=3$.

### Respostas de problemas propostos

**1.** **a)** $x^2+y^2+z^2-4x+6y-2z-2=0$

**b)** $x^2+y^2+z^2-8x+2y+4z=0$

**c)** $x^2+y^2+z^2-4x-2y+8z+7=0$

**d)** $x^2+y^2+z^2+4x-6y-8z+16=0$

**e)** $9x^2+9y^2+9z^2+72y-54z-31=0$

**2.** **a)** $x^2+y^2+z^2-4x+6y-8z+13=0$

**b)** $x^2+y^2+z^2-4x+6y-8z+20=0$

**c)** $x^2+y^2+z^2-4x+6y-8z+25=0$

**3.** **a)** $2x+y-2z-9=0$ **b)** $x+y-z+6=0$ **c)** $4y-3z+38=0$

**4.** **a)** $\frac{x^2}{4}+\frac{y^2}{16}+\frac{z^2}{4}=1$

**b)** $\frac{x^2}{4}+\frac{y^2}{16}+\frac{z^2}{16}=1$

**c)** $x^2+y^2+z^2=9$

**d)** $\frac{x^2}{4}-y^2+\frac{z^2}{4}=1$

**e)** $\frac{z^2}{4}-x^2-y^2=1$

**f)** $y=4x^2+4z^2$

**g)** $z=-2x^2-2y^2$

**h)** $x^2+y^2-\frac{z^2}{4}=0$

**i)** $\frac{x^2}{4}-y^2+\frac{z^2}{4}=0$

**j)** $x^2-y^2+z^2=0$

**5.** **a)** $\frac{x^2}{25}+\frac{y^2}{25}+\frac{z^2}{25}=1$, superfície esférica de raio 5

**b)** $\frac{x^2}{8}+\frac{y^2}{4}+\frac{z^2}{16}=1$, elipsoide

c) $\frac{x^2}{4}+\frac{y^2}{9}+\frac{z^2}{16}=1$, elipsoide

d) $\frac{x^2}{4}+\frac{y^2}{9}-\frac{z^2}{16}=1$, hiperboloide de uma folha

e) $\frac{x^2}{1}-\frac{y^2}{4}+\frac{z^2}{1}=1$, hiperboloide de uma folha

f) $-x^2-y^2+\frac{z^2}{4}=1$, hiperboloide de duas folhas

g) $-x^2+\frac{y^2}{4}-\frac{z^2}{2}=1$, hiperboloide de duas folhas

h) $y=\frac{\frac{x^2}{\frac{1}{4}}+z^2}{\frac{1}{4}}$, paraboloide elíptico

i) $z=\frac{-x^2-\frac{y^2}{9}}{\frac{9}{4}}$, paraboloide elíptico

j) $x=\frac{y^2+\frac{z^2}{\frac{1}{4}}}{\frac{1}{4}}$, paraboloide elíptico

k) paraboloide hiperbólico

l) $y^2=\frac{x^2}{\frac{1}{9}}+\frac{z^2}{\frac{4}{9}}$, superfície cônica

m) $z^2=\frac{x^2}{\frac{1}{4}}+\frac{y^2}{\frac{1}{4}}$, superfície cônica

n) paraboloide circular

o) paraboloide circular

p) paraboloide circular

q) paraboloide circular

r) paraboloide circular

s) superfície cilíndrica circular

t) superfície cilíndrica parabólica

u) superfície cilíndrica parabólica

v) superfície cilíndrica hiperbólica

6. a) paraboloide elíptico

b) superfície cônica

c) hiperboloide de duas folhas

d) hiperboloide de uma folha
e) paraboloide elíptico
f) paraboloide circular
g) superfície cilíndrica parabólica
h) superfície cônica circular
i) paraboloide elíptico
j) paraboloide elíptico
k) paraboloide elíptico
l) superfície cilíndrica elíptica
m) superfície cilíndrica hiperbólica
n) superfície cilíndrica parabólica

7. a) elipsoide
b) semissuperfície esférica superior de raio 3
c) semissuperfície esférica inferior de raio 4
d) semissuperfície cônica ao longo de Oy
e) superfície cônica circular ao longo de Oz
f) hiperboloide de duas folhas ao longo de Oz
g) semi-hiperboloide de uma folha ao longo de Oz
h) semi-hiperboloide de duas folhas ao longo de Oz
i) semissuperfície cônica inferior ao longo de Oz
j) semissuperfície cônica ao longo de Oz
k) superfície cilíndrica parabólica ao longo de Oy
l) plano que contém o eixo Oz

8. a) paraboloide hiperbólico e hipérbole
b) superfície cônica e circunferência
c) paraboloide hiperbólico e hipérbole
d) hiperboloide de duas folhas e ponto (2, 0, 0)
e) paraboloide elíptico e circunferência
f) hiperboloide de uma folha e elipse

9. a) superfície esférica, centro (3, –2, 0) e raio 2
b) paraboloide elíptico, vértice (–4, 1, 2), eixo paralelo a Oz
c) hiperboloide de uma folha, centro (3, –1, –4), eixo paralelo a Oy
d) hiperboloide de duas folhas, centro (0, –1, 0), eixo paralelo a Oz
e) superfície cilíndrica circular, geratriz paralela a Oz

f) paraboloide hiperbólico, centro (–1, 3, –3), ao longo de Ox

g) elipsoide, centro (–2, 1, 3), eixo maior paralelo a Oz

h) superfície cilíndrica parabólica, geratriz paralela a Oy

i) superfície cônica, vértice (0, –2, 1), eixo paralelo a Ox

j) paraboloide circular, vértice (2, 3, –1), eixo paralelo a Oz

**10.** $x^2+\frac{y^2}{4}+\frac{z^2}{8}=1$

**11.** $4x^2+4y^2-9z=0$

**12.** vértices: $(0,\pm 4,3)$ e $(\pm 2,0,3)$, focos: $(0,\pm 2\sqrt{3},3)$.

# BIBLIOGRAFIA

AYRES, Jr. Frank. *Geometria analítica plana e sólida.* São Paulo: McGraw-Hill do Brasil Ltda., 1973.

BOULUS, Paulo; CAMARGO, Ivan de. *Geometria analítica: um tratamento vetorial.* 2. ed. São Paulo: McGraw-Hill, 1987.

CAROLI, Alésio João de; CALLIOLI, Carlos Alberto; FEITOSA, Miguel Oliva. *Vetores, geometria analítica: teoria e exercícios.* 6. ed. São Paulo: Nobel, 1968.

KINDLE, J. H. *Geometria analítica.* Coleção Schaum. México: McGraw-Hill, 1970.

KLETENIK, D. *Problemas de geometria analítica.* Moscou: Editorial Mir, 1968.

LIMA, Elon Lages. *Coordenadas no espaço.* Rio de Janeiro: Coleção do Professor de Matemática, 1993.

MARSDEN, Jerrold E.; TROMBA, Anthony J. *Vector calculus.* 4. ed. Nova York: W. H. Freeman and Company, 1996.

REIS, Genésio Lima dos; SILVA, Valdir Lima da. *Geometria analítica.* Rio de Janeiro: Livros Técnicos e Científicos, 1984.

RIGHETTO, Armando. *Vetores e geometria analítica.* São Paulo: IBLC – Instituto Brasileiro do Livro Científico Ltda., 1988.

SHENK, Al. *Cálculo e geometria analítica.* Rio de Janeiro: Campus Ltda., 1984.

SIMMONS, George F. *Cálculo com geometria analítica.* São Paulo: McGraw-Hill, 1987.

SWOKOWSKI, Earl W. *Cálculo com geometria analítica.* v. 2. 2. ed. São Paulo: Makron Books do Brasil Editora Ltda., 1994.

VENTURI, Jaci J. *Álgebra vetorial e geometria analítica.* 3. ed. Curitiba: Scientia et Labor – Editora da UFPR, 1990.